# THÉORIE ET APPLICATIONS

### DES

# ÉQUIPOLLENCES.

PARIS. — IMPRIMERIE DE GAUTHIER-VILLARS,

Quai des Augustins, 55.

# THÉORIE ET APPLICATIONS

## DES

# ÉQUIPOLLENCES

### PAR

## C.-A. LAISANT,

DÉPUTÉ,

DOCTEUR ÈS SCIENCES, ANCIEN ÉLÈVE DE L'ÉCOLE POLYTECHNIQUE..

## PARIS,

**GAUTHIER-VILLARS, IMPRIMEUR-LIBRAIRE**

DU BUREAU DES LONGITUDES, DE L'ÉCOLE POLYTECHNIQUE,

Quai des Augustins, 55.

—

## 1887

# AVANT-PROPOS.

L'*Exposition de la méthode des Equipollences*, de G. Bellavitis, dont j'ai publié une traduction française en 1874, est aujourd'hui épuisée depuis plusieurs années déjà. Au lieu d'en donner simplement une édition nouvelle, il m'a paru plus utile de composer ce petit Livre sous une forme peut-être mieux appropriée à nos habitudes françaises.

Comme en 1874 (¹), je suis persuadé que la méthode des Équipollences peut rendre de très grands services dans un très grand nombre de questions, et qu'elle mérite de passer dans l'enseignement, d'autant plus qu'il n'est besoin, pour la connaître, d'aucun principe réellement étranger aux éléments de la Science. C'est surtout ce qui m'a décidé à faire cette nouvelle tentative.

Je me bornerai ici à signaler les modifications les plus essentielles qui m'ont été suggérées par la pratique de ce calcul depuis 1874.

---

(¹) *Voir* plus loin (p. IX) *Exposition de la méthode des Équipollences,* PRÉFACE DU TRADUCTEUR (1876).

J'ai cru devoir renoncer à la notation spéciale ⏚ employée par Bellavitis pour figurer une équipollence, ainsi qu'au signe de perpendicularité qu'il appelle *ramun*. En dehors des difficultés typographiques qui ont bien leur gravité, il faut reconnaître que la multiplicité des signes n'est pas sans quelque inconvénient pour celui qui aborde une étude nouvelle. De plus, le danger d'une confusion entre l'égalité géométrique et l'égalité ordinaire ne se produit, pour ainsi dire, jamais dans la pratique. Quant au signe $i = \sqrt{-1}$, rien n'empêche de lui donner, comme on doit le faire dans cette méthode, une signification géométrique par définition même, dès le début, aussi bien qu'au ramun. Je crois que sur ces deux points le lecteur approuvera les modifications qui se sont produites dans ma manière de voir, et les simplifications qui s'ensuivent.

J'ai conservé, au contraire, le signe $\varepsilon$ pour représenter $e^i$ ou $i^{\frac{\pi}{2}}$. Cette notation est d'un usage facile dans une foule de questions.

Comme l'indique le titre même de ce petit Ouvrage, il se divise en deux Parties : *théorie, applications*.

Dans la première, qui est cependant fort courte, je me suis efforcé de réunir et d'exposer le plus clairement possible les principes essentiels de la méthode. A la rigueur, on peut dire qu'on la possède quand on a lu attentivement ces soixante pages.

Quant aux applications, j'ai cherché surtout à les varier, moins pour les solutions elles-mêmes qu'en vue de l'emploi du calcul de Bellavitis, afin d'en montrer les

nombreuses ressources et d'en rendre le maniement fa-
milier.

J'ai introduit, dans quelques Chapitres, certaines notions nouvelles ou certaines applications qui m'ont paru
intéressantes ; mais c'est surtout dans l'œuvre de Bellavitis que je n'ai cessé de puiser. Si l'on trouve à cet
Ouvrage quelques qualités, il faut en reporter l'honneur
à l'illustre inventeur du calcul des Équipollences, au
savant si regretté, moins apprécié peut-être de son
vivant qu'il ne le méritait, et dont le souvenir reste,
cependant, comme celui d'une des gloires scientifiques
de l'Italie et de la Science moderne.

Pour mon compte, j'éprouve quelque fierté à me dire
que j'ai été le disciple et l'ami de cet homme de grand
cœur et de grand esprit ; et la publication de ce modeste
Volume est comme un pieux hommage rendu à la mémoire de Giusto Bellavitis.

C.-A. L.

Paris, janvier 1887.

# PRÉFACE DU TRADUCTEUR [1]

## (1874)

La *Méthode des Équipollences* de M. Bellavitis est peu connue en France, et seulement depuis quelques années. A la suite d'articles sur le Calcul directif, publiés en 1868, dans les *Nouvelles Annales de Mathématiques,* par M. Abel Transon, celui-ci eut occasion de signaler les travaux poursuivis depuis longtemps, en Italie, par M. Bellavitis; puis, l'année suivante, M. Houël, professeur à la Faculté des Sciences de Bordeaux, publia, dans le même Recueil, une intéressante exposition abrégée de la *Méthode des Équipollences.*

« Aucun des auteurs qui ont traité ce sujet, dit M. Houël, n'a présenté la méthode avec autant d'étendue que le savant professeur de Padoue, dont les travaux remontent à l'année 1832; aucun ne l'a exposée sous une forme aussi simple et aussi bien appropriée au sujet. »

Il me semble difficile de ne pas être de cet avis, si peu qu'on soit initié à la méthode en question. Peut-être n'est-il pas inutile de rappeler ici rapidement en quoi consiste cette méthode, remarquable et féconde.

On y considère les droites tracées sur un plan dans des directions quelconques; puis, les représentant par des notations qui impliquent à la fois la grandeur et la direction, et cherchant à exprimer les relations géométriques qui

---

[1] Cette Préface a été publiée en tête de la traduction française de l'Ouvrage intitulé : *Exposition de la méthode des Équipollences,* de Giusto Bellavitis. Nous croyons devoir la reproduire sans y rien changer.

lient entre elles les diverses parties des figures planes, on arrive à établir un calcul (*Calcul des Équipollences*) dont les règles sont les mêmes que celles du Calcul algébrique ordinaire. On voit que, de la sorte, on se trouve mis en possession d'un instrument analytique facile à manier, et dont l'usage est très général en ce qui touche la Géométrie plane. Je ne parle que pour mémoire de la fécondité de cette méthode : il suffit, par exemple, pour s'en convaincre, de parcourir un numéro quelconque de la *Rivistà di Giornali* que publie M. Bellavitis.

Mais là ne se bornent pas les avantages du Calcul des Équipollences; il fournit en outre à l'Algèbre et à l'Analyse des objets géométriques réels à la place de symboles imaginaires. Cependant il est indispensable de bien distinguer la méthode d'Analyse géométrique et ses applications à la Géométrie, des applications *analytiques* auxquelles cette théorie se prête si heureusement. C'est d'ailleurs un sujet sur lequel j'aurai occasion de revenir tout à l'heure.

Le grand intérêt qui s'attache à la *Méthode des Équipollences* me fit croire qu'il ne serait peut-être pas inutile de continuer l'œuvre entreprise par M. Houël, en cherchant à répandre, d'une façon plus complète encore, les idées de M. Bellavitis sur cette matière. Choisissant l'ouvrage le plus récent et le plus développé de l'illustre géomètre italien, j'en présentai la traduction aux rédacteurs des *Nouvelles Annales de Mathématiques;* ceux-ci partagèrent ma manière de voir sur l'opportunité d'une semblable publication, et voulurent bien accueillir mon manuscrit, qui fut inséré en une suite d'articles, dans le courant des années 1873 et 1874. C'est cette même traduction de l'*Exposition de la Méthode des Équipollences* que je viens aujourd'hui présenter au public sous forme d'un volume séparé.

Cet Ouvrage remonte à 1854. Il fut publié à Modène, après avoir paru d'abord dans les *Mémoires de la Société italienne* (dite *des XL*), t. XXV, II<sup>e</sup> Partie.

Avant et depuis cette époque, M. Bellavitis a publié sur les Équipollences de nombreux travaux ; on trouvera plus loin la liste des principaux d'entre eux. Dès le mois d'octobre 1832, dans les *Annales de Fusinieri*, t. II, p. 250-253, il avait donné un théorème très important et très général sur les propriétés de points quelconques d'un plan, déduites de celles de points en ligne droite ; il traitait en même temps de plusieurs questions géométriques fort intéressantes : c'est là qu'il faut chercher en définitive la première origine du Calcul des Équipollences.

Il est juste de dire qu'antérieurement de nombreux travaux avaient été faits dans le but d'interpréter les quantités imaginaires par des droites inclinées, tracées sur un même plan ; mais dans aucun on ne trouve la simplicité, la logique d'exposition de M. Bellavitis, et de plus lui seul s'est placé nettement sur le terrain géométrique, sans préoccupations analytiques introduites *a priori*.

Cette interprétation géométrique des quantités imaginaires peut être considérée comme définitivement adoptée désormais dans la Science ; c'est la dernière à laquelle paraît s'être arrêté Cauchy, comme il le dit si nettement au début de son beau *Mémoire sur les quantités géométriques (Exercices d'Analyse et de Physique mathématique*, t. IV, p. 157 ; 1847), et l'on sait quels merveilleux résultats analytiques il a su déduire de là.

Avant lui, et par ordre de dates, il y a lieu de citer surtout :

Henri-Dominique TRUEL, qui aurait conçu l'idée fondamentale des quantités géométriques dès 1786, s'il faut s'en rapporter à Cauchy ;

BUÉE (1806) ;

Robert ARGAND, de Genève, dont l'Ouvrage, longtemps épuisé, vient d'être réédité, ce qui est un grand service rendu à l'histoire de la Science (¹) ;

---

(¹) *Essai sur une manière de représenter les quantités imaginaires dans les constructions géométriques ;* 1806. ( Paris, Gauthier-Villars, 1874.)

Français, Vallès (1813 et suiv.);

Mourey, auteur de la *Vraie théorie des quantités négatives et des quantités prétendues imaginaires* (1828, réim-
primée en 1861);

Faure, de Gap (1845);

Saint-Venant, etc.

Si nous passons aux travaux récents relatifs à cette matière, nous devons remarquer particulièrement ceux de
MM. Briot et Bouquet sur les *Fonctions doublement pé-
riodiques* et la *Théorie élémentaire des quantités complexes,* par M. Houël, œuvre dont la publication complète
n'est pas encore entièrement terminée.

C'est vers l'époque où ce dernier et remarquable Ouvrage
commençait à paraître, que M. Transon publiait sur le
Calcul directif les articles dont j'ai parlé plus haut. Il s'y
attachait surtout à faire ressortir les avantages que présentent les *nombres directifs* de Mourey, particulièrement
au point de vue des applications géométriques.

Parmi les géomètres (antérieurs à M. Bellavitis) que
nous venons de citer, Mourey mérite en effet une place
spéciale. Il avait certainement compris tout le profit que
la Géométrie pouvait tirer de la théorie des droites inclinées, mais sans effectuer assez nettement la séparation si
nécessaire entre le point de vue géométrique et le point de
vue analytique. Nous n'en voudrions d'autre preuve que
le passage suivant :

« On doit convenir, dit-il, que la Science serait beaucoup
plus satisfaisante si l'on pouvait en baser toutes les parties
sur des raisonnements rigoureux, sur une évidence du premier ordre, sur des idées simples, palpables, comme celles
des éléments de Géométrie. Eh bien, c'est là le but que je
me suis proposé et que je crois avoir atteint.

» Non seulement j'ai atteint ce but, mais j'ai rencontré
en même temps un autre résultat qui n'est peut-être pas
moins précieux; avec un nouveau système d'Algèbre, que
je cherchais, j'ai trouvé un nouveau système de Géométrie
auquel je ne m'attendais pas. *Ce ne sont cependant pas*

*deux sciences : ce n'est qu'une seule science, une seule théorie, laquelle a deux faces, l'une algébrique et l'autre géométrique.* C'est une Algèbre émanée de la Géométrie, c'est une Géométrie généralisée et rendue algébrique (¹). »

La confusion ressort nettement de ce passage, et on la retrouve dans la brochure elle-même, où les considérations algébriques sont mêlées complètement avec les considérations géométriques; ces dernières, d'ailleurs, tiennent une place relativement restreinte, et les applications sont peu nombreuses et peu liées entre elles. Peut-être aussi faut-il attribuer en partie cette absence de résultats géométriques élégants à la complication un peu artificielle des notations adoptées par l'Auteur.

L'opuscule de Mourey, paraît-il, n'était que l'abrégé d'un ouvrage plus considérable; mais celui-ci n'a jamais été publié, et il est permis de supposer qu'il ne satisfaisait pas aux exigences de la Géométrie d'une façon plus complète que la brochure, par ailleurs si intéressante, dont nous venons de parler.

On voit donc que, s'il faut attribuer à Mourey la priorité de l'idée d'appliquer à la Géométrie les principes de l'Algèbre directive, la part qui revient à M. Bellavitis n'en reste pas moins considérable, puisqu'il a, le premier, créé, sous une forme réellement méthodique, un système nouveau de Géométrie analytique, lequel se prête de la façon la plus heureuse à un grand nombre de questions, et fournit souvent des résultats d'une extrême élégance. Le lecteur pourra facilement en constater quelques-uns, en étudiant les diverses applications que contient la présente *Exposition de la Méthode des Équipollences.*

Croyant devoir m'attacher à une fidélité scrupuleuse, j'ai cherché à suivre le texte d'aussi près que possible, et à ne pas m'écarter des notations adoptées par le géomètre italien. Les signes $\Leftrightarrow$ et $\sqrt{\ }$, en particulier, me semblent indis-

---

(¹) Préface de la *Vraie théorie des quantités négatives et des quantités prétendues imaginaires,* p. VII.

pensables à employer, si l'on veut bien s'assimiler l'esprit de la méthode. Le premier représente à la fois l'égalité de grandeur et de direction, et a conséquemment une signification très différente de celle que possède le signe $=$. Quant au *ramun* $\sqrt{}$, je crois qu'on doit l'adopter, avec M. Bellavitis, *comme coefficient de perpendicularité,* et que ce signe, possédant une signification absolument géométrique, ne saurait être remplacé sans inconvénient par $\sqrt{-1}$ ou par $i$, bien qu'il soit soumis aux mêmes règles de calcul.

En ce qui regarde la théorie des courbes planes, il me semble presque inutile d'insister sur l'élégance de la conception qui permet de représenter une courbe par une seule équipollence à paramètre variable $OM \circeq \varphi(t)$, laquelle indique à la fois et la courbe elle-même et la manière dont elle est parcourue par un point mobile. Les applications aux courbes contenues dans ce Volume montreront, mieux que tous les développements possibles, la fécondité de ce mode de représentation.

A cette traduction, j'ai joint quelques additions, lesquelles consistent le plus souvent en développements de passages du texte lui-même. J'ai tâché d'en être sobre, et si je me les suis permises en petit nombre, ç'a été avec l'assentiment de M. Bellavitis, et dans le but de faire connaître sa méthode le plus complètement possible.

Je manquerais à la reconnaissance si je ne remerciais ici l'illustre géomètre italien, pour les excellents conseils dont il a bien voulu m'aider, et pour sa gracieuse communication de la plupart de ses publications sur les Équipollences. Malgré mon désir de restreindre autant que possible l'étendue de ce Volume, il m'a paru bon d'extraire de ces divers Mémoires certaines questions choisies parmi les plus intéressantes, et dont j'ai formé un Appendice de quelques pages.

Le sujet qui nous occupe n'a pas été exclusivement étudié par M. Bellavitis. D'importants travaux ont été publiés à l'étranger sur la même matière, parmi lesquels, d'après M. Houël, nous pouvons citer :

Le *Calcul de situation*, de Scheffler (Brunswick, 1851).
— Le Mémoire de Siebeck, sur la *Représentation graphique
des fonctions imaginaires* (*Journal de Mathématiques*,
1858). — Le *Calcul géométrique*, de Dillner (Upsala,
1860). — La *Théorie des Quaternions* (¹) présente aussi
une grande ressemblance avec les Équipollences, tout en
exigeant des règles spéciales de calcul, et peut être considérée comme une extension à l'espace des conceptions de
M. Bellavitis.

Mon peu d'érudition ne m'a pas permis de me livrer,
jusqu'à présent, à l'étude de ces divers travaux ; mais la
seule connaissance que j'en ai me fournit la preuve que les
idées du savant professeur de Padoue méritent à tous égards
une sérieuse attention. Comment pourrait-on, en France,
continuer à rester dans l'ignorance d'une méthode qui a
pris chez nous sa première origine (si l'on doit la rechercher
dans les travaux de Mourey), lorsque cette méthode est
connue et utilisée, depuis quarante ans bientôt, de l'autre
côté des Alpes, et dans presque tous les pays où l'on cul-
tive les Mathématiques ?

Il faut, je l'accorde, un peu de patience et de travail
pour se familiariser complètement avec les principes du
Calcul des Équipollences ; mais c'est une peine bien faible
en comparaison des ressources qu'elle fournit, et j'ai la per-
suasion que ceux qui s'y seront attachés ne regretteront
pas le temps qu'ils auront consacré à cette étude.

---

(¹) Hamilton, *Leçons sur les Quaternions ;* Dublin, 1853.
Hamilton, *Éléments des Quaternions ;* Londres, 1866.
Tait, *Traité élémentaire des Quaternions ;* Oxford, 1867.

## Liste des principaux écrits de M. Bellavitis
## sur la Méthode des Équipollences.

Sur quelques·applications d'une nouvelle méthode de Géométrie analytique (*Polygraphe*. Janvier 1833, XIII, p. 53-61).

Essai d'application d'une nouvelle méthode de Géométrie analytique (Calcul des équipollences). (*Annales de Fusinieri*, 1835, in-4°, t. V, p. 244-269.)

Mémoire sur la méthode des équipollences (*Annales de Fusinieri*, 1837, in-4°, t. VII, 79 pages).

Solutions graphiques de quelques problèmes de Géométrie, trouvées par la méthode des équipollences (*Mémoires de l'Institut de Venise*, 1843, in-4°, t. I, p. 225-267).

Exposition de la méthode des équipollences (*Mémoires de la Société italienne*, 1854).

Calcul des Quaternions et sa relation avec la méthode des équipollences (*Actes de l'Institut*, 1858, t. III, et *Mémoires de la Société italienne*, 1858, t. I, in-4, 63 pages).

Exposition des nouvelles méthodes de Géométrie analytique (*Mémoires de l'Institut*, 1860, in-4, 159 pages).

Éléments de Géométrie, de Trigonométrie et de Géométrie analytique, avec adjonction de l'Exposition du Calcul des équipollences (Padoue, 1862, 196 pages).

Revue des journaux (*Actes de l'Institut*, 1859-1874). Considérations sur la Mathématique pure (*Mémoires de l'Institut*, 1867-1872).

# ERRATA.

Page v, dernière ligne (note), *au lieu de* (1876), *lisez* (1874).

Page vi, ligne 12 en remontant, *au lieu de* $i^2$, *lisez* $i^{\frac{\pi}{2}}$.

Page 35, *fig.* 11. L'angle Q devrait être droit.

Page 60, ligne 2, *au lieu de* $y_{(m-1)}$, *lisez* $y_{4(m-1)}$.

Page 73, *fig.* 18. Le point E devrait être pris arbitrairement dans l'intérieur du parallélogramme, et non pas précisément sur la diagonale.

Page 120, ligne 7 en remontant, *au lieu de* M, *lisez* L.

Page 203, ligne 11 en remontant, *au lieu de* n° 59, *lisez* n° 58.

Page 263, ligne 5, *au lieu de* $y^2 = x^2$, *lisez* $y^2 + x^2$.

# THÉORIE ET APPLICATIONS

## DES

# ÉQUIPOLLENCES.

## PREMIÈRE PARTIE.

### THÉORIE DES ÉQUIPOLLENCES.

### CHAPITRE I.

#### ADDITION ET SOUSTRACTION DES DROITES.

**Définitions et notations préliminaires.**

1. La méthode des équipollences a pour objet la constitution d'un système de Géométrie analytique qui permette d'exprimer directement les propriétés d'une figure plane par des relations soumises aux règles du Calcul algébrique. Les transformations qu'on fera subir à ces relations donneront ensuite le moyen, soit de déterminer les constructions à effectuer pour obtenir la solution d'un problème, soit d'énoncer une proposition géométrique en démonstration.

Les éléments qu'on soumet au calcul, dans la méthode des équipollences, sont des *droites limitées*, ou segments de droites, qu'on appelle aussi *quantités géométriques*.

2. *Une droite limitée qui part du point* A *pour aboutir au point* B *se désigne par la notation* AB. Le point A est son *origine* et le point B son *extrémité* (*fig.* 1).

Cette notation AB implique à la fois la longueur, la direction et le sens de la droite.

3. *Deux droites égales, parallèles et dirigées dans le même sens, sont dites* GÉOMÉTRIQUEMENT ÉGALES *ou* ÉQUIPOLLENTES.

L'expression d'une telle égalité de grandeur, de direction et de sens s'appelle une ÉGALITÉ GÉOMÉTRIQUE ou une ÉQUIPOLLENCE.

Nous désignerons cette expression d'égalité par le signe =, qui prend ainsi un sens plus étendu que celui qu'il possède habituellement en Algèbre. Mais la nature même des questions, et aussi une judicieuse application des notations, permettront aisément d'éviter toute confusion et de distinguer dans chaque cas particulier une équipollence d'une simple égalité algébrique.

Il faut remarquer, comme conséquence de la notion d'équipollence, qu'on pourra transporter une droite dans le plan, parallèlement à elle-même, sans altérer son expression géométrique.

4. *Pour désigner la longueur d'une droite* AB, *indépendamment de la direction de cette droite, nous emploierons la notation* gr. AB.

Ainsi AB = CD est une équipollence qui indique que les deux droites AB, CD sont les côtés opposés d'un parallélogramme, dirigés dans le même sens ; et gr. AB = gr. EF est au contraire une simple égalité algébrique indiquant que les nombres servant à mesurer

les longueurs des droites AB, EF, rapportées à une
unité quelconque, sont égaux entre eux; c'est-à-dire

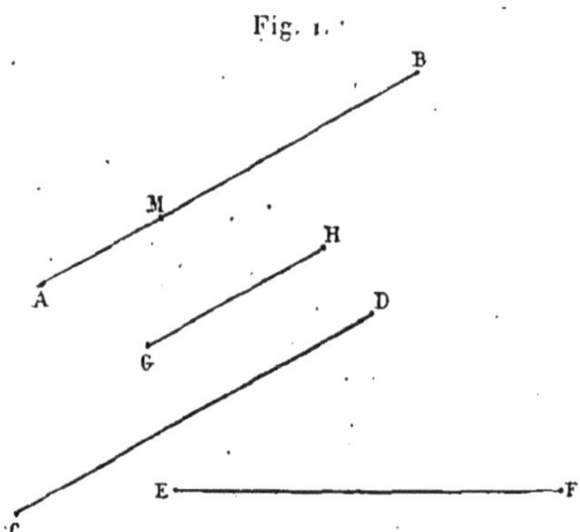



que les longueurs de ces deux droites sont égales, leurs
directions restant d'ailleurs absolument quelconques.

La longueur d'une droite pourra être parfois appelée
aussi *grandeur* ou *module* de cette droite.

5. *Si deux droites* AB, GH *sont parallèles,* c'est-
à-dire si elles ont même direction, quelles que soient
leurs longueurs, *cette relation s'exprimera par la notation* AB ‖ GH, qu'on appelle *relation de parallélisme.*

6. Si deux droites AB, IJ sont de même direction
et de même sens, et si le rapport de leurs longueurs
$\frac{\text{gr.AB}}{\text{gr.IJ}}$ est égal à $a$, nombre positif, on dit que AB est
équipollente au produit de $a$ par IJ, et l'on écrit
AB $= a$.IJ.

7. Une droite BA est dite *opposée* à AB, et l'on con-
vient de dire que deux droites opposées sont égales et
de signes contraires, c'est-à-dire qu'on écrit BA $= -$ AB.

En d'autres termes, si deux droites sont de même longueur, de même direction mais de sens contraires, leur rapport est égal à — 1.

8. Il suit de là, par exemple, que la relation du n° 6 peut s'écrire $AB = — a.JI$.

D'une manière générale, deux droites AB, KL ayant même direction présenteront entre elles la relation $AB = c.KL$, $c$ étant un nombre positif ou négatif, selon que les deux droites seront de même sens ou de sens contraires.

La relation de parallélisme du n° 5, $AB \parallel GH$, peut donc se remplacer par l'équipollence $AB = x\,GH$, $x$ étant un certain coefficient algébrique, positif ou négatif.

9. Comme conséquence de ce qui précède, il devient évident qu'on exprimera qu'un point M est situé sur une droite AB, en écrivant $AM = x\,AB$, et en donnant au coefficient $x$ toutes les valeurs positives ou négatives possibles. En faisant par exemple $x = \frac{1}{2}$, on aurait pour M le milieu de AB; en faisant $x = 2$, on devrait, pour avoir M, prolonger AB en BM d'une longueur égale à elle-même; en faisant $x = — 1$, on devrait prolonger BA en AM d'une longueur égale à elle-même, etc.

10. Généralement, sans que cette convention ait rien d'absolu, nous représenterons les quantités algébriques positives ou négatives par de petits caractères romains ou italiques.

Une droite pourra souvent se trouver désignée par un seul symbole, et, dans ce cas, habituellement, nous emploierons une petite capitale. Si nous écrivons par exemple $AM = \textsc{m}$, $AB = \textsc{b}$, l'équipollence du n° 9 prendra la forme $\textsc{m} = x\textsc{b}$.

## Sommes géométriques.

11. Supposons que plusieurs droites AB, CD, EF, GH (*fig.* 2) soient placées d'une manière quelconque dans un plan.

Construisons l'équipollence BI = CD, c'est-à-dire menons, par le point B, la droite BI de même longueur, de même direction et de même sens que CD. Construisons de la même manière les équipollences IK = EF, KL = GH.

Au lieu des droites AB, CD, EF, GH, nous aurons donc AB, BI, IK, KL. Par définition, nous dirons que

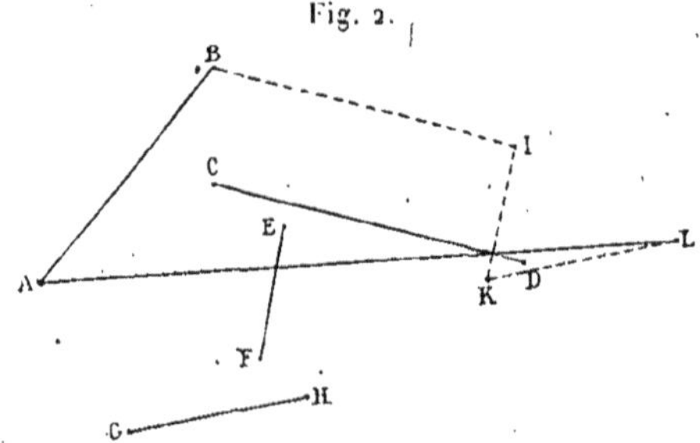

Fig. 2.

la *somme géométrique,* ou plus simplement la *somme* des droites données, est égale à la droite AL qui joint l'origine de la première à l'extrémité de la dernière. Nous écrirons par conséquent

$$AB + CD + EF + GH = AB + BI + IK + KL = AL.$$

Il est presque superflu de remarquer que la longueur de AL sera très différente en général de la somme des longueurs des droites données, puisque ABIKL forme d'ordinaire une ligne brisée. En aucun cas gr. AL ne saurait surpasser la somme des longueurs des droites données.

L'opération que nous venons de définir est identique avec la composition des forces usitée en Mécanique.

12. Si nous considérons deux droites seulement, AB, AC (*fig.* 3), auxquelles nous supposons même origine, leur somme est égale à la diagonale AD du parallélogramme construit sur ces deux droites.

Il en résulte immédiatement que l'on peut changer l'ordre de deux droites sans altérer leur somme, et ensuite que, dans une somme d'autant de droites qu'on voudra, on peut intervertir l'ordre de ces droites de toutes les manières possibles sans que la somme soit altérée.

De même que l'on obtient la somme AD de deux droites AB, AC en construisant la diagonale du parallélo-

Fig. 3.

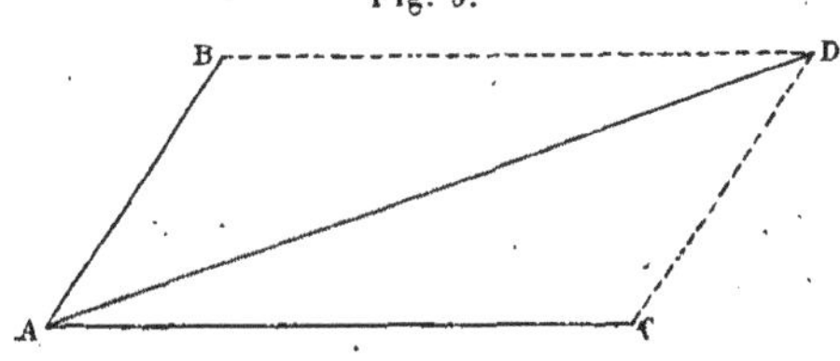

gramme ; de même aussi, en formant un parallélogramme quelconque, dont la diagonale soit AD, nous décomposons cette droite AD en une somme de deux droites dont les directions peuvent être choisies à volonté. Cette décomposition sera fréquemment employée.

13. La convention admise au n° 7 est en parfaite concordance avec la définition de l'addition; car si à la suite de la droite AB on porte $BA' = BA$, le point $A'$ coïncide avec A, si bien que la somme $AB + BA$ est nulle.

La définition de la soustraction sera la même qu'en

Arithmétique et en Algèbre, c'est-à-dire que si

$$AB + CD = EF,$$

nous disons que $EF — CD = AB$.

En rapportant toutes les droites à une même origine, faisant par exemple $AG = CD$, $AH = AB + AG = EF$, on reconnaît que AB est la somme des droites AH et $HB = — AG$; c'est-à-dire que $AB = EF + DC$, ce qui ramène toute différence à une somme géométrique.

14. Il est géométriquement évident qu'aux deux termes de toute équipollence nous pouvons ajouter une même expression géométrique; et aussi que nous pouvons multiplier ou diviser les deux membres par un nombre quelconque positif ou négatif.

Il suit de là qu'on pourra faire passer un terme quelconque d'une équipollence d'un membre dans l'autre, en changeant son signe (ou son sens, ce qui revient au même).

En un mot, il est licite d'effectuer sur les équipollences toutes les opérations qu'on effectue sur les équations algébriques, en tant que ces opérations concernent l'addition, la soustraction et la multiplication *par des nombres réels*.

### Principes relatifs à l'addition.

15. *Quels que soient les trois points* A, B, C, *on a toujours*

$$(1) \qquad AB + BC = AC,$$

*équipollence qu'on peut encore écrire sous l'une des formes suivantes :*

$$(2) \qquad BC = AC — AB,$$
$$(3) \qquad AB = AC — BC = CB — CA,$$
$$(4) \qquad AB + BC + CA = O.$$

Cette vérité est d'une telle évidence, d'après ce qui précède, qu'elle se passe de toute démonstration. Mais l'usage de ce principe est continuel, et il importe de se rendre absolument familières les transformations très simples figurées par les équipollences (2), (3), (4).

Une application constante de ce principe consiste à remplacer une droite quelconque MN par une différence $ON - OM$, ou encore par $MO - NO$, ce qui revient au même, O étant un point complètement arbitraire.

Cela peut être utile en particulier pour vérifier qu'une équipollence est identique par elle-même. Prenons par exemple $AB + BC = AD - CD$. En écrivant

$$AO - BO + BO - CO = AO - DO - CO + DO,$$

on reconnaît immédiatement que tous les termes se détruisent.

Comme application très simple, nous établirons ici cette proposition souvent utile :

*Quels que soient les points* A, B, C, D *d'un plan, on a toujours* $AB - CD = DB - CA$.

En effet, cette équipollence revient à l'identité

$$AO - BO - CO + DO = DO - BO - CO + AO.$$

Il est évident qu'on peut écrire aussi

$$AB + CD = CB + AD.$$

**16.** *La somme des droites équipollentes aux côtés d'un polygone fermé, parcouru dans un même sens, est identiquement nulle.*

Ce principe découle évidemment aussi de la définition de l'addition. Les applications en sont incessantes.

### Condition pour que trois points soient en ligne droite.

17. Nous avons vu, au n° 9, qu'on exprime la condition qu'un point M soit situé sur la droite qui joint les deux points A, B, en écrivant $AM = x\,AB$, $x$ étant un nombre réel.

D'après le principe du n° 15, on peut donner à cette équipollence la forme

$$OM - OA = x\,(OB - OA),$$

d'où l'on tire

$$(1) \qquad OM = (1 - x)\,OA + x\,OB.$$

$x$ étant quelconque, on peut, à la place de $1 - x$ et $x$, écrire deux quantités $u$, $v$ qui satisfassent à la condition $u + v = 1$, ce qui donne

$$(2) \qquad OM = u\,OA + v\,OB \quad \text{avec} \quad u + v = 1.$$

On satisfait à cette condition en posant $u = \dfrac{z}{z + t}$, $v = \dfrac{t}{z + t}$, d'où cette forme nouvelle

$$(3) \qquad (z + t)\,OM = z\,OA + t\,OB.$$

Enfin, en faisant passer tous les termes dans un seul membre,

$$z\,OA + t\,OB - (z + t)\,OM = 0.$$

Ici $z$, $t$, $-(z + t)$ sont trois coefficients quelconques, dont la somme est nulle. On peut donc encore écrire

$$(4) \qquad p\,OA + q\,OB + r\,OM = 0 \quad \text{avec} \quad p + q + r = 0.$$

*Par l'une quelconque des équipollences* (1), (2), (3), (4), *on exprime que les trois points* A, B, M *sont en ligne droite.*

Bien entendu, le point O est tout à fait arbitraire.

### Moyenne de plusieurs droites. — Barycentres.

**18.** Soient deux points A, B. Pour avoir leur point milieu M, nous écrivons $AM = \frac{1}{2}AB$; c'est-à-dire, O étant arbitraire,

$$OM - OA = \tfrac{1}{2}(OB - OA), \quad OM = \tfrac{1}{2}(OA + OB).$$

On peut dire que la droite OM est la *moyenne arithmétique* des deux droites OA, OB.

Par extension nous dirons que l'expression

$$(1) \qquad OM = \frac{1}{n}(OA_1 + OA_2 + \ldots + OA_n)$$

est la *moyenne arithmétique* de $n$ droites $OA_1, OA_2, \ldots, OA_n$.

D'après cette définition, la position du point M est indépendante du point O que l'on a choisi; car soit, s'il est possible,

$$O'M' = \frac{1}{n}(O'A_1 + O'A_2 + \ldots + O'A_n);$$

on peut écrire cette équipollence (15)

$$OM' - OO' = \frac{1}{n}(OA_1 - OO' + OA_2 - OO' + \ldots + OA_n - OO')$$

$$= \frac{1}{n}(OA_1 + OA_2 + \ldots + OA_n) - OO',$$

c'est-à-dire

$$OM' = \frac{1}{n}(OA_1 + OA_2 + \ldots + OA_n).$$

Retranchons-la de la relation (1), membre à membre :

$$OM - OM' = 0 \quad \text{ou} \quad M'M = 0,$$

ce qui montre bien que le point M' coïncide avec le point M.

**19.** On dira de même que la moyenne arithmétique de plusieurs droites OA, OB, ..., OL, affectées respectivement des coefficients $a$, $b$, ..., $l$, est donnée par l'expression

$$(2) \quad ON = \frac{1}{a+b+\ldots+l}(a\,OA + b\,OB + \ldots + l\,OL),$$

et l'on établirait sans plus de peine que le point N est indépendant du point arbitraire O.

Nous ne nous arrêterons pas à démontrer que le point M du numéro précédent n'est autre que le centre des moyennes distances des points $A_1$, $A_2$, ..., $A_n$, et que le point N est le centre de gravité ou *barycentre* du système des points A, B, ..., L, en lesquels seraient placés les poids $a$, $b$, ..., $l$ respectivement.

C'est ce qu'il serait bien aisé de reconnaître en décomposant toutes les droites suivant deux directions fixes OX, OY, comme nous l'avons indiqué à la fin du n° 12.

On pourrait aussi s'en assurer d'une manière directe.

Les points M, N seront souvent appelés *points moyens* du système de points correspondant.

Il est intéressant de remarquer que l'équipollence (3) du n° 17 exprime que le point M est le barycentre des points A, B, en lesquels on aurait placé les poids $z$, $t$ respectivement.

### Des inclinaisons.

**20.** Il y a lieu de remarquer que toutes les notions que nous avons établies jusqu'à présent, sur les sommes de droites, la multiplication des droites par des nombres réels et les équipollences qui en résultent, peuvent s'étendre à la Géométrie de l'espace. Dans le but de restreindre à la Géométrie plane ce que nous avons à

développer maintenant, comme nous y force la nature
même du calcul des équipollences, nous avons à indiquer le mode de mesure des *directions*, dont nous avons
parlé jusqu'ici d'une manière absolue, mais sans les
comparer entre elles.

Cela sera surtout d'une extrême importance au point
de vue des développements qui doivent trouver place
dans le Chapitre suivant.

**21.** Supposons une droite fixe indéfinie OX (*fig.* 4)
tracée dans le plan par un point fixe O ; pour préciser
les idées, nous la supposerons horizontale, par exemple,
et dirigée de gauche à droite.

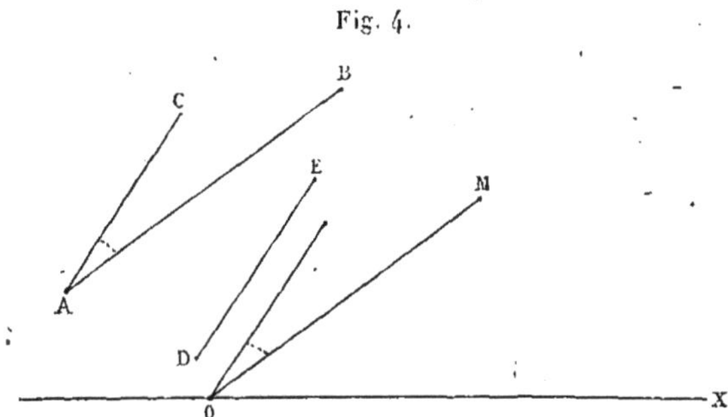



Une droite quelconque AB étant située dans le plan,
nous supposons qu'elle est transportée en OM, c'est-
à-dire qu'on a OM = AB ; et nous estimerons la *direction* de AB d'après l'angle MOX que forme la droite OM
avec OX ; cet angle est l'*inclinaison* de OM (ou de AB).

La droite OX est appelée *origine des inclinaisons*.

Pour éviter toute ambiguïté, il importe de bien spé-
cifier les conventions sur les signes des inclinaisons.
Nous considérerons toujours l'inclinaison XOM comme
comptée en partant de la direction OX pour atteindre

la direction OM. Si, en effectuant ce mouvement de rotation, on suit un sens *contraire à celui des aiguilles d'une montre*, l'inclinaison est *positive*. Si l'on suit un mouvement *de même sens que celui des aiguilles d'une montre*, elle est *négative*.

*L'inclinaison d'une droite* AB *se désigne par la notation* inc. AB. Nous aurons, par exemple,

$$\text{inc. AB} = \text{inc. OM.}$$

**22.** L'angle BAC de deux droites AB, AC (*fig.* 4) se mesurera par la différence des inclinaisons de ces deux droites, ce qu'on écrira

$$\text{ang. BAC} = \text{inc. AC} - \text{inc. AB.}$$

Si DE = AC, nous aurons

$$\text{ang. (AB, DE)} = \text{inc. DE} - \text{inc. AB.}$$

Il importe, on le voit, de bien distinguer le signe des angles; par exemple, l'angle BAC doit être compté en se dirigeant de AB vers AC; l'angle CAB, au contraire, serait compté de AC vers AB, et l'on aurait

$$\text{ang. CAB} = \text{inc. AB} - \text{inc. AC} = -\text{ang. BAC,}$$

ou, si les droites ne sont pas issues du même point,

$$\text{ang. (DE, AB)} = -\text{ang. (AB, DE).}$$

**23.** Il est clair qu'on n'altère pas la direction ni le sens d'une droite en ajoutant à son inclinaison un nombre entier de circonférences, ou un nombre d'angles droits qui soit multiple de 4. Une même droite a donc une infinité d'inclinaisons, positives et négatives, parmi lesquelles on choisit habituellement celle qui s'exprime par le nombre le plus simple. Mais ce serait commettre une grossière erreur de langage, que de dire que toutes ces inclinaisons sont égales.

Si l'on considère au contraire deux droites de même direction, mais de sens opposés, telles que AB et BA, on voit, en les ramenant toujours à l'origine, que leurs inclinaisons diffèrent entre elles de 180°, ou plutôt d'un nombre impair quelconque de demi-circonférences; ou encore, si l'on prend l'angle droit pour unité, d'un nombre d'angles droits marqué par $4n+2$, $n$ étant un nombre entier quelconque positif ou négatif.

Les inclinaisons pourront s'évaluer en angles droits, en degrés ou en fractions quelconques de la circonférence, absolument comme l'on voudra.

Lorsqu'il s'agira d'évaluer un angle, il importera toujours de choisir convenablement les inclinaisons des deux droites qui le forment, de telle sorte que la différence de ces inclinaisons donne bien exactement l'angle lui-même. Autrement, on pourrait lui ajouter, mal à propos, un certain nombre de fois quatre angles-droits, d'une façon très inutile. C'est une question d'attention et de discernement dans chaque cas particulier.

### Principes relatifs aux grandeurs et aux inclinaisons.

**24.** *Si les deux termes d'une équipollence binôme ont des inclinaisons différentes, chacun d'eux est nul séparément.*

Toute équipollence binôme peut en effet se ramener à la forme $l\mathrm{AB} = m\mathrm{CD}$, qui entraîne, d'après la définition même d'une équipollence, les deux relations

$$l\,\mathrm{gr.\,AB} = m\,\mathrm{gr.\,CD} \quad \text{et} \quad \mathrm{inc.\,AB} = \mathrm{inc.\,CD}.$$

Si cette dernière relation n'est pas satisfaite, il faut donc que l'on ait $l = 0$, $m = 0$, ce qui donne à l'équipollence binôme la forme identique $0 = 0$.

Il est clair que toute droite de longueur nulle a une inclinaison indéterminée.

**25.** *Si deux termes d'une équipollence trinôme ont des inclinaisons égales, le troisième terme (si on le suppose isolé dans un des membres de l'équipollence) aura même inclinaison, et sa longueur sera égale à la somme des longueurs des deux premiers termes.*

On voit immédiatement qu'il en est ainsi, en remarquant que toute équipollence trinôme peut être ramenée à la forme $AB + BC = AC$ d'une équipollence identique. Si AB, BC ont même inclinaison, les trois points A, B, C se succèdent sur la même droite AC, d'où résulte évidemment la proposition énoncée.

Si les inclinaisons AB, BC différaient de deux angles droits, l'inclinaison du troisième terme serait, ou celle de AB, ou celle de BC, et la longueur de ce troisième terme serait la différence des longueurs des deux premiers.

**26.** *Si dans une équipollence trinôme de la forme* $A + B + C = 0$, *les trois termes étant d'inclinaisons inégales, on a*

$$\text{inc.}\,A + \text{inc.}\,C = 2\,\text{inc.}\,B,$$

*il en résulte*

$$\text{gr.}\,A = \text{gr.}\,C.$$

Identifions avec l'équipollence $LM + MN + NL = 0$ (*fig.* 5), en posant $A = LM$, $B = MN$, $C = NL$. La relation donnée devient

$$\text{inc.}\,LM + \text{inc.}\,NL = 2\,\text{inc.}\,MN$$

ou

$$\text{inc.}\,LM - \text{inc.}\,MN = \text{inc.}\,MN - \text{inc.}\,NL.$$

Ajoutant deux angles droits de part et d'autre (23),

$$\text{inc.}\,ML - \text{inc.}\,MN = \text{inc.}\,NM - \text{inc.}\,NL,$$

c'est-à-dire (22),

$$\text{ang.NML} = \text{ang.LNM}.$$

Les deux angles M, N du triangle LMN sont donc

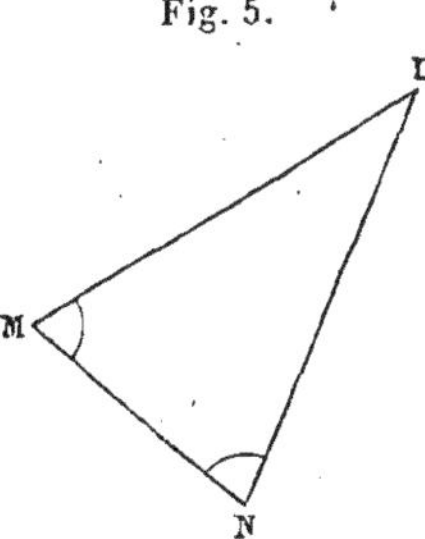</br>

Fig. 5.



égaux, et par suite ce triangle est isoscèle; donc

$$\text{gr.LM} = \text{gr.NL} \quad \text{ou} \quad \text{gr.A} = \text{gr.C}.$$

Réciproquement, *si, dans l'équipollence trinôme* $A + B + C = 0$, *on a*

$$\text{gr.A} = \text{gr.C},$$

*il en résulte*

$$\text{inc.A} + \text{inc.C} = 2\,\text{inc.B}.$$

C'est ce que montrerait le calcul inverse du précédent, en partant de l'égalité des deux angles M, N et en faisant attention à leurs signes.

### Progressions par différence.

27. Si une série de droites $A_1$, $A_2$, ..., $A_n$ sont telles que la différence $A_{k+1} - A_k$ entre l'une quelconque et celle qui la précède soit constante, ces droites forment une progression par différence.

En les rapportant toutes à une origine commune O,

c'est-à-dire en posant $OA_1 = A_1$, $OA_2 = A_2$, ..., les points $A_1$, $A_2$, ..., $A_n$ seront évidemment tous placés sur une même droite et équidistants les uns des autres.

Toutes les propositions qu'on établit en Algèbre sur les progressions par différence se traduiraient ici par des propositions identiques, puisqu'elles ne reposent que sur l'addition, et sur la multiplication par des nombres réels.

Si l'on ne rapporte pas les droites $A_1$, $A_2$, ... à une origine commune, c'est-à-dire si l'on pose $A_1 = B_1 C_1$, $A_2 = B_2 C_2$, ... (*fig.* 6), on aura, en appelant MN la *raison* $A_2 - A_1$,

$$B_{k+1} C_{k+1} - B_k C_k = MN,$$

ou (15)

$$C_k C_{k+1} - B_k B_{k+1} = MN.$$

Fig. 6.

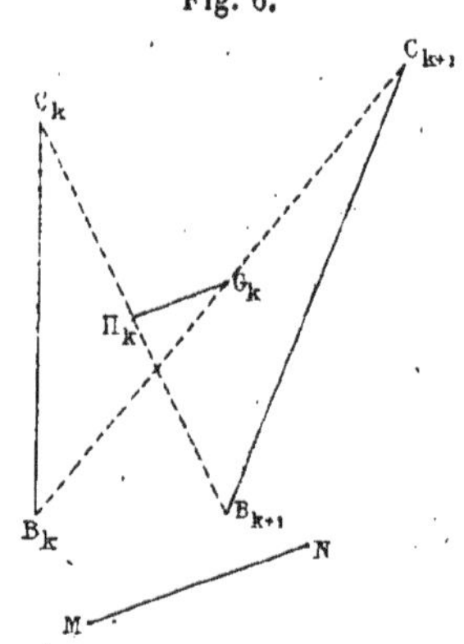


Ceci peut encore s'écrire, O étant quelconque,

$$OB_k + OC_{k+1} - (OC_k + OB_{k+1}) = MN.$$

Donc (18), si nous appelons $G_k$ le milieu de la droite

$B_k C_{k+1}$ et $H_k$ le milieu de la droite $C_k B_{k+1}$, il viendra

$$OG_k - OH_k = \tfrac{1}{2} MN,$$

c'est-à-dire,

$$H_k G_k = \tfrac{1}{2} MN.$$

Les séries des points $B_1$, $B_2$, ... et $C_1$, $C_2$, ... jouiront donc de cette propriété géométrique

$$H_1 G_1 = H_2 G_2 = \ldots = \tfrac{1}{2} MN,$$

$H_1$, $H_2$, ... étant les milieux de $C_1 B_2$, $C_2 B_3$, ... et $G_1$, $G_2$, ... étant les milieux de $B_1 C_2$, $B_2 C_3$, ....

---

## EXERCICES SUR LE CHAPITRE I.

1. Deux points, A et B, sur une Carte, sont séparés par une rivière animée d'un courant constant, et dont les bords sont rectilignes et parallèles. On ne peut traverser cette rivière qu'en bateau. Déterminer le trajet le plus court à suivre pour aller de A en B.

Si XY (qui se trouve donné) représente la traversée de la rivière, il suffit de tracer AD = XY; il n'y a plus qu'à rendre minimum DB.

2. On donne une série $A_1$, $A_2$, ..., $A_n$ de points équidistants en ligne droite. En chacun d'eux on applique un poids égal à son indice. Trouver le barycentre de ces $n$ poids.

On tracera $A_1 A_0 = A_2 A_1$; puis, prenant $A_0$ pour origine, on appliquera la formule (2) du n° 19.

3. Même problème, les poids étant égaux aux carrés des indices.

Solution analogue.

4. Aux sommets A, B, C d'un triangle, on applique respec-

tivement les poids 1, 2, 3, puis 2, 3, 1, puis 3, 1, 2. Soient $G_1$, $G_2$, $G_3$ les barycentres de ces trois systèmes. Démontrer :

1° Que les triangles ABC, $G_1 G_2 G_3$ ont le même barycentre G;

2° Que les médianes de chacun de ces deux triangles sont parallèles aux côtés de l'autre.

Former les valeurs $c_1 = \dfrac{A + 2B + 3C}{6}$, ..., d'où l'on déduira tous les éléments demandés.

5. Deux segments de droites étant divisés en un même nombre de parties égales, on joint les points de division homologues suivant $A_1 B_1$, $A_2 B_2$, ..., et l'on divise $A_1 B_1$, $A_2 B_2$, ... dans un même rapport en $C_1$, $C_2$, .... Démontrer que les points $C_1$, $C_2$, ... sont tous en ligne droite et également espacés les uns des autres.

On y arrive en remarquant, d'une manière générale, que

$$c_k = p\, A_k + (1 - p)\, B_k.$$

6. On donne, sur un plan, les coordonnées des trois sommets d'un triangle, dont les côtés prolongés déterminent, comme l'on sait, sur le plan, sept régions distinctes. Étant données les coordonnées d'un quatrième point, déterminer la région dans laquelle il est situé.

On regardera ce quatrième point comme le barycentre de trois poids placés aux sommets du triangle et dont la somme soit égale à l'unité. Les signes de ces poids détermineront la région.

7. Le barycentre de deux poids $\alpha$, $\beta$, placés en A, B, est G. Si l'on change le signe de l'un de ces poids, le barycentre est $G_1$.. Démontrer que G, $G_1$ divisent harmoniquement le segment AB.

Il suffit de prendre, par exemple, A pour origine pour vérifier immédiatement qu'on a $\dfrac{1}{G} + \dfrac{1}{G_1} = \dfrac{2}{B}$.

8. Le barycentre des poids $\alpha$, $\beta$, $\gamma$, placés en A, B, C, est G. Si l'on change les signes de $\alpha$, de $\beta$, de $\gamma$ isolément, on obtient pour barycentres trois nouveaux points $A_1$, $B_1$, $C_1$. Démontrer que les droites $AA_1$, $BB_1$, $CC_1$ se rencontrent en G et que $A_1 B_1$, $B_1 C_1$, $C_1 A_1$ passent respectivement par C, A, B.

En formant les expressions de $c$, $A_1$, $B_1$, $C_1$, on établit sans peine les propriétés demandées.

Si l'on rapproche cet exercice du précédent, on voit qu'on obtient la solution de ce problème : « Étant donné un triangle ABC, en trouver un autre $A_1 B_1 C_1$, tel que ses côtés passent par les sommets du premier, et que les droites $AA_1$, $BB_1$, $CC_1$ se rencontrent en un oint donné G. »

# CHAPITRE II.

## MULTIPLICATION ET DIVISION DES DROITES.

**Produit de deux droites. — Produits de plusieurs droites.**

28. Jusqu'à présent, dans les calculs que nous avons
effectués sur les droites, nous n'avons fait intervenir
que la multiplication *par un nombre réel.* Nous avons
maintenant à considérer des produits de droites multi-
pliées les unes par les autres, et pour cela, nous devons
tout d'abord définir le produit de deux droites, que nous
supposerons ramenées à la même origine O.

*Le produit de deux droites* OA, OB *est une droite*
OC *dont la* LONGUEUR *est égale au* PRODUIT *des lon-*
*gueurs de* OA *et* OB, *et dont l'*INCLINAISON *est égale*
*à la* SOMME *des inclinaisons de* OA *et* OB.

Il suit de là que l'équipollence OA.OB = OC entraîne les deux égalités

$$\text{gr.OA} \times \text{gr.OB} = \text{gr.OC} \quad \text{et} \quad \text{inc.OA} + \text{inc.OB} = \text{inc.OC}.$$

Une première remarque, indispensable à faire, c'est
que, tandis que la somme de deux droites était tout à
fait indépendante de tout autre élément du plan, leur
produit dépend au contraire de l'origine des inclinaisons que l'on a choisie.

Malgré la multiplicité des inclinaisons d'une droite
donnée, il ne peut y avoir aucune indécision sur la di-

rection du produit, puisque l'inclinaison de celui-ci ne peut jamais être altérée que d'un nombre entier de circonférences, ce qui ne change rien à sa direction.

Sans contester ce qu'une définition comme celle que nous venons de donner peut en apparence présenter d'arbitraire *a priori,* il est bon de montrer cependant qu'elle se justifie assez naturellement, à la condition qu'on admette pour unité la droite OI de longueur égale à l'unité et dirigée suivant l'origine des inclinaisons.

D'après la définition de la multiplication admise en Arithmétique, on doit former le produit OC, au moyen du multiplicande OA, comme le multiplicateur OB est formé au moyen de l'unité OI. Or, quelles opérations a-t-on fait subir à OI pour l'amener en OB? On a modifié la longueur dans le rapport $\frac{\text{gr. OB}}{\text{gr. OI}} = \text{gr.OB}$, puis on a fait tourner la droite ainsi obtenue, dans le sens convenable, de l'angle $\beta = \text{inc. OB}$. L'analogie nous conduit donc à dire que, pour avoir le produit OA.OB, nous devons modifier la longueur de OA dans le rapport gr. OB, ce qui donnera une droite de longueur gr. OA $\times$ gr. OB dirigée suivant OA, puis faire tourner cette droite de l'angle $\beta$. Or elle avait pour inclinaison $\alpha = \text{inc. OA}$. Son inclinaison après la rotation sera donc $\alpha + \beta$; c'est-à-dire que nous retombons précisément sur la droite OC, telle que nous l'avons définie plus haut.

29. La définition que nous venons de donner nous montre que le produit de deux droites est indépendant de l'ordre des facteurs, c'est-à-dire que la multiplication est commutative.

Il est facile de démontrer qu'elle est de plus distributive, c'est-à-dire qu'on a

$$OA(OB + OD) = OA.OB + OA.OD$$

Soient, en effet,

$$OA.OB = OC \quad \text{et} \quad OA.OD = OF \quad (\textit{fig. 7}).$$

Soient de plus a, b, d, c, f, et $\alpha$, $\beta$, $\delta$, $\gamma$, $\varphi$ les grandeurs et les inclinaisons respectives de OA, OB, OD, OC, OF. D'après la définition même, nous avons $c = ab$, $f = ad$, $\gamma = \alpha + \beta$, $\varphi = \alpha + \delta$. Donc, si l'on modifie dans le rapport $\frac{a}{1}$ les lignes OB, OD, et si l'on fait tourner tout d'une pièce la figure autour de O et de l'angle $\alpha$, on obtiendra la figure formée de OC, OF (\textit{fig. 7}). Dans

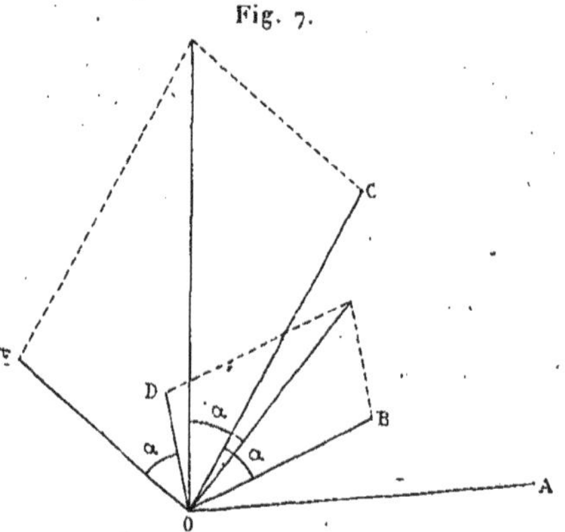

Fig. 7.

cette opération, toutes les lignes de la figure, et en particulier la diagonale du parallélogramme construit sur OB, OD, varient dans le même rapport et tournent du même angle. Cette diagonale est $OB + OD$; on voit donc que, en la multipliant par OA, on a la diagonale du parallélogramme construit sur OC, OF. Ainsi

$$OA(OB + OD) = OC + OF = OA.OB + OA.OD,$$

ce qui établit la propriété en démonstration.

30. De la notion du produit de deux droites, on ar-

rive tout naturellement à celle du produit de plusieurs droites OA, OB, OC, ..., OL ; et il est évident que la longueur de ce produit sera

$$\mathrm{gr.\,OA} \times \mathrm{gr.\,OB} \times \mathrm{gr.\,OC} \times \ldots \times \mathrm{gr.\,OL},$$

et son inclinaison

$$\mathrm{inc.\,OA} + \mathrm{inc.\,OB} + \mathrm{inc.\,OC} + \ldots + \mathrm{inc.\,OL}.$$

Des propriétés démontrées au numéro précédent, il résulte que toutes les propositions établies en Algèbre pour les produits de plusieurs facteurs réels seront identiquement applicables aux produits de droites.

Nous signalons seulement ici l'analogie curieuse que présentent les inclinaisons avec les logarithmes, l'inclinaison d'un produit étant égale à la somme des inclinaisons des facteurs.

### Quotient ou rapport de deux droites. — Similitude directe de deux triangles.

31. Nous définirons comme en Algèbre le quotient $\frac{\mathrm{OA}}{\mathrm{OB}} = \mathrm{OC}$ de deux droites par la propriété $\mathrm{OB.OC} = \mathrm{OA}$. Il suit de là immédiatement que la longueur du quotient est égale au quotient qu'on obtient en divisant la longueur du dividende par la longueur du diviseur, et que l'inclinaison du quotient est égale au reste qu'on obtient en retranchant de l'inclinaison du dividende l'inclinaison du diviseur.

On appelle aussi le quotient $\frac{\mathrm{OA}}{\mathrm{OB}}$ de deux droites *rapport* de ces deux droites, ou *rapport géométrique*. Cette idée de rapport, comme celle de toutes les quantités géométriques que nous avons considérées, entraîne, on le voit, la double notion de grandeur et d'inclinaison.

L'inclinaison du rapport $\frac{OA}{OB}$, d'après ce que nous avons dit au n° **22**, est égale à l'angle BOA formé par les deux termes de ce rapport.

32. L'égalité de deux rapports conduit à une interprétation géométrique d'un très grand intérêt. Soit $\frac{OA}{OB} = \frac{OC}{OD}$. Cette équipollence signifie qu'on a l'égalité algébrique

$$\frac{gr.\,OA}{gr.\,OB} = \frac{gr.\,OC}{gr.\,OD},$$

et de plus

$$ang.\,BOA = ang.\,DOC.$$

*Les deux triangles* OAB, OCD (*fig.* 8) *sont donc semblables*, et même *directement semblables*, c'est-

Fig. 8.

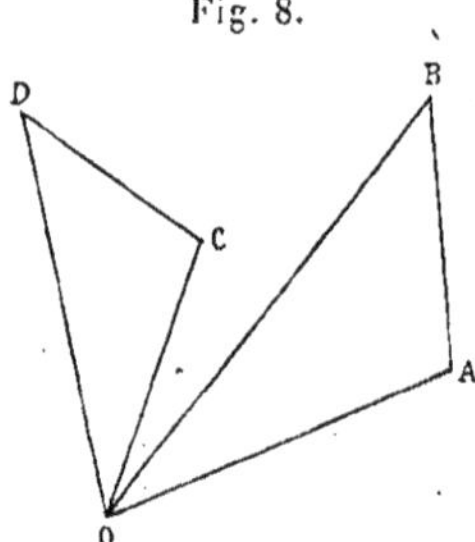


à-dire que, si le rapport de similitude était égal à l'unité, ils seraient immédiatement superposables. Nous verrons plus loin que la similitude de deux triangles peut n'être pas directe.

Réciproquement, *si deux triangles* KLM, K′L′M′ *sont directement semblables, on exprimera entièrement cette similitude par l'une quelconque des équipollences* $\frac{KL}{K'L'} = \frac{KM}{K'M'}$, $\frac{KL}{K'L'} = \frac{LM}{L'M'}$, exprimant l'éga-

lité des rapports géométriques entre deux couples de
côtés homologues quelconques.

Ce procédé pour l'expression de la similitude de
deux triangles est, nous le répétons, d'une importance
capitale et d'une application constante dans la méthode
des équipollences. Nous aurons seulement soin de toujours faire correspondre dans le même ordre les éléments homologues. Ainsi, dire que PQR est semblable
à STU, c'est dire que le sommet P est homologue
de S, etc.

### Moyenne proportionnelle de deux droites.

**33.** Prenons encore deux droites de même origine
OA, OB. On définira leur moyenne proportionnelle OM
par l'équipollence $\dfrac{OA}{OM} = \dfrac{OM}{OB}$. Traduite en langage géométrique, cette relation exprime, comme nous venons

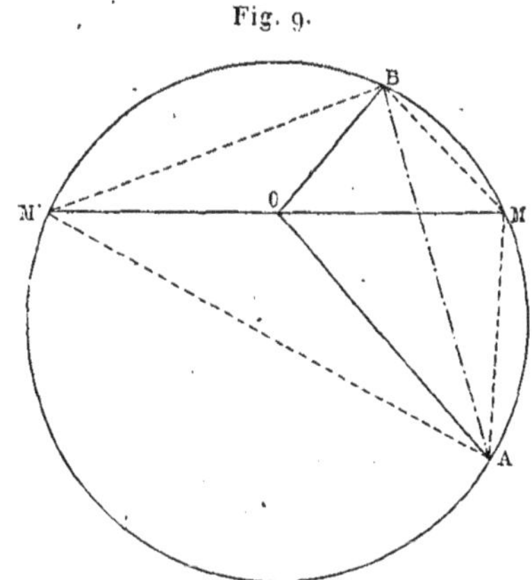

Fig. 9.

de le voir, que les deux triangles OAM, OMB (*fig.* 9)
sont semblables. Il en résulte que OM est dirigée sui-

vant la bissectrice de l'angle AOB. De plus, nous avons

$$\text{ang.}\,BMO = \text{ang.}\,MAO.$$

Donc

$$\text{ang.}\,BMO + \text{ang.}\,OMA = \text{ang.}\,MAO + \text{ang.}\,OMA$$
$$= 180° - \text{ang.}\,AOM;$$

c'est-à-dire

$$\text{ang.}\,BMA = 180° - \text{ang.}\,AOM.$$

Mais l'angle AOM est la moitié de l'angle $AOB = \theta$ des deux droites OA, OB.

Nous aurons donc la droite cherchée OM en construisant sur AB un segment capable du supplément de $\dfrac{\theta}{2}$, de telle sorte que l'origine O soit à l'intérieur de la circonférence ainsi décrite, et en coupant ce segment par la bissectrice de l'angle AOB.

Considérée du côté opposé à M, la circonférence présente un segment capable de $\dfrac{\theta}{2}$ et elle est coupée par la bissectrice en un nouveau point M′. Il est visible que les deux triangles OAM′, OM′B sont semblables eux aussi, d'où

$$\frac{OA}{OM'} = \frac{OM'}{OB},$$

et que, par conséquent,

$$OM' = - OM$$

répond aussi à la question.

De même, en Algèbre, l'équation $\dfrac{a}{x} = \dfrac{x}{b}$ a pour racine, soit $+\sqrt{ab}$, soit $-\sqrt{ab}$.

Il est facile de reconnaître, par l'examen des inclinaisons, d'où provient la double solution. Si

$$\text{gr.}\,OA = a, \quad \text{gr.}\,OB = b, \quad \text{inc.}\,OA = \alpha, \quad \text{inc.}\,OB = \beta,$$

l'équipollence de définition donne nécessairement

$$\text{gr.}\,OM = \sqrt{ab}$$

et de plus

$$\text{inc. OM} = \frac{\alpha + \beta}{2}.$$

Mais, pour conserver à la question toute sa généralité, il faut donner aux inclinaisons $\alpha$ et $\beta$ (**23**) les formes les plus générales

$$\alpha + n.360°, \quad \beta + p.360°;$$

d'où

$$\text{inc. OM} = \frac{\alpha + \beta}{2} + k.180°.$$

Si $k$ est pair, on aura la direction OM; si $k$ est impair, on aura la direction contraire, ce qui correspond à la solution OM'.

La *fig.* 9 montre que si réciproquement, par le milieu O d'une corde MM, on mène deux droites OA, OB également inclinées sur cette corde, jusqu'à la circonférence, les deux triangles OAM, OMB seront semblables et qu'il en sera de même des triangles OAM', OM'B.

Il est important de remarquer que la moyenne proportionnelle de deux droites ne dépend en rien de la droite choisie dans le plan pour origine des inclinaisons.

### Calcul des droites. — Théorème général.

**34.** Si l'on a suivi avec quelque attention les règles de calcul que nous avons exposées, soit dans le premier Chapitre, soit dans celui-ci, relativement à l'addition, la soustraction, la multiplication et la division, on a pu reconnaître qu'elles sont absolument identiques à celles de l'Algèbre ordinaire.

Or, toutes les autres opérations de l'Algèbre dérivent de celles-là, et par conséquent nous serons amenés, dans tous les calculs possibles, dans les formations de fonctions quelconques de droites, à des transformations pareilles à celles du calcul algébrique.

Sans entrer dans aucun détail d'opération, nous pouvons donc énoncer dès à présent ce principe fondamental d'une importance extrême à cause de sa généralité :

*On peut faire subir aux équipollences relatives aux figures planes toutes les opérations et transformations qui sont légitimes pour les équations algébriques.*

35. Il y a cependant, à l'avantage de la méthode des équipollences, une différence non pas véritable, mais apparente : c'est qu'on ne voit nulle part s'y introduire la notion de l'imaginaire. Pour faire comprendre ce point, nous nous contenterons d'examiner l'extraction de la racine $n^{ième}$ d'une droite quelconque, et nous allons voir apparaître d'elles-mêmes les $n$ solutions distinctes, tout aussi réelles les unes que les autres.

Soit $OX = \sqrt[n]{\overline{OA}}$. La définition de cette opération provient de l'équipollence

$$OA = (OX)^n = OX.OX\ldots OX.$$

Donc

$$\mathrm{gr.}\,OA = (\mathrm{gr.}\,OX)^n, \quad \text{d'où} \quad \mathrm{gr.}\,OX = \sqrt[n]{\mathrm{gr.}\,OA}.$$

Jusqu'ici, nulle ambiguïté, les longueurs étant toutes essentiellement positives.

Arrivons maintenant aux inclinaisons et soit

$$\mathrm{inc.}\,OA = \alpha,$$

ou, plus généralement (23),

$$\alpha + k.360°.$$

Il viendra

$$\mathrm{inc.}\,OX = \frac{\mathrm{inc.}\,OA}{n} = \frac{\alpha}{n} + \frac{k}{n}.360°.$$

, Il est clair que, pour avoir toutes les directions possibles de OX, il faut donner à $k$ une série de $n$ valeurs consécutives entières quelconques, par exemple o, 1, 2, ..., $n-1$. De là, par conséquent, $n$ directions, inclinées successivement les unes sur les autres de l'angle $\frac{360°}{n}$; et les $n$ valeurs de OX, ayant toutes même longueur, figureront assez exactement les rayons d'une roue de voiture. Ce seront les $n$ racines $n^{\text{ièmes}}$ de OA, différentes les unes des autres, mais toutes réelles.

36. Il nous semble inutile de pousser plus avant les considérations particulières sur le calcul des droites. Ce calcul trouvera des développements utiles dans les applications, et sera facilité par les signes que nous avons encore à introduire, et par les principes qu'il nous reste à exposer.

Cependant, il est une observation, d'un caractère complètement général, qui nous paraît devoir trouver sa place dès maintenant dans notre exposition. Nous avons dit, dans tout ce qui précède, que le résultat d'une opération quelconque sur des droites était une droite. Cela est rigoureusement vrai dans l'hypothèse où nous nous sommes placés, c'est-à-dire en supposant que l'unité de longueur soit déterminée sur la figure. Mais, pour toutes les propriétés qui ne dépendent pas du choix de cette unité, la loi de l'homogénéité doit conserver toute son action, aussi bien ici que dans la Géométrie analytique ordinaire. Nous serons ainsi conduits, bien souvent, à employer dans nos calculs des expressions qu'il n'est nullement nécessaire de traduire en droites effectives et qui seront de divers degrés, positifs, négatifs ou même fractionnaires. Ainsi $OA^2$ deviendrait une droite en introduisant le dénominateur

$OI = 1$, ce qui donne

$$\frac{OA^2}{OI};$$

de même

$$\frac{1}{OA^3} = \frac{OI^{4'}}{OA^3}, \quad \sqrt[5]{OA^2} = \sqrt[5]{OA^2.OI^3}, \ldots$$

Mais il nous sera commode bien souvent de considérer en eux-mêmes les rapports de droites, que nous pourrons appeler *nombres géométriques*. Ainsi soit $\frac{OA}{OB}$, avec

$$\text{gr.}\,OA = 3\,\text{gr.}\,OI, \quad \text{gr.}\,OB = 4\,\text{gr.}\,OI,$$
$$\text{inc.}\,OA = 60°, \quad \text{inc.}\,OB = 40°.$$

Le *nombre* $\frac{OA}{OB}$, que nous pourrons au besoin figurer par une seule lettre, aura pour nous la grandeur $\frac{3}{4}$ et l'inclinaison $20°$, sans qu'il soit nécessaire de le concevoir autrement que comme un rapport de deux droites.

37. D'après les développements qui précèdent, on a vu la concordance absolue entre les règles du calcul algébrique et celles du calcul des droites. Si nous considérons maintenant une identité algébrique quelconque, nous pouvons la regarder comme exprimant une propriété de points situés en ligne droite. Mais, en supposant les quantités algébriques remplacées par des droites, l'identité n'en subsistera pas moins, et l'on aura par suite une propriété correspondante de points situés sur un plan d'une manière quelconque.

Par exemple, l'identité $\dfrac{a+b}{2} + \dfrac{c+d}{2} = \dfrac{b+c}{2} + \dfrac{d+a}{2}$ peut se traduire ainsi : « Soient A, B, C, D quatre points en ligne droite, M, N, P, Q les milieux des segments AB, BC, CD, DA ; le milieu du segment MP sera le même que le milieu du segment NQ. »

Si nous remplaçons $a$, $b$, $c$, $d$ par les droites quelconques OA, OB, OC, OD du plan, nous aurons la même identité, mais qui se traduira par l'énoncé suivant : « Si M, N, P, Q sont les milieux des côtés successifs d'un quadrilatère ABCD, les droites MP, NQ se coupent mutuellement en parties égales; ou encore, les milieux des côtés d'un quadrilatère sont aux sommets d'un parallélogramme. »

Cet exemple a pour but unique d'éclaircir ce qui précède, et, sans plus de détails, nous pouvons maintenant énoncer ce théorème très général :

*A toute identité algébrique correspond un théorème de Géométrie plane, par le seul changement de l'égalité en équipollence.*

### Du signe de perpendicularité.

38. Parmi les nombres géométriques (36) que nous pouvons considérer dans la théorie des équipollences, il en est un dont l'usage est tellement fréquent, qu'il y a un grand avantage à le représenter par un signe spécial, au moyen duquel on représentera ensuite tous les autres nombres : c'est celui dont la grandeur est égale à l'unité, et dont l'inclinaison est $+ 90^o$. Nous désignerons constamment par $i$ ce rapport, dont les premières propriétés sont bien faciles à établir.

Menons par l'origine O (*fig.* 10) une perpendiculaire à l'origine OX des inclinaisons, et portons quatre longueurs OA, OB, OC, OD égales entre elles (et par exemple égales à l'unité), suivant les quatre directions OX, OY, OX', OY', ainsi obtenues. Il est évident que nous aurons

$$\frac{OB}{OA} = \frac{OC}{OB} = \frac{OD}{OC} = \frac{OA}{OD} = i.$$

De là

$$\frac{OB.OC}{OA.OB} = i^2.$$

Mais le rapport $\frac{OB.OC}{OA.OB}$ se réduit à $\frac{OC}{OA}$, c'est-à-dire à

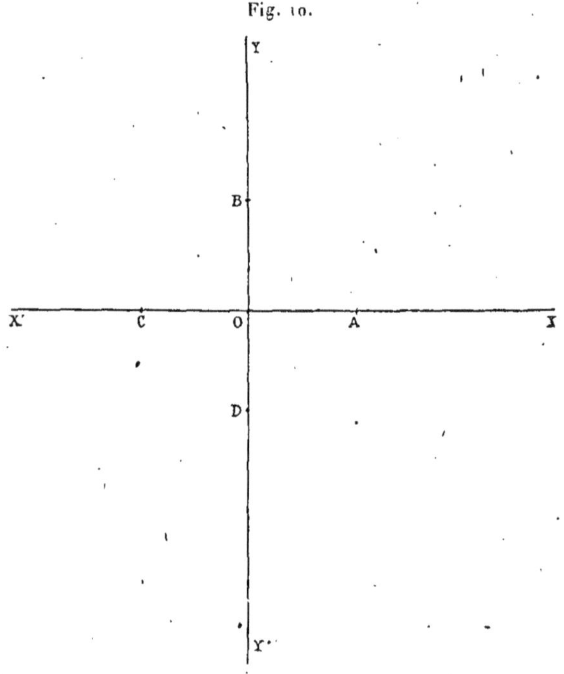

Fig. 10.



$-1$, puisque $OC = -OA$. Par conséquent

$$i^2 = -1.$$

De même

$$i^3 = \frac{OB.OC.OD}{OA.OB.OC} = \frac{OD}{OA} = -\frac{OB}{OA} = -i,$$

$$i^4 = \frac{OB.OC.OD.OA}{OA.OB.OC.OD} = 1.$$

Les puissances successives du symbole $i$ sont donc exactement les mêmes que celles du symbole algébrique $\sqrt{-1}$, et cela nous permet de formuler ce principe :

*Le symbole $i$ dans le calcul des équipollences sera soumis aux mêmes règles que le symbole $\sqrt{-1}$ en Algèbre.*

39. Un premier usage évident du signe que nous venons de définir consiste dans la possibilité de représenter la rotation d'un angle droit appliquée à une droite OM. Il est bien clair en effet qu'en multipliant cette droite par $i$ nous obtiendrons une droite OM' égale à la première, et formant avec elle un angle $\text{MOM}' = +90^\circ$.

En multipliant OM par $-i = \dfrac{1}{i}$, on fait au contraire tourner cette droite d'un angle droit dans le sens négatif.

En général, $\text{OM} \times i^n$ représente ce que devient OM après avoir subi une rotation de $n$ angles droits dans le sens positif ; et $\text{OM} \times (-i)^n$ représente ce que devient OM après avoir subi une rotation de $n$ angles droits dans le sens négatif.

Si nous cherchons à étendre ces formules, il est bien facile de les interpréter dans le cas où $n$ cesse d'être un nombre entier. En prenant l'angle droit (ou le quadrant) pour unité, si un angle $\alpha$ est mesuré par $p$, nous dirons que $\text{OM} \times i^p$ nous représente ce que devient OM après avoir subi la rotation de l'angle $\alpha$ dans le sens positif.

Le symbole $i$, considéré isolément, représente une droite égale en longueur à l'unité, et dont l'inclinaison est $+90^\circ$. De même, $i^p$ représentera une droite de longueur égale à l'unité, et dont l'inclinaison $\alpha$ est mesurée par le nombre $p$, quand on la rapporte à l'angle droit.

Il est à peine nécessaire de démontrer la relation
$$(-i)^p = \left(\frac{1}{i}\right)^p = i^{-p},$$
tellement elle est une conséquence directe de $\frac{1}{i} = -i$. Mais l'utilité de cette formule est extrême, puisqu'elle permet de représenter toute droite de longueur égale, à l'unité par la formule $i^p$, aussi bien dans le cas des inclinaisons négatives que positives.

On voit d'ailleurs que l'on a

$$i^p = i^{p+4} = \ldots = i^{p+4k},$$

puisque $i^4 = 1$. Toutes ces droites ont en effet la même direction.

Puisque la droite de longueur $1$ et dont l'inclinaison $\alpha$ est mesurée par $p$ s'exprime par $i^p$, il est clair que la droite quelconque OM, dont la longueur est $r$, peut se représenter par

$$OM = ri^p.$$

### Représentation nouvelle des droites. — Signe $\varepsilon$.

**40.** Prenons la même droite OM que dans le numéro précédent et abaissons du point M (*fig.* 11) la perpen-

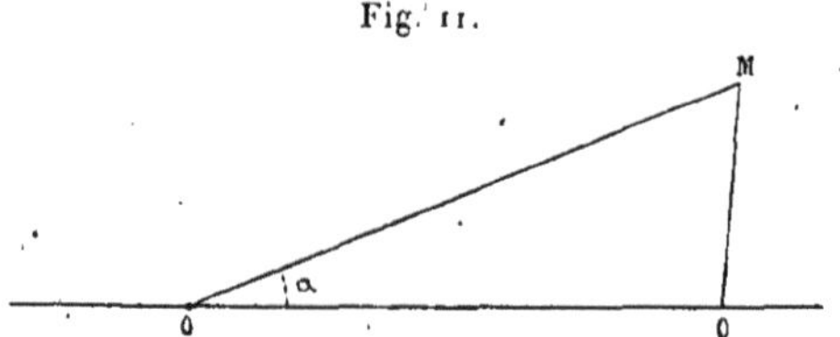

Fig. 11.

diculaire MQ sur l'origine des inclinaisons. Nous avons

$$OM = OQ + QM.$$

Si nous appelons $x$ et $y$ (en grandeurs et en signes) les coordonnées, positives ou négatives, OQ et QM du point M, il est bien facile de voir que l'on a les équipollences $OQ = x$, $QM = yi$.

Par suite, la droite OM peut encore s'exprimer par la formule

$$(1) \qquad OM = x + yi.$$

Sous cette forme, apparaît l'identité entre les quantités géométriques, que nous étudions dans le présent calcul, et les quantités imaginaires de l'Algèbre.

**41.** Reprenons l'expression $ri^p$ d'une droite quelconque donnée dans le n° 39. Si, au lieu de rapporter les arcs au quadrant pris pour unité, nous voulons les rapporter à l'arc de longueur égale à celle du rayon, comme on le fait en général dans toutes les formules de la Trigonométrie, il est bien évident que les deux mesures $p$ et $\alpha$ du même arc (ou du même angle) seront dans le rapport $\dfrac{p}{\alpha} = \dfrac{2}{\pi}$. Donc $i^p = i^{\frac{2}{\pi}\alpha}$.

Mais, l'exposant $\dfrac{2}{\pi}$ intervenant alors dans tous les calculs, il est bien plus simple de poser une fois pour toutes

$$i^{\frac{2}{\pi}} = \varepsilon,$$

$\varepsilon$ étant un nouveau symbole défini par cette équipollence. On a alors, pour l'expression de la droite OM,

$$(2) \qquad OM = r\varepsilon^\alpha.$$

**42.** Dans la formule (1) du n° 40, on a

$$x = r\cos\alpha, \quad y = r\sin\alpha;$$

donc cette formule peut s'écrire

$$OM = r(\cos\alpha + i\sin\alpha),$$

et la comparaison avec la formule (2) ci-dessus nous donne

$$(3) \qquad \varepsilon^{\alpha} = \cos\alpha + i\sin\alpha.$$

On reconnaît par suite, en vertu de la formule d'Euler, que notre symbole $\varepsilon$ n'est autre que l'expression $e^i$ si couramment employée en Analyse ([1]).

---

([1]) Nous tenons à rappeler ici la formule d'Euler, bien qu'elle ne nous soit nullement nécessaire pour notre exposition ; c'est qu'en effet cette formule nous semble être une des plus remarquables conceptions de l'esprit analytique ; et elle a été l'objet d'attaques imméritées selon nous, même de la part d'auteurs qui ont écrit d'excellentes choses sur les imaginaires. C'est ainsi, par exemple, que, dans son Ouvrage *Des formes imaginaires en Algèbre*, M. Vallès élève contre cette formule les deux critiques suivantes :

1° La formule d'Euler donne $1 = e^{2\pi\sqrt{-1}} = e^{4\pi\sqrt{-1}} = \ldots$ Les nombres $e^{2\pi}$, $e^{4\pi}$, $\ldots$, tous différents les uns des autres, élevés à la même puissance $\sqrt{-1}$, donneraient donc le même résultat, ce qui semble inadmissible, ou tout au moins paradoxal.

2° En élevant les expressions précédentes à la puissance $\sqrt{-1}$, on a $e^{-2\pi} = e^{-4\pi} = \ldots$, ce qui est absurde.

De pareils reproches dérivent d'une méconnaissance complète de l'idée des déterminations multiples qu'une même fonction peut présenter, et c'est pour cela que nous avons insisté si fortement sur le nombre infini des inclinaisons d'une même droite.

Pourquoi, par exemple, M. Vallès ne dirait-il pas : « On a

$$(-1)^2 = (+1)^2;$$

si j'élève les deux membres à la puissance $\frac{1}{2}$, j'obtiens $-1 = +1$, résultat parfaitement absurde ? » C'est que l'élévation à la puissance $\frac{1}{2}$ est une opération à détermination double. Mais de quel droit effectuer, avec l'exposant imaginaire $\sqrt{-1}$, ce qu'on ne peut faire avec l'exposant $\frac{1}{2}$ ?

En réalité, si $a$ est positif, $a^i$ représente une droite de longueur 1 et d'inclinaison mesurée par $\log a$. Telle est la vraie définition réelle. Il n'y a donc rien d'extraordinaire dans l'égalité des résultats ci-dessus, puisque les logarithmes sont $2\pi$, $4\pi$, $6\pi$, $\ldots$, ce qui donne la même direction que si l'inclinaison était nulle.

Les diverses expressions que nous venons de donner pour la représentation d'une droite OM sont d'un usage continuel et d'une application très commode dans le calcul des équipollences. Il est donc important de se les rendre tout à fait familières.

### Droites conjuguées.

43. Soit une droite OA; si une droite OA' a la même longueur et si son inclinaison est égale et de signe contraire à celle de OA, on appelle OA' *conjuguée* de OA. D'après cette définition, OA est évidemment conjuguée de OA'. On désignera la conjuguée d'une droite par la notation cj. et l'on écrira, par exemple,

$$\text{OA}' = \text{cj. OA}, \quad \text{OA} = \text{cj. OA}'.$$

Les droites OA, OA' peuvent être transportées parallèlement à elles-mêmes où l'on voudra dans le plan, sans cesser pour cela d'être deux droites conjuguées.

D'après les expressions que nous venons de donner pour une droite, on voit que la conjuguée se formera immédiatement.

Par exemple, si $\text{OM} = x + yi$, on aura

$$\text{cj. OM} = x - yi.$$

Si $\text{OM} = ri^p$;

$$\text{cj. OM} = ri^{-p}.$$

Si $\text{OM} = r\varepsilon^\alpha$,

$$\text{cj. OM} = r\varepsilon^{-\alpha}.$$

Si $\text{OM} = r(\cos\alpha + i\sin\alpha)$

$$\text{cj. OM} = r(\cos\alpha - i\sin\alpha).$$

En prenant simplement les identités

$$\varepsilon^\alpha = \cos\alpha + i\sin\alpha,$$
$$\varepsilon^{-\alpha} = \cos\alpha - i\sin\alpha,$$

qui correspondent à deux droites conjuguées de longueurs égales à l'unité, on obtient, par addition et soustraction, les relations

$$\frac{\varepsilon^{\alpha} + \varepsilon^{-\alpha}}{2} = \cos\alpha, \quad \frac{\varepsilon^{\alpha} - \varepsilon^{-\alpha}}{2\,i} = \sin\alpha,$$

dont l'interprétation géométrique est évidente.

On se sert souvent de ces formes du cosinus et du sinus
d'un angle.

La notation des droites conjuguées est très utile, et
nous en trouverons de nombreuses applications.

### Principes relatifs aux droites conjuguées.

44. Nous pouvons, sans démonstration, tellement ces
vérités sont d'une complète évidence géométrique, énoncer les propositions suivantes :

*La conjuguée de la somme de deux droites est
équipollente à la somme de leurs conjuguées.*

*La conjuguée du produit (ou du quotient) de deux
droites est équipollente au produit (ou au quotient)
de leurs conjuguées.*

Il suit de là, d'une manière générale, que *la conjuguée d'une fonction quelconque de plusieurs droites
est équipollente à la même fonction des conjuguées
de ces droites.*

45. En rapprochant ce dernier énoncé de ce qui a été
dit un peu plus haut (43), sur la formation de la conjuguée
d'une droite, on arrive, pour le cas où les droites sont
mises sous les formes $x + yi$, $ri^p$, $r\varepsilon^{\alpha}$, à ce nouveau
principe général :

*Pour obtenir la conjuguée d'une expression quel-
conque, il suffit de changer les signes de tous les*

*exposants de i ou de ε que renferme cette expres-
sion.*

**46.** *A toute équipollence correspond une équipollence conjuguée.*

Supposons que dans l'équipollence primitive nous
remplacions toutes les droites qui y figurent par leurs
conjuguées respectives. Toutes les constructions indiquées par la première équipollence devront alors s'effectuer sur une figure symétrique par rapport à l'origine des inclinaisons, et par conséquent on aura une
équipollence correspondante, car la seconde figure,
égale à la première, jouira exactement des mêmes propriétés.

**47.** *Le produit de deux expressions conjuguées a
une inclinaison nulle, et une grandeur égale au carré
de la grandeur de chacune des deux expressions.*

Cette proposition résulte directement de la définition
d'un produit (28) et des définitions et principes qui
précèdent.

On la met analytiquement en évidence, en remarquant
que deux expressions conjuguées peuvent s'écrire sous
la forme $r\varepsilon^\alpha$, $r\varepsilon^{-\alpha}$, ou encore $x + yi$, $x - yi$. Dans le
premier cas on a, pour le produit,

$$r^2 \varepsilon^{\alpha-\alpha} = r^2,$$

et, dans le second,

$$x^2 - y^2 i^2 = x^2 + y^2.$$

La grandeur est donc bien le carré de $r$, et la direction est celle de l'origine des inclinaisons.

**48.** *Le quotient d'une expression par sa conju-*

*guée a pour grandeur l'unité, et pour inclinaison le double de l'inclinaison du dividende.*

Soit en effet $r\varepsilon^\alpha$ l'expression donnée; sa conjuguée sera $r\varepsilon^{-\alpha}$; et l'on aura, pour le quotient,

$$\frac{r\varepsilon^\alpha}{r'\varepsilon^{-\alpha}} = \varepsilon^{2\alpha}.$$

**49.** *La somme d'une droite et de sa conjuguée a une inclinaison nulle, ou égale à* 180°, *et une longueur égale à deux fois la longueur de la projection de la droite sur l'origine des inclinaisons.*

Posons $OA = x + yi$; alors

$$\text{cj.}\,OA = x - yi, \quad \text{et} \quad OA + \text{cj.}\,OA = 2x.$$

Suivant que $x$ est positif ou négatif, l'inclinaison est zéro ou 180°; et la grandeur est double de celle de $x$. On peut écrire encore

$$OA + \text{cj.}\,OA = 2r\cos\alpha.$$

**50.** *Si d'une droite on retranche sa conjuguée, la différence a pour inclinaison* 90° *ou* 270°, *et pour longueur le double de la projection de la droite sur une perpendiculaire à l'origine des inclinaisons.*

Car, en posant $OA = x + yi$, il vient

$$OA - \text{cj.}\,OA = 2yi = 2ir\sin\alpha.$$

### Similitude symétrique de deux triangles.

**51.** Supposons qu'on ait $\dfrac{OA}{OB} = \dfrac{\text{cj.}\,OA'}{\text{cj.}\,OB'}$. Cherchons à traduire géométriquement cette équipollence.

A cet effet, posons (*fig.* 12)

$$\text{gr.}\,OA = a, \quad \text{gr.}\,OB = b, \quad \text{gr.}\,OA' = a', \quad \text{gr.}\,OB' = b',$$
$$\text{inc.}\,OA = \alpha, \quad \text{inc.}\,OB = \beta, \quad \text{inc.}\,OA' = \alpha', \quad \text{inc.}\,OB' = \beta'.$$

L'équipollence peut donc s'écrire

$$\frac{a\,\varepsilon^{\alpha}}{b\,\varepsilon^{\beta}} = \frac{a'\,\varepsilon^{-\alpha'}}{b'\,\varepsilon^{-\beta'}} \quad \text{ou} \quad \frac{a}{b}\,\varepsilon^{\alpha-\beta} = \frac{a'}{b'}\,\varepsilon^{\beta'-\alpha'}.$$

Il faut donc qu'on ait

$$\frac{a}{b} = \frac{a'}{b'} \quad \text{èt} \quad \alpha - \beta = \beta' - \alpha'.$$

Mais

$$\alpha - \beta = \mathrm{ang.\,BOA}, \quad \beta' - \alpha' = \mathrm{ang.\,B'OA'}.$$

Si nous comparons les deux triangles OAB, A'O'B', nous voyons qu'ils ont leurs côtés homologues OA, OA' et OB, OB' proportionnels en tant que longueurs, et que

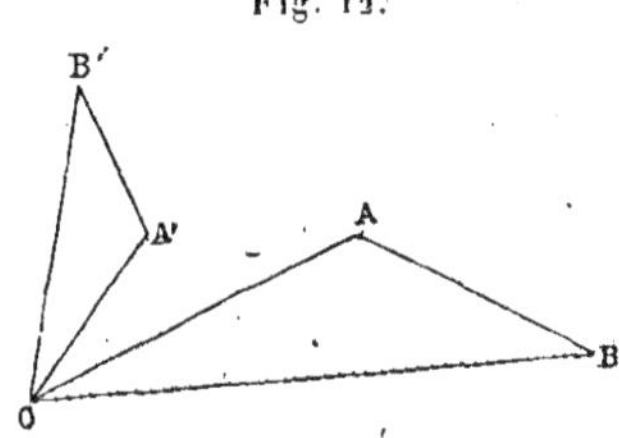

Fig. 12.



les angles en O sont de grandeurs égales, mais de signes contraires. Il est clair, à la seule inspection de la figure, que ces triangles sont semblables ; mais, si le rapport de similitude devenait égal à l'unité, ils ne seraient superposables qu'après avoir retourné l'un d'entré eux sens dessus dessous.

On dit que ces deux triangles sont *symétriquement semblables.*

Réciproquement, *si deux triangles KLM, K'L'M' sont symétriquement semblables, on exprimera cette similitude en égalant le rapport géométrique de deux côtés de l'un de ces triangles avec le rapport des conjuguées des côtés homologues.*

On peut résumer ces relations en écrivant

$$\frac{KL}{cj.\,K'L'} = \frac{LM}{cj.\,L'M'} = \frac{MK}{cj.\,M'K'}.$$

Ces remarques, rapprochées de celles du n° **32**, sont d'un précieux usage dans les applications, comme nous allons immédiatement en voir un exemple.

### Projection d'une droite sur une autre. — Puissance d'un point par rapport à un cercle.

**52.** Soit AB (*fig.* 13) une droite dont nous voulons déterminer la projection sur une autre droite donnée.

Fig. 13.

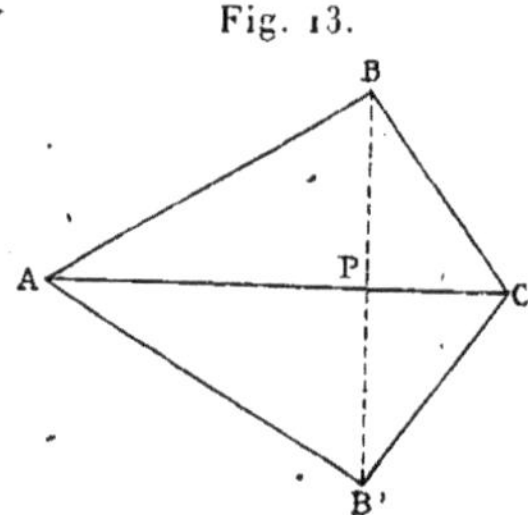

Nous pouvons, sans rien enlever à la généralité du problème, supposer que cette seconde droite a également pour origine A. Appelons-la AC. Soit AP la projection cherchée. Si nous prolongeons BP d'une longueur PB', égale à elle-même, les triangles ABC, AB'C seront symétriques par rapport à la droite AC, et nous aurons, en vertu du numéro précédent,

$$\frac{AB'}{AC} = \frac{cj.\,AB}{cj.\,AC}, \quad \text{d'où} \quad AB' = AC\,\frac{cj.\,AB}{cj.\,AC}.$$

Le point P étant le milieu de BB', il vient

$$AP = \tfrac{1}{2}(AB + AB') = \tfrac{1}{2}\left(AB + AC\,\frac{cj.\,AB}{cj.\,AC}\right).$$

Donc, *la projection de la droite* AB *sur la droite* AC *a pour expression*

$$AP = \tfrac{1}{2}\,\frac{AB\,cj.\,AC + AC\,cj.\,AB}{cj.\,AC}.$$

53. Nous pouvons donner une autre forme à cette projection AP, en posant

$$AB = b\,\varepsilon^{\beta}, \quad AC = c\,\varepsilon^{\gamma}.$$

Elle devient alors

$$AP = \tfrac{1}{2}\,bc\,\frac{\varepsilon^{\beta-\gamma} + \varepsilon^{\gamma-\beta}}{c\,\varepsilon^{-\gamma}},$$

c'est-à-dire (43),

$$AP = b\cos(\beta - \gamma)\varepsilon^{\gamma}.$$

Cette transformation nous montre qu'on a toujours identiquement l'égalité entre quantités algébriques

$$\tfrac{1}{2}(AB.\,cj.\,AC + AC.\,cj.\,AB) = bc\cos\alpha$$

en grandeur et en signe.

Mais le second membre

$$bc\cos\alpha \quad \text{ou} \quad gr.\,AB\,gr.\,AC\cos(CAB)$$

représente, comme l'on sait, la puissance du point A par rapport au cercle construit sur BC comme diamètre. Donc :

*La puissance d'un point* A *par rapport à un cercle de diamètre* BC *a pour expression*

$$\tfrac{1}{2}(AB.\,cj.\,AC + AC.\,cj.\,AB).$$

En désignant cette expression par la notation abrégée $\mathcal{P}_A(B, c)$, on peut établir simplement un grand nombre de propriétés sur les puissances de points par rapport à des cercles ([1]).

Le signe de la puissance varie avec celui du cosinus de l'angle CAB. On vérifie aisément que la puissance est positive quand le point A est extérieur au cercle, et négative quand le point A est intérieur.

Lorsque l'on considère deux droites AB, LM ayant des origines différentes, on peut faire subir à l'expression

$$AB \text{ cj. } LM + LM \text{ cj. } AB = 2 \text{ gr. } AB \text{ gr. } LM \cos\theta$$

une transformation assez intéressante.

On a

$$AB = AL - BL = AM - BM \quad \text{et} \quad LM = AM - AL = BM - BL.$$

De là

$$AB \text{ cj. } LM = AL \text{ cj. } AM - AL \text{ cj. } AL$$
$$+ BL \text{ cj. } MA + BL \text{ cj. } AL,$$
$$LM \text{ cj. } AB = BM \text{ cj. } AM + BL \text{ cj. } BM$$
$$- BM \text{ cj. } BM + LB \text{ cj. } AM,$$

et par addition

$$AB \text{ cj. } LM + LM \text{ cj. } AB$$
$$= AM \text{ cj. } AM - AL \text{ cj. } AL + BL \text{ cj. } BL - BM \text{ cj. } BM$$
$$= (\text{gr. } AM)^2 + (\text{gr. } BL)^2 - (\text{gr. } AL)^2 - (\text{gr. } BM)^2.$$

### Aire d'un triangle. — Aire d'un polygone.

54. Considérons le triangle ABC. Soit P le pied de la hauteur abaissée du sommet B sur AC.

---

([1]) Voir *Association française pour l'avancement des Sciences; Compte rendu de la 4ᵉ session (Nantes)* : *Mémoire sur les puissances de points*, p. 139-153.

Nous avons (52)

$$AP = \tfrac{1}{2}\frac{AB\ \mathrm{cj}.AC + AC\ \mathrm{cj}.AB}{\mathrm{cj}.AC}.$$

Donc

$$BP = AP - AB = \tfrac{1}{2}\frac{AC\ \mathrm{cj}.AB - AB\ \mathrm{cj}.AC}{\mathrm{cj}.AC}.$$

Le produit des longueurs de BP et cj.AC exprime évidemment le double $2s$ de l'aire du triangle.

D'autre part (50), le numérateur $AC\ \mathrm{cj}.AB - AB\ \mathrm{cj}.AC$ a pour direction celle d'une perpendiculaire à l'origine des inclinaisons, c'est-à-dire que son expression est $ki$ $k$ étant une quantité algébrique positive ou négative.

Nous pouvons donc écrire, en divisant par $i$ cette expression,

$$\pm 2s = \frac{1}{2i}(AC\ \mathrm{cj}.AB - AB\ \mathrm{cj}.AC),$$

ou

$$\pm s = \frac{i}{4}(AB\ \mathrm{cj}.AC - AC\ \mathrm{cj}.AB).$$

Si nous supprimons le double signe de $s$, nous serons conduit à considérer dans l'aire d'un triangle, non seulement la grandeur, mais le signe, ce qui n'offre que des avantages, et nous dirons d'une manière générale que *l'aire d'un triangle ABC s'exprime en grandeur et en signe par la formule*

$$\frac{i}{4}(AB\ \mathrm{cj}.AC - AC\ \mathrm{cj}.AB).$$

Nous remarquerons qu'en remplaçant AC par AB + BC on trouverait aussi

$$\frac{i}{4}(AB\ \mathrm{cj}.BC - BC\ \mathrm{cj}.AB).$$

Si l'on intervertissait les deux lettres B et C dans l'une

ou l'autre de ces deux expressions, on trouverait un résultat égal et de signe contraire. Nous sommes donc amené à considérer l'aire ACB comme égale et de signe contraire à l'aire ABC.

En général, l'aire d'un triangle est positive quand on énonce le périmètre en le parcourant dans le sens des rotations positives, c'est-à-dire en ayant l'intérieur du triangle à sa gauche. Elle est négative dans le cas contraire.

Cette précieuse convention sur les signes des aires est fort avantageuse, comme nous le verrons bientôt. Il est bon de montrer dès à présent qu'elle constitue une conséquence logique et directe des conventions sur les signes des angles.

Pour cela, posons, comme plus haut, $AB = b\varepsilon^\beta$, $AC = c\varepsilon^\gamma$. Nous avons (43)

$$\frac{i}{4}(AB \text{ cj. } AC - AC \text{ cj. } AB) = \frac{bci}{4}(\varepsilon^{\beta-\gamma} - \varepsilon^{\gamma-\beta})$$

$$= \frac{bci^2}{2}\sin(\beta - \gamma)$$

$$= \frac{bc}{2}\sin(\gamma - \beta).$$

C'est précisément la formule connue qui donne l'aire d'un triangle, puisqu'elle contient en facteur $\sin(\gamma - \beta)$; il est donc bien naturel de considérer cette aire comme positive ou négative, suivant que l'angle $(\gamma - \beta)$ sera positif ou négatif.

55. Si l'on prend un point O intérieur à un triangle, on a

aire ABC = aire OAB + aire OBC + aire OCA.

Grâce à notre convention sur les signes des aires, il est visible que cette relation subsiste pour un point O quelconque du plan, soit extérieur, soit intérieur.

On voit de même que l'aire d'un polygone quelconque ABC...L sera

$$\text{aire } OAB + \text{aire } OBC + \ldots + \text{aire } OLA.$$

En posant $OA = \mathrm{A}$, $OB = \mathrm{B}$, $\ldots$, $OL = \mathrm{L}$, nous avons donc cette formule pour l'aire d'un polygone dont on donne les sommets :

$$\frac{i}{4}\left[(\mathrm{A}\,cj.\,\mathrm{B} + \mathrm{B}\,cj.\,\mathrm{C} + \ldots + \mathrm{L}\,cj.\,\mathrm{A}) - (\mathrm{B}\,cj.\,\mathrm{A} + \mathrm{C}\,cj.\,\mathrm{B} + \ldots + \mathrm{A}\,cj.\,\mathrm{L})\right].$$

Cette formule, appliquée au quadrilatère, donne un résultat intéressant, car on a

$$\mathrm{A}\,cj.\,\mathrm{B} + \mathrm{B}\,cj.\,\mathrm{C} + \mathrm{C}\,cj.\,\mathrm{D} + \mathrm{D}\,cj.\,\mathrm{A} - \mathrm{B}\,cj.\,\mathrm{A} - \mathrm{C}\,cj.\,\mathrm{B} - \mathrm{D}\,cj.\,\mathrm{C} - \mathrm{A}\,cj.\,\mathrm{D}$$
$$= (\mathrm{A} - \mathrm{C})\,cj.\,(\mathrm{B} - \mathrm{D}) - (\mathrm{B} - \mathrm{D})\,cj.\,(\mathrm{A} - \mathrm{C})$$
$$= \mathrm{CA}\,cj.\,\mathrm{DB} - \mathrm{DB}\,cj.\,\mathrm{CA}.$$

L'aire est donc

$$\frac{i}{4}(\mathrm{CA}\,cj.\,\mathrm{DB} - \mathrm{DB}\,cj.\,\mathrm{CA}),$$

c'est-à-dire équivalente à celle du triangle ayant deux côtés équipollents aux diagonales du quadrilatère.

### Progressions par quotient.

56. Nous dirons que plusieurs droites (auxquelles nous supposons même origine) $OA_1$, $OA_2$, $\ldots$, $OA_n$ forment une progression par quotient lorsque le rapport géométrique de l'une quelconque à celle qui la précède est constant.

Il s'ensuit que tous les triangles $OA_1 A_2$, $OA_2 A_3$, $\ldots$, $OA_{n-1} A_n$ sont directement semblables, si bien qu'en joignant successivement les points $A_1$, $A_2$, $\ldots$, $A_n$ on a une sorte de ligne brisée spirale qui s'éloigne de l'origine O si le rapport constant (ou la raison) a une grandeur supérieure à l'unité, et qui s'en rapproche si cette grandeur est inférieure à l'unité. Dans le cas où la raison a pour grandeur l'unité, tous les points $A_1$, $A_2$, ... sont évidemment situés sur une même circonférence de centre O.

Toutes les propositions établies en Algèbre sur les progressions par quotient s'appliqueront directement, puisque nous avons démontré que les règles du calcul des droites sont les mêmes que celles du calcul algébrique.

Nous n'en produirons ici qu'un seul exemple, relatif à la somme des termes. La raison étant $\dfrac{OA_2}{OA_1}$ (*fig.* 14),

Fig. 14.

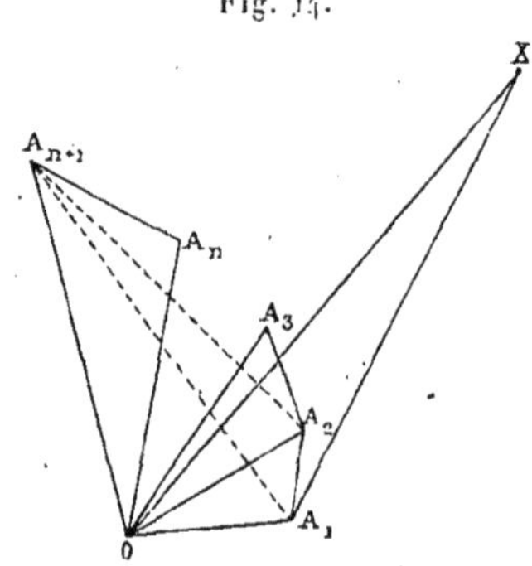


l'application de la formule connue nous donnera

$$OA_1 + OA_2 + \ldots + OA_n = \dfrac{OA_n \dfrac{OA_2}{OA_1} - OA_1}{\dfrac{OA_2}{OA_1} - 1}.$$

En formant le triangle $OA_n A_{n+1}$ directement semblable à $OA_1 A_2$, on a

$$OA_{n+1} = OA_n \dfrac{OA_2}{OA_1}.$$

La somme ci-dessus devient donc

$$\frac{OA_{n+1} - OA_1}{\dfrac{OA_2}{OA_1} - 1} = OA_1 \cdot \frac{OA_{n+1} - OA_1}{OA_2 - OA_1} = OA_1 \frac{A_1 A_{n+1}}{A_1 A_2},$$

Formons le triangle $OA_1 X$ directement semblable à $A_1 A_2 A_{n+1}$. Il viendra

$$\frac{OX}{OA_1} = \frac{A_1 A_{n+1}}{A_1 A_2}, \quad OX = OA_1 \frac{A_1 A_{n+1}}{A_1 A_2}.$$

Telle est la construction fort simple qui permet d'obtenir la somme géométrique en question. Si on la divise par le nombre $n$ de termes, on a

$$OG = \frac{1}{n} OX,$$

et le point G est (19) le barycentre des points $A_1$, $A_2$, ..., $A_n$, en y supposant placés des poids égaux.

Lorsque le nombre des termes de la progression devient infini et que la raison a une grandeur inférieure à l'unité, le point $A_{n+1}$ s'approche indéfiniment de l'ori-

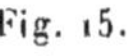

Fig. 15.

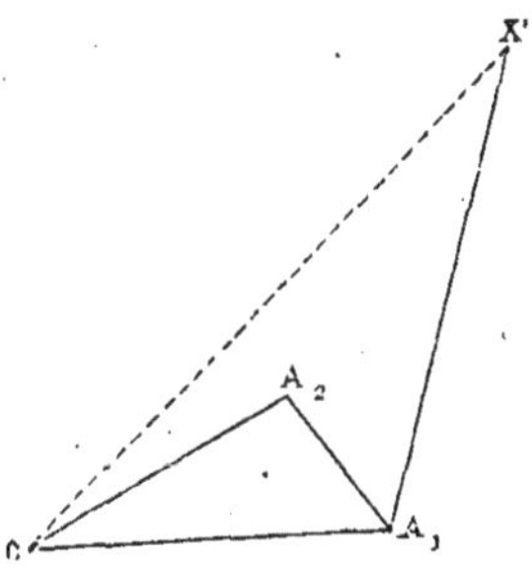

gine. La somme limite est donc donnée ($fig.$ 15) par

$$OX' = OA_1 \frac{A_1 O}{A_1 A_2},$$

c'est-à-dire qu'on doit construire le triangle $OA_1 X'$ directement semblable à $A_1 A_2 O$.

57. Il est presque évident que les droites $A_1 A_2$, $A_2 A_3$, ... forment elles-mêmes une progression par quotient, de même raison que la première ; car on a

$$\frac{OA_3}{OA_2} = \frac{OA_2}{OA_1} = \frac{OA_3 - OA_2}{OA_2 - OA_1} = \frac{A_2 A_3}{A_1 A_2}.$$

58. Sans anticiper sur l'application aux courbes du calcul des équipollences, on reconnaît aisément que tous ces points $A_1$, $A_2$, ... sont situés sur une même spirale logarithmique de pôle O.

Pour le prouver, appelons $l\varepsilon^\lambda$ la raison ; et posons en outre $OA_1 = a\varepsilon^\alpha$. Alors un terme quelconque sera exprimé par

$$OA_1\, l^p \varepsilon^{p\lambda} \doteq a\varepsilon^\alpha\, l^p \varepsilon^{p\lambda} \quad \text{ou} \quad a\, l^p \varepsilon^{\alpha+p\lambda}.$$

En appelant $r$ la grandeur de ce terme et $\theta$ son inclinaison, nous aurons

$$r = a\, l^p, \quad \theta = \alpha + p\lambda$$

et, en éliminant $p$,

$$r = a\, l^{\frac{\theta - \alpha}{\lambda}},$$

équation d'une spirale logarithmique passant par tous les points considérés, lesquels répondent aux valeurs entières de $p$.

Si l'on ne voulait pas supposer connue l'équation de la spirale logarithmique, il serait facile d'en établir ici la théorie, par l'insertion successive de moyens, en nombre de plus en plus grand, entre les termes successifs de la progression, de manière à arriver à l'idée de continuité. Il ne serait nécessaire pour cela de s'appuyer sur aucune notion de Géométrie analytique ; les raisonnements seraient les mêmes que ceux qui des progressions conduisent aux logarithmes.

La spirale logarithmique joue un rôle considérable dans la théorie des équipollences; son importance est à peu près égale à celle du cercle, qui n'en est du reste qu'un cas particulier.

C'est ce qui nous a déterminé à en donner ici la première notion, bien que nous devions y revenir plus tard.

59. Bien que résolu à supprimer pour ainsi dire toute application dans l'exposé de la théorie, nous croyons cependant utile d'en indiquer une, comme conséquence bien directe de ce qui précède, et à laquelle nous ne donnerons aucun développement.

Si l'on garde les notations du numéro précédent, la somme de la progression par quotient $OA_1$, $OA_2$, ..., $OA_n$ est

$$a\left(\varepsilon^\alpha + l\,\varepsilon^{\alpha+\lambda} + l^2\,\varepsilon^{\alpha+2\lambda} + \ldots + l^{n-1}\,\varepsilon^{\alpha+(n-1)\lambda}\right) = a\,\varepsilon^\alpha\,\frac{l^n\,\varepsilon^{n\lambda} - 1}{l\,\varepsilon^\lambda - 1}.$$

En formant l'équipollence conjuguée, il est évident que la somme des premiers membres sera

$$2a\left\{\cos\alpha + l\cos(\alpha+\lambda) + l^2\cos(\alpha+2\lambda) + \ldots + l^{n-1}\cos[\alpha+(n-1)\lambda]\right\}.$$

Or, si l'on ajoute les seconds membres, un calcul très simple montre qu'on obtient

$$2a\,\frac{l^{n+1}\cos[\alpha+(n-1)\lambda] - l^n\cos(\alpha+n\lambda) - l\cos(\alpha-\lambda) + \cos\alpha}{l^2 + 1 - 2l\cos\lambda}.$$

Nous avons donc l'expression de la somme de cosinus d'arcs en progression par différence, respectivement multipliés par les termes d'une progression par quotient.

Si l'on faisait $l = 1$, on aurait simplement la somme

,des cosinus. La formule est alors susceptible de transformations que nous n'avons pas à examiner ici, et qui
n'offrent pas de difficultés sérieuses.

On peut se proposer les questions analogues pour.les
sinus; nous en laissons le soin au lecteur.

### Remarque finale.

60. Nous bornons ici les considérations que nous
avions à présenter sur la théorie des équipollences. Il
y a nécessairement un nombre beaucoup plus grand encore de vérités d'ordre général que l'on pourrait établir
relativement à ce calcul; mais l'exposé qui précède suffit
amplement, si l'on s'en est bien assimilé toutes les parties,
pour aborder les applications, qu'il nous reste à
examiner maintenant et que nous nous efforcerons de
varier autant que possible.

Il nous paraît cependant nécessaire encore de placer
ici une simple remarque générale, sur un point qui
n'aura pas échappé au lecteur. C'est que, au fond, cette
méthode ne fait d'autre emprunt à la science de l'étendue que les premiers principes de Géométrie, en ce qui
touche surtout les propriétés des parallèles, celles des
angles et celles des triangles semblables. Il n'y a donc
aucun cercle vicieux à appliquer la méthode des équipollences à des questions de Géométrie plus ou moins
complexes, puisqu'on a seulement supposé établis les
éléments les plus essentiels.

Accessoirement, nous nous sommes servi, pour abréger l'exposition, de quelques notions élémentaires de
Trigonométrie ou de Géométrie analytique ordinaire;
mais il importe de bien se rendre compte qu'on aurait
pu établir ces notions par le secours de la méthode elle-
même. Nous considérons toutefois que nos lecteurs sont

initiés à ces éléments, ce qui nous a permis et nous permettra plus de brièveté.

Quant à l'Algèbre, au contraire, nous admettons qu'elle est établie entièrement, que les règles de calcul et les transformations en sont complètement connues, puisque l'esprit même de la théorie des équipollences consiste dans l'identité du calcul des droites avec le calcul algébrique, d'où résulte la possibilité d'une méthode analytique systématiquement applicable. C'est du reste ce que montreront amplement les applications.

---

## EXERCICES SUR LE CHAPITRE II.

1. Sur les côtés BC, CA du triangle ABC, on construit respectivement les triangles $BCA_1$, $CAB_1$, directement semblables à ABC. Démontrer que les droites AB, $A_1B_1$ se coupent en leur milieu.

Il suffit de calculer les valeurs de $CA_1$, $CB_1$ et d'en faire la somme, qu'on trouvera équipollente à CA + CB.

On conclut de là que la figure $AB_1BA_1$ est un parallélogramme.

2. Trois points A, B, C étant donnés, on a identiquement

$$AB^2 + CA.CB = BC^2 + AB.AC = CA^2 + BC.BA.$$

Cette expression, si l'on fait la construction indiquée dans l'exercice précédent, peut encore s'écrire $AB.AA_1 = AB.B_1B$.

L'identité se vérifie immédiatement si l'on remplace AB par B—A, ..., et la seconde partie de l'énoncé résulte évidemment des valeurs de

$$BA_1 = B_1A = \frac{CA.CB}{AB}.$$

3. On donne un triangle ABC et une droite LM. Sur cette droite, on construit les triangles LMP, LMQ, LMR directement semblables à ABC, BCA, CAB respectivement. Démontrer que les triangles PQR et CAB sont directement semblables.

Ayant obtenu les valeurs LP, LQ, LR, on en déduira PQ, PR par différence; et, en vertu de l'identité de l'exercice précédent, on reconnaîtra que leur rapport est $\dfrac{CA}{CB}$, par un calcul des plus faciles.

4. Deux triangles directement semblables ABC, A'B'C' étant donnés, on construit sur AA' un triangle AXA' quelconque, puis les triangles BYB', CZC' directement semblables à AXA'. Démontrer que le triangle XYZ est directement semblable à ABC et A'B'C'.

On calculera x, y, z au moyen des équipollences indiquant la similitude et en prenant une origine quelconque, et de là on tirera facilement le résultat demandé.

5. Si l'on a $X = \dfrac{Ax + B}{Cx + D}$, $x$ étant une quantité réelle, le point X est situé sur une circonférence.

Pour le reconnaître, il suffit de calculer le rapport des deux quantités $x - \dfrac{A}{C}$, $x - \dfrac{B}{D}$. On voit alors que l'inclinaison de ce rapport est constante, c'est-à-dire que X est le sommet d'un angle constant passant par deux points fixes. Chercher la condition pour que la circonférence se réduise à une droite.

6. L'équipollence

$$X = \frac{x A . BC + B . CA}{x BC + CA}$$

exprime que le point X est situé sur la circonférence passant par les trois points A, B, C.

En prenant pour origine A, B ou C successivement, on déduit de là

$$AX = \frac{AB . CA}{x BC + CA},$$

$$BX = \frac{x BA . BC}{x BC + CA},$$

$$CX = CA \,\frac{x BC + CB}{x BC + CA}.$$

Conséquences de l'exercice précédent, obtenues en donnant à $x$, dans la formule générale, les valeurs particulières $0$, $\infty$ et $1$.

7. Construire la droite $\sqrt{OA^2 \pm OB^2}$.

Si on a le signe —, on construira d'abord $AC = -AC' = OB$; si on a le signe +, $AC = -AC' = iOB$; et la construction est alors ramenée à celle d'une moyenne proportionnelle.

8. Deux triangles ABC, A'B'C' ayant même médiane AM, si la demi-base MB de l'un d'eux est parallèle à la bissectrice de l'angle B'AC' et égale en grandeur à la moyenne proportionnelle des côtés AB', AC', la demi-base MB' sera parallèle à la bissectrice de l'angle BAC et égale en grandeur à  a moyenne proportionnelle des côtés AB, AC.

En prenant A pour origine et posant $MB = b$, $MB' = b'$, on a $bc = m^2 - b^2$, $b'c' = m^2 - b'^2$. Or, d'après l'hypothèse, on a $b = \sqrt{b'c'}$, et l'on déduit de là, par conséquent, $b' = \sqrt{bc}$.

9. Deux triangles ABC, AB'C' ayant un sommet commun A et les côtés opposés égaux et parallèles, si la médiane AM du premier triangle est perpendiculaire à la bissectrice de l'angle B'AC' et égale en grandeur à la moyenne proportionnelle des côtés AB', AC', la médiane AM' du second triangle sera perpendiculaire à la bissectrice de l'angle BAC et égale en grandeur à la moyenne proportionnelle des côtés AB, AC.

Mêmes notations qu'à l'exercice précédent. L'hypothèse donne ici $b = b'$ et $m^2 = -b'c'$, et l'on en conclut $m'^2 = -bc$.

10. Deux triangles ABC, AB'C' ayant la bissectrice des angles en A commune en direction, et les grandeurs des produits AB.AC, AB'.AC' étant égales, si la médiane AM du premier triangle est perpendiculaire et égale à la demi-base M'B' du second, la médiane AM' du second sera perpendiculaire et égale à la demi-base MB du premier.

Mêmes notations qu'aux deux exercices précédents. L'hypothèse est ici $bc = b'c'$, avec $m^2 = -b'^2$, et l'on en tire $m'^2 = -b^2$.

11. Soit, sur un plan, G le barycentre d'un système de poids $\alpha_1, \alpha_2, \ldots, \alpha_n$ placés aux points $A_1, A_2, \ldots, A_n$ respectivement; O étant un point quelconque du plan, et $s$ représentant la somme $\alpha_1 + \alpha_2 + \ldots + \alpha_n$, démontrer qu'on a

$$\operatorname{gr}^2 OG = \frac{1}{s} \sum \alpha_k \operatorname{gr}^2 OA_k - \frac{1}{s^2} \sum \alpha_k \alpha_l \operatorname{gr}^2 A_k A_l.$$

La formule qui donne le point G étant

$$s\,OG = \alpha_1 OA_1 + \alpha_2 OA_2 + \ldots + \alpha_n OA_n,$$

si l'on se rappelle que le carré d'une droite quelconque MN a pour expression MN cj. MN, la relation en démonstration se réduira à la vérification d'une identité qui s'obtiendra par un calcul assez simple.

12. Soit O un point intérieur à un triangle ABC. Démontrer qu'on a

$$\mathrm{gr}\,\frac{OA.BC}{\sin(BOC-BAC)} = \mathrm{gr}\,\frac{OB.CA}{\sin(COA-CBA)} = \mathrm{gr}\,\frac{OC.AB}{\sin(AOB-ACB)}.$$

En posant $\mathrm{gr}.\,OA = p$, $\mathrm{gr}.\,OB = q$, $\mathrm{gr}.\,OC = r$, $BOC - BAC = \alpha$, et désignant par $a$, $b$, $c$ les longueurs des trois côtés, on a

$$\varepsilon^{\alpha} = \frac{bq}{rc}\,\frac{OC.AB}{OB.AC}.$$

Si l'on appelle $s_a$, $s_b$, $s_c$ les aires des trois triangles OBC, OCA, OAB, le calcul de $\sin\alpha = \dfrac{\varepsilon^{\alpha} - \varepsilon^{-\alpha}}{2\,i}$ donne alors

$$\frac{2\,ap}{\sin\alpha} = \frac{abc.pqr}{p^2 s_a + q^2 s_b + r^2 s_c},$$

expression dont la forme symétrique démontre le théorème proposé. Interpréter les résultats pour un point quelconque du plan.

13. La somme des puissances d'un point quelconque par rapport aux circonférences décrites sur les trois côtés d'un triangle comme diamètres est égale à la somme des puissances du même point par rapport aux circonférences décrites sur les trois médianes.

Ce théorème est une conséquence directe de la relation générale

$$\mathcal{P}(\mathrm{A},\mathrm{B}) + \mathcal{P}(\mathrm{A},\mathrm{C}) + \ldots = \mathcal{P}(\mathrm{A}, \mathrm{B} + \mathrm{C} + \ldots),$$

qui se déduit immédiatement des formules du n° 53.

14. La somme des puissances d'un point quelconque par rapport aux circonférences décrites sur les quatre côtés d'un quadrilatère comme diamètres est égale à quatre fois la puissance du même point par rapport à la circonférence ayant pour diamètre la droite qui joint les milieux des diagonales.

Solution analogue à celle de l'exercice précédent. Corollaire relatif au cas où le point est situé sur la circonférence ayant pour diamètre la droite joignant les milieux des diagonales.

15. La somme des puissances des trois sommets d'un triangle par rapport aux circonférences décrites sur les côtés opposés comme diamètres est égale à la demi-somme des carrés des côtés.

On appliquera la relation $\mathcal{P}_c(A, B) = \mathcal{P}(A - c, B - c)$, $\mathcal{P}_c$ représentant la puissance du point C. Cette formule est d'une vérité presque évidente.

16. Déterminer le lieu géométrique des points dont la somme des puissances, par rapport à plusieurs circonférences données, est constante.

En prenant pour origine le barycentre G des centres des circonférences données, et en employant les relations déjà indiquées ci-dessus, on reconnaît que le lieu cherché est une circonférence de centre G.

17. Soient trois circonférences, de centres $C_1$, $C_2$, $C_3$; soient O leur centre radical et M un point quelconque du plan. On propose de démontrer que les différences des puissances de M par rapport aux trois circonférences sont respectivement proportionnelles aux projections des côtés du triangle $C_1 C_2 C_3$ sur la droite OM.

En prenant O pour origine, on trouve, en effet, que ces différences de puissances ont pour expressions $2\,\mathrm{gr.\,OM\,gr.}\,C_1' C_2', \ldots$, en appelant $C_1'$, $C_2'$, $C_3'$ les projections des points $C_1$, $C_2$, $C_3$ sur OM.

18. Exprimer l'aire d'un triangle au moyen des coordonnées rectilignes de ses sommets.

On remplacera toute droite OA par $x + y\,\varepsilon^\theta$, $\theta$ étant l'angle des axes, $x$ et $y$ les coordonnées du point A, et il suffira ensuite d'appliquer les formules du n° 54.
Il est facile de déduire de là l'aire d'un polygone quelconque en fonction des coordonnées de ses sommets.

19. Si plusieurs droites de même origine $PA_1$, $PA_2$, ... ont pour somme PS, le moment de PS par rapport à un point O quelconque est égal à la somme des moments de ces droites par rapport au même point.

Le moment d'une droite PX par rapport à O étant, au facteur 2 près, exprimé par l'aire du triangle OPX, la proposition devient à peu près évidente au moyen des relations du n° 54.

**20.** Trouver la somme des sinus ou des cosinus d'un certain nombre d'arcs en progression par différence.

$\alpha$, $\alpha + \theta$, ..., $\alpha + (n-1)\theta$ étant les arcs dont il s'agit, on fera la somme des termes de la progression par quotient

$$\varepsilon^{\alpha},\ \varepsilon^{\alpha+\theta},\ \ldots,\ \varepsilon^{\alpha+(n-1)\theta}.$$

En mettant cette somme sous la forme $A + Bi$, $A$ sera évidemment la somme des cosinus et $B$ celle des sinus (59).

**21. Théorème de Moivre.** — Soit une circonférence O de rayon 1, divisée en $2m$ parties égales, aux points $A_0$, $A_1$, ..., $A_{2m-1}$, et B un point quelconque du plan. Joignons $A_0B$, $A_1B$, ..., $A_{2m-1}B$, et OB qui coupe la circonférence en C.

Nommons $\dfrac{\alpha}{m}$ l'arc $A_0D$; $x$ la longueur OB; et $y_0$, $y_1$, ..., $y_{2m-1}$ les longueurs des droites $A_0B$, $A_1B$, ..., $A_{2m-1}B$.

On aura les deux relations

$$(y_0 y_2 \ldots y_{2m-2})^2 = x^{2m} - 2x^m \cos\alpha + 1,$$
$$(y_1 y_3 \ldots y_{2m-1})^2 = x^{2m} + 2x^m \cos\alpha + 1.$$

Ces deux propriétés sont des conséquences bien faciles de la résolution de l'équation binôme (35). Si nous prenons en effet l'équation $x^{2m} - 1 = 0$, elle se décompose en $x^m - 1 = 0$, $x^m + 1 = 0$.

Les racines de la première sont $1$, $\varepsilon^{2\theta}$, ..., $\varepsilon^{2(m-1)\theta}$ et celles de la seconde $\varepsilon^{\theta}$, $\varepsilon^{3\theta}$, ..., $\varepsilon^{(2m-1)\theta}$, en posant $\theta = \dfrac{\pi}{m}$. Prenant $OA_0$ pour origine des inclinaisons, les racines de $x^m - 1 = 0$ seront donc $A_0$, $A_2$, ..., $A_{2(m-1)}$, et l'on aura l'identité

$$x^m - 1 = (x - A_0)(x - A_2) \ldots (x - A_{2(m-1)})$$
$$= A_0 X \cdot A_2 X \ldots A_{2(m-1)} X,$$

quel que soit OX. Remplaçant $OX = x$ par $OB = x\varepsilon^{\frac{\alpha}{m}}$, et égalant les grandeurs des deux membres, on a la première relation demandée.

De même pour la seconde, en partant de $x^m + 1 = 0$.

Il est difficile d'imaginer une démonstration plus simple et plus naturelle du théorème de Moivre.

**22.** Les données étant analogues à celles de l'exercice précédent, mais la circonférence étant supposée divisée en $4m$ parties égales, en $A_0, A_1, \ldots, A_{4m-1}$, on aura les quatre relations

$$(y_0 y_4 y_8 \ldots y_{(m-1)})^2 = x^{2m} - 2 x^m \cos \alpha + 1,$$
$$(y_1 y_5 \ldots y_{4m-3})^2 = x^{2m} - 2 x^m \sin \alpha + 1,$$
$$(y_2 y_6 \ldots y_{4m-2})^2 = x^{2m} + 2 x^m \cos \alpha + 1,$$
$$(y_3 y_7 \ldots y_{4m-1})^2 = x^{2m} + 2 x^m \sin \alpha + 1.$$

Cette généralisation du théorème de Moivre se démontre d'une façon tout à fait analogue, en décomposant le binôme $x^{4m} - 1$ en ses facteurs $x^m - 1$, $x^m - i$, $x^m + 1$, $x^m + i$.

# SECONDE PARTIE.

APPLICATIONS DES ÉQUIPOLLENCES.

## CHAPITRE I.

PROCÉDÉS GÉNÉRAUX.

**Marche générale à suivre pour la solution d'une question.**

61. On a pu reconnaître que le calcul des équipollences n'est autre chose que l'Algèbre des faits géométriques du plan. Pas plus que pour l'Algèbre ordinaire, il n'est donc possible de donner un procédé constant pour obtenir la solution d'une question proposée; mais on peut du moins fournir quelques indications générales, propres à faciliter les applications qui doivent venir ensuite, sauf, bien entendu, en ce qui touche la théorie des courbes, auxquelles un Chapitre spécial est réservé.

Les questions qui se présenteront consisteront généralement, soit dans la démonstration d'une vérité géométrique, soit dans la recherche de certains éléments inconnus au moyen d'éléments connus.

Dans l'un comme dans l'autre cas, il s'agira tout d'abord de mettre le problème en équipollence, en écrivant les relations que fournissent les données. Cela fait, par des transformations convenables de calcul, au moyen

des règles que nous avons exposées, nous transforme-
rons ces équipollences de manière à mettre en évidence
l'objet de notre recherche.

Dans ce travail des transformations d'équipollences,
qui peut être plus ou moins compliqué analytiquement
suivant les cas, les considérations géométriques ne jouent
plus aucun rôle. Nous les introduisons au début dans
les données; nous aurons à les examiner dans les résultats, en interprétant ceux-ci; mais, dans l'intervalle, elles
disparaissent, et c'est là un des plus grands avantages
de la méthode, pour deux raisons faciles à comprendre.
La première, c'est que nous suivons des règles de calcul
fixes, invariables, qui dispensent l'esprit de toute étude
spéciale des conditions de la question, ce qui n'a pas
lieu en Géométrie. La seconde, c'est que, les règles établies étant générales, les transformations de calcul se
trouveront indépendantes de telle ou telle situation particulière des figures, si bien que souvent même on n'aura
pas besoin de tracer celles-ci; on sait qu'au contraire,
dans les solutions purement géométriques, il faut particulariser, et que l'extension au cas le plus général
d'une solution trouvée avec une disposition particulière
des figures nécessite souvent une discussion délicate et
laborieuse.

Enfin, lorsqu'il s'agit surtout d'un problème propre-
ment dit, si une droite inconnue x est obtenue, une fois
les calculs faits, au moyen d'opérations indiquées, à
effectuer sur des droites données A, B, C, ..., ces opérations répondront à des constructions géométriques
bien définies. Par conséquent, la forme même de la solution $x = f(A, B, C, ...)$ nous donnera un procédé graphique pour obtenir la solution désirée. Ce procédé, le
plus souvent, égalera ou même surpassera en simplicité
et en élégance ceux que donnerait la Géométrie pure.

## Emploi de l'élimination.

62. Il peut arriver fréquemment que le problème ne soit pas immédiatement réductible à cette forme simple $x = f(a, b, c, \ldots)$, et que plusieurs inconnues soient engagées dans les équipollences qu'on a dû écrire. On sera conduit alors à l'emploi de l'élimination, qui présentera exactement les mêmes difficultés que dans l'Algèbre ordinaire, et sera soumis aux mêmes principes.

## Emploi des équipollences conjuguées.

63. On a pu remarquer qu'une équipollence équivaut en réalité à deux équations algébriques. Si la quantité qu'on cherche est essentiellement algébrique par sa nature, elle ne sera donc pas explicitement mise en évidence par l'équipollence qui la contient. Mais on pourra la faire apparaître par l'emploi de l'équipollence conjuguée (46). Entre ces deux équipollences on éliminera l'inconnue qu'on voudra, de manière à ne garder que celle qu'on désire.

Comme exemple très simple, soit $x = x + yi = r\varepsilon\theta$ et admettons qu'on ait $x = a$; on aura aussi $cj. x = cj. a$. Si nous désirons obtenir $x$, nous écrirons $x = \dfrac{a + cj. a}{2}$; $y$ sera donné par $\dfrac{a - cj. a}{2i}$, $r$ par $\sqrt{a \, cj. a}$, et $\theta$ par la relation $\varepsilon\theta = \sqrt{\dfrac{a}{cj. a}}$.

Mais on peut souvent se dispenser de cette élimination. C'est ainsi, par exemple, qu'ayant mis x sous la forme $a + bi$, nous pourrions, si nous désirions obtenir $\theta$, écrire immédiatement $\tang \theta = \dfrac{b}{a}$.

### Méihode de décomposition.

64. Une méthode que nous aurons très fréquemment occasion d'employer repose sur la décomposition possible d'une droite suivant deux directions données (12). Si une telle réduction est possible dans l'équipollence finale à laquelle conduit une question, et de telle façon que cette équipollence soit de forme linéaire,

$$u\,\mathrm{AB} + v\,\mathrm{CD} = o,$$

il en résulte, d'après un principe établi plus haut (24), qu'on a séparément

$$u = o, \quad v = o.$$

Ces deux équations contiendront les éléments des figures étudiées, $u$ et $v$ étant fonctions de ces éléments, et l'on arrivera ainsi à établir les propriétés demandées ou à trouver les éléments que l'on cherche.

Il est essentiel de remarquer encore une fois qu'il n'y a pas de procédé infaillible à recommander et qu'une grande part est toujours laissée à la sagacité, soit dans la mise en équipollences, soit dans les transformations de calcul. C'est ce qui a lieu dans toutes les branches de la Science; et l'emploi des coordonnées lui-même, malgré son caractère théorique de grande généralité, peut conduire, pour la même question, à des calculs inextricables ou à des solutions fort élégantes, selon le choix qu'on fait des axes et l'habileté avec laquelle on établit les conditions du problème.

### Construction de quelques équipollences types.

65. Il est bon de placer ici la construction de certaines équipollences d'une grande simplicité, qu'on rencontre à chaque instant dans les applications, et qu'il

importe en conséquence de se rendre absolument familières. Nous nous abstenons à dessein d'employer ici des
figures, de crainte de particulariser des solutions entièrement générales. Le lecteur pourra dessiner lui-même les
figures dans toutes les hypothèses possibles, afin de
mieux s'assimiler les solutions. Il nous semble suffisant,
d'ailleurs, d'indiquer celles-ci de la manière la plus sommaire, car elles constituent de simples applications des
principes exposés dans la première Partie.

66. Soit l'équipollence $z\varepsilon^u \mathrm{AB} = \mathrm{CD}$. On cherche $z$
et $u$.

Si l'on mène $\mathrm{AE} = \mathrm{CD}$, on aura

$$z = \frac{\mathrm{gr.\,AE}}{\mathrm{gr.\,AB}}, \qquad u = \mathrm{ang.\,BAE}.$$

Il est évident qu'on aurait aussi la solution $-z$ et
$u + 180°$.

67. Soit l'équipollence $x\mathrm{AB} + y\mathrm{CD} = \mathrm{OH}$. On
cherche $x$ et $y$.

Traçons $\mathrm{OE} = \mathrm{AB}$, $\mathrm{OF} = \mathrm{CD}$, et sur ces deux directions construisons le parallélogramme OPHQ. On aura

$$x = \frac{\mathrm{OP}}{\mathrm{OE}}, \qquad y = \frac{\mathrm{OQ}}{\mathrm{OF}}.$$

Ces quantités $x$, $y$ peuvent être positives ou négatives.

68. Soit l'équipollence $\varepsilon^u\mathrm{AB} + y\mathrm{CD} = \mathrm{OH}$. On
cherche $u$ et $y$.

Menons par H une parallèle à CD. Coupons-la par
un arc de cercle de centre O et de rayon égal à gr. AB.
Soit K le point d'intersection; traçons enfin $\mathrm{OE} = \mathrm{AB}$.
On aura

$$u = \mathrm{ang.\,EOK}, \qquad y = \frac{\mathrm{gr.\,KH}}{\mathrm{gr.\,CD}}.$$

Il pourra y avoir deux positions pour le point K, une seule ou pas du tout, suivant les données de la figure. De là deux systèmes de valeurs de $u$ et de $y$, qui peuvent se réduire à un seul ou disparaître. Dans ce dernier cas, l'équipollence est impossible.

69. Soit l'équipollence $\varepsilon^u AB + \varepsilon^v CD = OH$. On cherche $u$ et $v$.

Construisons sur OH comme base un triangle OKH dont les côtés soient gr.AB et gr.CD.

Les angles formés par les côtés de ce triangle avec les directions AB et CD seront $u$ et $v$.

Il peut y avoir quatre solutions, et l'équipollence est impossible lorsque $gr.OH > gr.AB + gr.CD$.

70. Soit l'équipollence $\varepsilon^u AB + \varepsilon^{-u} CD = OH$, à laquelle on est assez fréquemment conduit. Il n'y a qu'une seule inconnue. On pourrait résoudre cette équipollence à la manière d'une équation du second degré; mais il sera préférable de la traiter comme celle du numéro précédent; $u$ et $-u$ seront considérées comme deux inconnues distinctes.

Il est clair qu'alors on devra choisir, parmi les quatre solutions, celles qui vérifient l'équipollence. Si l'on se donnait arbitrairement AB, CD, OH, l'équipollence serait en général impossible.

### Construction des racines d'une équipollence du second degré.

71. Supposons qu'une équipollence générale du second degré soit mise sous la forme

$$OX^2 + OP.OX + OQ^2 = o,$$

que nous supposons homogène pour que les racines soient des droites.

En la soumettant aux mêmes transformations qu'en Algèbre, nous trouvons immédiatement

$$(OX + \tfrac{1}{2} OP) = \sqrt{\tfrac{1}{4} OP^2 - OQ^2}.$$

Posons (*fig.* 16) $-\tfrac{1}{2} OP = OG$ et $OQ' = -OQ$; alors on a sous le radical

$$OG^2 - OQ^2 = (OG - OQ)(OG - OQ') = QG . Q'G = GQ . GQ',$$

et l'équipollence devient

$$GX = \sqrt{GQ . GQ'}.$$

La résolution graphique en sera donc obtenue immé-

Fig. 16.

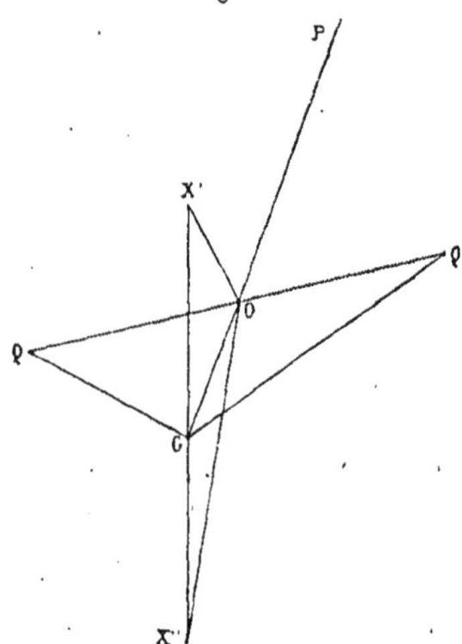

diatement par la construction (33) de la moyenne proportionnelle entre GQ et GQ'; on obtient deux solutions GX', GX″, égales en longueur et directement opposées.

On a

$$OX' + OX'' = -OP \quad \text{et} \quad OX' . OX'' = OQ^2,$$

de sorte que OQ est la moyenne proportionnelle de OX$'$ et OX$''$.

Tout ceci est susceptible d'interprétations géométriques qui se présentent d'elles-mêmes. En se reportant à la *fig.* 9 du n° 33, si l'on appelle G le milieu de AB, et si l'on joint GM, GM$'$, on voit : 1.° que la longueur GA est moyenne proportionnelle entre les longueurs GM, GM$'$ ; 2° que AB est bissectrice de l'angle MGM$'$.

Nous nous bornons ici à ces simples remarques.

---

### EXERCICES SUR LE CHAPITRE I.

1. Construire un pentagone, connaissant les milieux des diagonales.

Il suffira de résoudre le système d'équipollences $x + z = 2a$, $y + u = 2b$, .... La solution donne une construction géométrique des plus simples.

2. Construire un polygone de $n$ côtés, connaissant les points qui divisent $n$ côtés ou diagonales dans des rapports donnés.

C'est une généralisation de l'exercice précédent. Le problème est ramené à la solution de $n$ équipollences à $n$ inconnues, de la forme

$$m x + p y = a, \quad \dots$$

3. Soient $A_1 A_2 \dots A_n$, et $B_1 B_2 \dots B_n$ deux polygones réguliers de $n$ côtés, inscrits dans deux circonférences concentriques ; P un point de la circonférence (A) et Q un point de la circonférence (B). Démontrer qu'on a

$$(\mathrm{gr}.\, QA_1)^2 + (\mathrm{gr}.\, QA_2)^2 + \dots = (\mathrm{gr}.\, PB_1)^2 + (\mathrm{gr}.\, PB_2)^2 + \dots$$

Posant $P = a\varepsilon^\alpha$, $Q = b\varepsilon^\beta$ et représentant l'un quelconque des points A par $a\varepsilon^\theta$ et l'un quelconque des points B par $b\varepsilon^\tau$, on formera l'expression QA cj. QA, et l'on reconnaîtra que la somme de ces expressions est $n(a^2 + b^2)$, parce que $\Sigma\varepsilon^\theta = 0$, $\Sigma\varepsilon^\tau = 0$, les polygones étant réguliers.

4. Trouver la différence entre les deux sommes de carrés indiquées dans l'exercice précédent, lorsque les deux circonférences ne sont pas concentriques.

Calcul analogue. On trouve, pour cette différence, l'expression

$$2nc\,(a\cos\alpha + b\cos\beta),$$

$c$ étant la distance des centres.

On remarquera, dans ces deux exercices, qu'il n'est pas nécessaire que les polygones soient réguliers. Il suffit que les barycentres de leurs sommets soient respectivement situés aux centres des circonférences dans lesquelles ils sont inscrits, pour que les propriétés subsistent.

5. Deux triangles symétriquement semblables ABC, A′B′C′ étant donnés, on prend les points milieux P, Q, R des droites AA′, BB′, CC′; déterminer l'aire du triangle PQR.

On a
$$2\,\mathrm{PQ} = \mathrm{AB} + \mathrm{A'B'}, \qquad 2\,\mathrm{PR} = \mathrm{AC} + \mathrm{A'C'};$$

et, en calculant l'aire de PQR, il en résulte, si l'on tient compte de la relation de similitude (51),

$$\text{aire}\,\mathrm{PQR} = \tfrac{1}{4}(s + s'),$$

en appelant $s$ et $s'$ les aires des deux triangles donnés, en grandeurs et en signes.

6. Même problème, en supposant que les points P, Q, R divisent les droites AA′, BB′, CC′ dans un même rapport donné, différent de $\tfrac{1}{2}$.

Calcul et solution analogues.

7. OX, OY, OZ, ... étant des droites de même origine, ramener l'équipollence linéaire

$$x\,\mathrm{OX} + y\,\mathrm{OY} + z\,\mathrm{OZ} + \ldots = 0$$

à la forme binôme.

On décomposera pour cela chacune des droites suivant deux directions différentes $\mathrm{OA}_1$, $\mathrm{OA}_2$, si bien qu'on aura

$$\mathrm{OX} = x_1\,\mathrm{OA}_1 + x_2\,\mathrm{OA}_2, \quad \ldots$$

Les droites $\mathrm{OA}_1$, $\mathrm{OA}_2$ étant absolument arbitraires, cette décomposition pourra faciliter beaucoup la solution de certains problèmes.

8. Construire un triangle, connaissant les longueurs de deux

côtés AB, AC et d'une droite AD qui divise le côté BC dans un rapport donné $\dfrac{BD}{CD} = m$.

On trouve très facilement $AB = (m + 1)AD - m AC$, ce qui est une équipollence de la même forme que celle du n° 69.

9. Donner la solution et la construction de l'équipollence bicarrée.

On suivra la même marche qu'au n° 71: La disposition géométrique des extrémités des racines est digne de remarque.

# CHAPITRE II.

## EXERCICES DIVERS.

### Applications du procédé de décomposition.

**72. Théorème.** — *Les trois médianes d'un triangle se rencontrent en un même point.*

Soient ABC le triangle, AA′, BB′, CC′ les trois médianes. Posons AB = B, AC = C. Si G est le point de rencontre de AA′ et BB′, on a

$$AG = x\,AA' = x\,\frac{B+C}{2}, \qquad BG = y\,BB' = y\left(\frac{C}{2} - B\right).$$

Donc

$$x\,\frac{B+C}{2} = B + y\left(\frac{C}{2} - B\right),$$

ce qui donne

$$\frac{x}{2} = 1 - y, \qquad \frac{x}{2} = \frac{y}{2}, \qquad x = y = \tfrac{2}{3}.$$

La symétrie du calcul prouve qu'en cherchant la rencontre de AA′ et CC′ on aurait encore trouvé $x = \tfrac{2}{3}$. Donc on n'a qu'un seul point G.

Ce point est le barycentre des trois points A, B, C, lequel n'est autre, comme on sait, que le barycentre de l'aire du triangle.

**73. Problème.** — *On prolonge les côtés AB, BC, CA d'un triangle (fig. 17) en BC′, CA′, AB′, ces lon-*

*gueurs étant proportionnelles à celles des côtés, res-pectivement. Trouver les intersections* $A_1$, $B_1$, $C_1$ *des droites* $AA'$, $BB'$, $CC'$ *entre elles.*

Fig. 17.

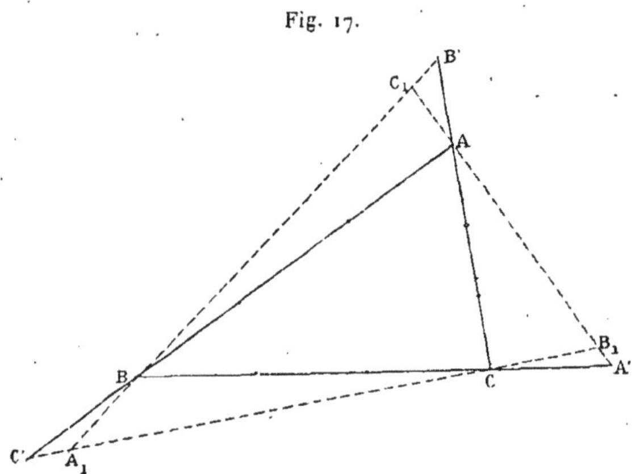

Soit $\dfrac{BC'}{AB} = \dfrac{CA'}{BC} = \dfrac{AB'}{CA} = k$.

Posons $CA = \mathbf{A}$, $CB = \mathbf{B}$. Alors

$$CA' = -k\,\mathbf{B}, \quad A'A = k\mathbf{B} + \mathbf{A}, \quad CB' = (1+k)\mathbf{A}, \quad BB' = (1+k)\mathbf{A} - \mathbf{B}.$$

Faisant $\dfrac{BC_1}{BB'} = x$, $\dfrac{AC_1}{A'A} = y$, l'équipollence identique $CB + BC_1 = CA + AC_1$ deviendra

$$\mathbf{B} + x\,[(1+k)\mathbf{A} - \mathbf{B}] = \mathbf{A} + y\,(k\mathbf{B} + \mathbf{A});$$

d'où, égalant les coefficients de $\mathbf{A}$ et de $\mathbf{B}$,

$$x(1+k) = 1+y, \qquad 1-x = ky,$$

$$x = \frac{k+1}{k^2+k+1}, \qquad y = \frac{k}{k^2+k+1};$$

le rapport $\dfrac{C_1B'}{BB'}$ est évidemment $1 - x = \dfrac{k^2}{k^2+k+1}$.

On a donc, par raison de symétrie,

$$\frac{C_1 B'}{BB'} = \frac{A_1 C'}{CC'} = \frac{B_1 A'}{AA'} = \frac{k^2}{k^2 + k + 1},$$

$$\frac{C_1 A}{AA'} = \frac{A_1 B}{BB'} = \frac{B_1 C}{CC'} = \frac{k}{k^2 + k + 1}.$$

De là encore cette conséquence

$$\frac{C_1 B'}{A_1 B} = \frac{A_1 C'}{B_1 C} = \frac{B_1 A'}{CA_1} = k.$$

Nous laissons au lecteur le soin de la discussion, selon les diverses valeurs positives ou négatives de $k$.

74. THÉORÈME. — *Si par un point quelconque* E (*fig.* 18), *pris à l'intérieur d'un parallélogramme* ABCD, *on mène des parallèles* HG, FK *aux deux côtés, les trois diagonales* AC, FG, HK *concourent en un même point.*

Fig. 18.

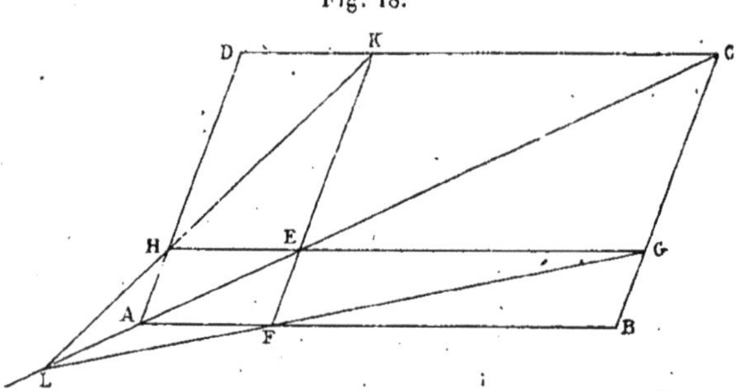

Soient AB $=$ b, AF $= f$b, AD $=$ d, AH $= h$d.
On a

$$AL = AF + FL \qquad ou \qquad x\,AC = AF + y\,FG,$$

c'est-à-dire

$$x(\text{b} + \text{d}) = f\text{b} + y\,(\text{b} + h\text{d} - f\text{b}).$$

De là

$$x = f + y(1-f), \quad x = hy, \quad x = \frac{fh}{f+h-1}.$$

La symétrie de cette valeur en $f$ et $h$ prouve qu'on trouverait la même expression en cherchant l'intersection de AC et de HK, ce qui démontre la proposition.

**75. Théorème.** — *Les milieux des trois diagonales d'un quadrilatère complet sont en ligne droite.*

Soit (*fig.* 19) ABCDFH le quadrilatère.

Fig. 19.

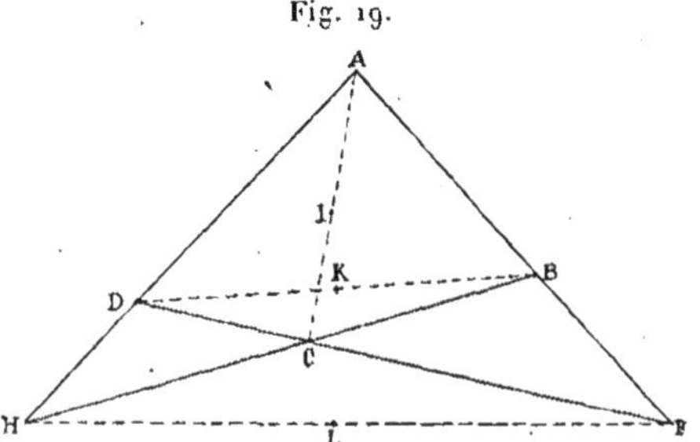

Posons $AB = \mathrm{B}$, $AF = f\mathrm{B}$, $AD = \mathrm{D}$, $AH = h\mathrm{D}$. On a (17), C étant sur chacune des droites BH, DF,

$$AC = \mathrm{c} = x\mathrm{B} + (1-x)h\mathrm{D} = y\mathrm{D} + (1-y)f\mathrm{B}.$$

De là

$$x = (1-y)f, \quad y = (1-x)h,$$

et c peut s'écrire encore

$$\mathrm{c} = x\mathrm{B} + y\mathrm{D} = (1-y)f\mathrm{B} + (1-x)h\mathrm{D}.$$

Or les milieux I, K, L des diagonales sont donnés par

$$AI = \frac{\mathrm{c}}{2}, \quad AK = \frac{\mathrm{B}+\mathrm{D}}{2}, \quad AL = \frac{f\mathrm{B}+h\mathrm{D}}{2}.$$

De là

$$KI = \tfrac{1}{2}[(x-\mathrm{I})\mathrm{B} + (y-\mathrm{I})\mathrm{D}] = -\tfrac{1}{2}\left(\frac{y}{h}\mathrm{B} + \frac{x}{f}\mathrm{D}\right) \parallel f y\,\mathrm{B} + h x\,\mathrm{D},$$

$$LI = \tfrac{1}{2}(-f y\,\mathrm{B} - h x\,\mathrm{D}),$$

d'après les relations qui précèdent.

Par conséquent, KI $\parallel$ LI, ce qui montre bien que les trois points K, L, I sont en ligne droite.

76. **Théorème.** — *Les bissectrices des angles extérieurs d'un triangle rencontrent les côtés opposés en trois points situés sur une même ligne droite.*

Soient ABC le triangle, $a$, $b$, $c$ les longueurs de ses côtés, AA′ la bissectrice extérieure de l'angle A, terminée au côté BC. Prolongeons BA d'une longueur AD égale à AC. Alors $\mathrm{AD} = \dfrac{b}{c}\,\mathrm{BA}$, $\mathrm{AA'} = x\left(\mathrm{AC} + \dfrac{b}{c}\,\mathrm{BA}\right)$, et nous avons

$$\mathrm{BA'} = y\,\mathrm{BC} = \mathrm{BA} + x\left(\mathrm{AC} + \frac{b}{c}\,\mathrm{BA}\right)$$

$$= \mathrm{BA} + x\left[\mathrm{BC} + \left(\frac{b}{c} - \mathrm{I}\right)\mathrm{BA}\right],$$

$$y = x, \qquad \mathrm{I} + x\left(\frac{b}{c} - \mathrm{I}\right) = 0, \qquad x = y = \frac{c}{c-b}.$$

Donc, $\mathrm{BA'} = \dfrac{c}{c-b}\,\mathrm{BC}$. Par symétrie, $\mathrm{CB'} = \dfrac{a}{a-c}\,\mathrm{CA}$, $\mathrm{AC'} = \dfrac{b}{b-a}\,\mathrm{AB}$. Par conséquent,

$$\mathrm{AA'} = \mathrm{AB} + \frac{c}{c-b}\,\mathrm{BC}, \quad \mathrm{AB'} = \frac{c}{a-c}\,\mathrm{CA}, \quad \mathrm{AC'} = \frac{b}{b-a}\,\mathrm{AB}.$$

Donc

$$(c-b)\,\mathrm{AA'} + (a-c)\,\mathrm{AB'} + (b-a)\,\mathrm{AC'} = 0,$$

et comme la somme des trois coefficients est nulle, il s'ensuit (17) que les trois points A′, B′, C′ sont en ligne droite.

## Constructions de triangles.

**77.** *Construire deux triangles directement semblables dont on donne les bases, sachant qu'ils ont même sommet.*

Soient AB, A'B' (*fig.* 20) les deux bases données, X le sommet commun inconnu. On a (32) l'équipollence

$$\frac{XA}{AB} = \frac{XA'}{A'B'} = \frac{XA + AA'}{A'B'},$$

qui donne résolue, par rapport à XA,

$$XA = \frac{AB \cdot AA'}{A'B' - AB}.$$

Construisons B'D = BA. Alors.

$$XA = \frac{AB \cdot AA'}{A'D}, \qquad \frac{XA}{AB} = \frac{AA'}{A'D},$$

et il est clair que les triangles A'DA, ABX sont direc-

Fig. 20.

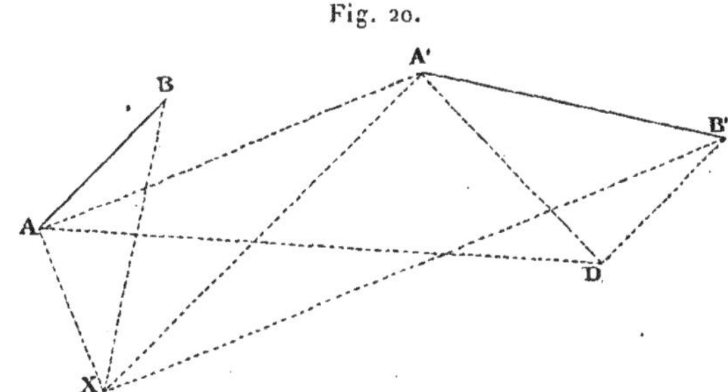

tement semblables ; d'où une construction des plus simples pour le point X.

On remarquera que si les deux triangles XAB, XA'B'

sont semblables, il en est nécessairement de même pour
les triangles XAA′, XBB′.

78. *Construire deux triangles symétriquement
semblables dont on donne les bases, sachant qu'ils
ont même sommet* (*fig.* 21).

Conservons les mêmes notations que dans le numéro
précédent. La question se réduit encore à la détermination du sommet commun X. Or on a (51)

$$\frac{AX}{AB} = \frac{cj\,A'X}{cj\,A'B'} \qquad \text{ou} \qquad AX\,cj\,A'B' = AB(cj\,AX - cj\,AA').$$

Nous avons donc aussi (46), l'équipollence conjuguée

$$A'B'\,cj\,AX = cj\,AB(AX - AA').$$

Fig. 21.

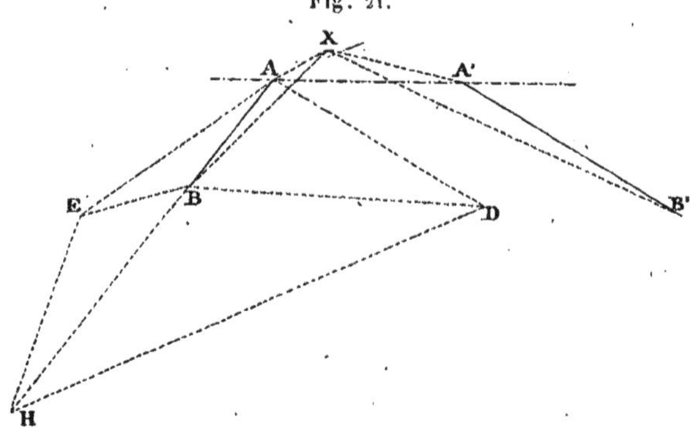

L'élimination de $cj\,AX$ entre ces deux relations nous
donne

$$AX(AB\,cj\,AB - A'B'\,cj\,A'B') = AB(AA'\,cj\,AB + A'B'\,cj\,AA).$$

Pour simplifier les constructions, prenons AA′ pour
origine des inclinaisons. Alors $AA' = cj\,AA'$, et il vient

$$AX(AB\,cj\,AB - A'B'\,cj\,A'B') = AA'.\,AB(A'B' + cj\,AB).$$

Menons $AD = A'B'$, puis formons le triangle ADH symétriquement semblable à ABD. Alors

$$\frac{\mathrm{cj}\,AH}{\mathrm{cj}\,AD} = \frac{AD}{AB}, \qquad \mathrm{cj}\,AH = \frac{AD\ \mathrm{cj}\,AD}{AB} = \frac{A'B'\ \mathrm{cj}\,A'B'}{AB},$$

et l'équipollence se réduit à

$$AX(\mathrm{cj}\,AB - \mathrm{cj}\,AH) = AA'(A'B' + \mathrm{cj}\,AB).$$

Enfin, menons $AE = - \mathrm{cj}\,A'B'$, et nous avons

$$AX\ \mathrm{cj}\,HB = AA'\ \mathrm{cj}\,EB, \qquad \frac{AX}{AA'} = \frac{\mathrm{cj}\,BE}{\mathrm{cj}\,BH},$$

c'est-à-dire que le triangle $AA'X$ est symétriquement semblable à BHE.

Nous laissons au lecteur le soin d'effectuer les constructions, qui n'offrent aucune difficulté.

**79.** *Construire un triangle* ABC *(fig.* 22*), connaissant la base* AB, *l'angle* ABC *et sachant qu'entre les*

Fig. 22.

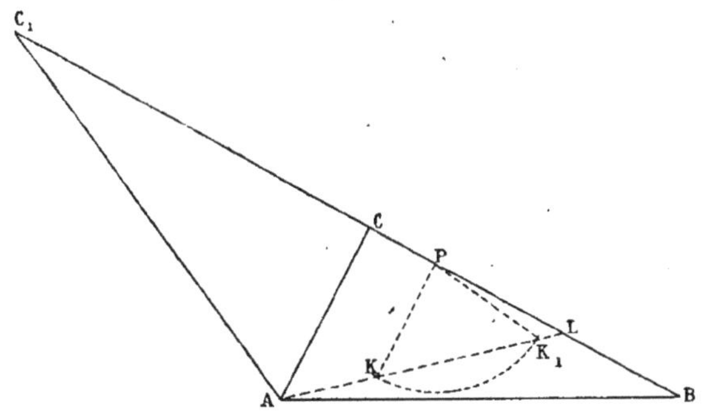

*longueurs* $a$ *et* $b$ *des côtés* BC, AC *il existe la relation* $a = l + pb$.

La direction BC est connue. Portons, sur cette droite

indéfinie, BL, de longueur $l$, puis LP de longueur $p$. On aura évidemment

$$BC = BL + b\,LP, \qquad LC = b\,LP, \qquad LA = b\,LP + CA.$$

Or, en appelant $\beta$ l'inclinaison de CA, $CA = b\,\varepsilon^\beta$. Donc $LA = b(LP + \varepsilon^\beta)$.

Par conséquent $LP + \varepsilon^\beta \parallel LA$. Mais, si du point P comme centre nous décrivons une circonférence de rayon égal à l'unité qui coupe LA en K, il vient

$$LK = LP + PK = LP + \varepsilon^\theta \parallel LA.$$

Donc $\theta = \beta$, ou $PK \parallel CA$, ce qui résout le problème.

Il peut y avoir 2, 1 ou 0 solutions.

**80.** *Construire un triangle* ABC (*fig.* 23), *connaissant les longueurs de deux côtés* AB, AC, *et de la bissectrice* AD *de l'angle* A.

Soient gr.$AB = c$, gr.$AC = b$, gr.$AD = d$, $A = 2\alpha$. Prenons A pour origine des droites, AD pour origine des

Fig. 23.

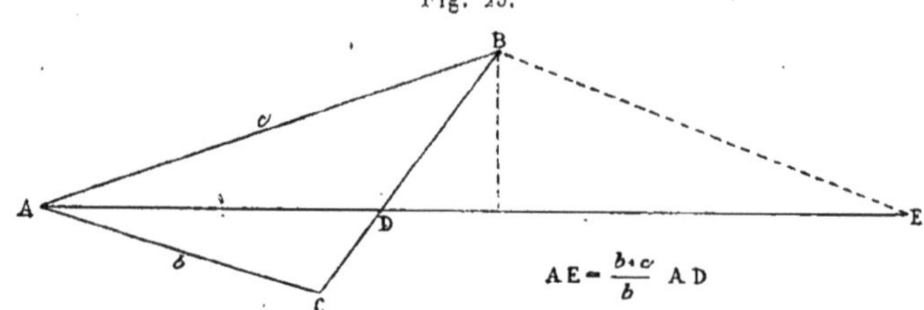


inclinaisons. Alors $AD = d$, $AB = c\,\varepsilon^\alpha$, $AC = b\,\varepsilon^{-\alpha}$. Exprimons que les points B, D, C sont en ligne droite, en écrivant

$$AC = x\,AB + (1 - x)\,AD \quad \text{ou} \quad b\,\varepsilon^{-\alpha} = c\,x\,\varepsilon^\alpha + (1 - x)\,d.$$

L'équipollence conjuguée est $b\,\varepsilon^\alpha = c\,x\,\varepsilon^{-\alpha} + (1 - x)\,d$.

De là, par soustraction, puis divisant par $\varepsilon^{\alpha} - \varepsilon^{-\alpha}$, on tire $x = -\dfrac{b}{c}$. Remplaçant $x$ par cette valeur dans la première équipollence,

$$c(\varepsilon^{\alpha} + \varepsilon^{-\alpha}) = \frac{b+c}{b}\, d.$$

Le premier membre représente le double de la projection de AB sur la bissectrice. On l'obtient ainsi par une construction des plus simples, ce qui détermine le triangle.

*Remarque.* — La valeur $x = -\dfrac{b}{c}$ ci-dessus donne

$$-\frac{b}{c} = \frac{DC}{DB}, \quad \text{ou} \quad \frac{b}{c} = \frac{CD}{DB};$$

on rencontre donc incidemment la propriété bien connue qui caractérise la bissectrice. Il serait aisé de l'établir directement, ainsi que la propriété de la bissectrice de l'angle extérieur.

81. *Construire un triangle* ABC (*fig.* 24), *con-*

Fig. 24.

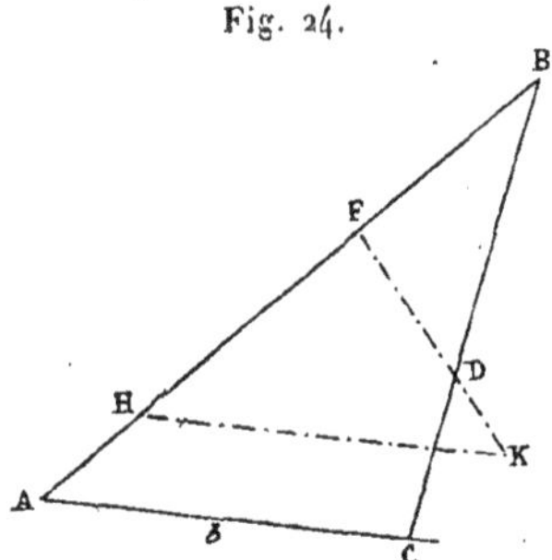

*naissant les longueurs de deux côtés* AB, AC *et les positions de deux points* F, D, *divisant les côtés* AB, BC *dans des rapports donnés.*

Soient

$$\operatorname{gr}AC = b, \qquad \operatorname{gr}AF = f, \qquad \operatorname{gr}FB = g, \qquad \frac{DC}{BD} = m,$$

$$\operatorname{inc}AC = \beta, \qquad \operatorname{inc}AB = \gamma.$$

Alors

$$AC = b\,\epsilon^\beta, \quad AF = f\,\epsilon^\gamma, \quad FB = g\,\epsilon^\gamma, \quad DC = m\,BD.$$

On tire très facilement de là, en remplaçant AC par FC — FA, DC par FC — FD, et BD par FD — FB,

$$b\,\epsilon^\beta + (mg - f)\epsilon^\gamma = (m + 1)\,FD.$$

Si nous construisons FK $= (m + 1)$ FD, puis si nous formons le triangle FHK, dont les côtés FH, HK aient pour longueurs respectives $mg - f$ et $b$, il est évident que FH aura la direction de AB, et que HK $=$ AC.

82. *Construire un triangle* XYZ *(fig.* 25), *directement semblable à un triangle donné* PQR, *et dont les sommets soient à des distances données d'un point* O.

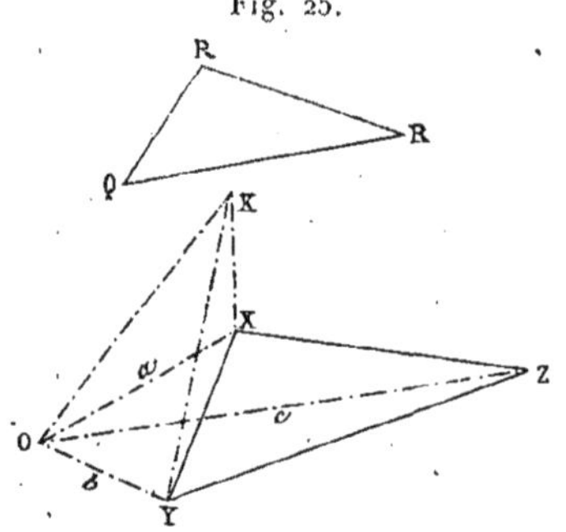

Fig. 25.

Soient $\operatorname{gr}OX = a$, $\operatorname{gr}OY = b$, $\operatorname{gr}OZ = c$. Il est évident qu'on peut prendre à volonté le point X sur la circonférence de centre O et de rayon $a$. Ceci fait, nous

6

avons (32)

$$\frac{XY}{XZ} = \frac{PQ}{PR},$$

c'est-à-dire

$$\frac{OY - OX}{OZ - OX} = \frac{PQ}{PR};$$

d'où

$$OX.QR + OY.RP + OZ.PQ = o,$$

nouvelle forme remarquable de la similitude des deux triangles.

Si nous formons le triangle OXK directement semblable à RPQ, nous avons $\frac{KO}{OX} = \frac{QR}{RP}$, et l'équipollence précédente devient

$$KO + OY + OZ\,\frac{PQ}{RP} = o,$$

si bien que $YK = OZ\,\dfrac{PQ}{RP}$.

Dans le triangle KOY on connaît la base KO, et les longueurs des deux autres côtés, savoir $\mathrm{gr}\,OY = b$, et $\mathrm{gr}\,OZ\,\dfrac{\mathrm{gr}\,PQ}{\mathrm{gr}\,RP} = c\,\dfrac{\mathrm{gr}\,PQ}{\mathrm{gr}\,RP}$. On peut donc construire ce triangle KOY, et le problème est ainsi résolu.

Comme on peut former le triangle de part et d'autre de la droite KO, il y a deux solutions.

La condition de possibilité est évidemment que chacune des trois quantités

$$a\,\mathrm{gr}\,QR, \quad b\,\mathrm{gr}\,RP, \quad c\,\mathrm{gr}\,PQ$$

soit plus petite que la somme des deux autres.

83. *Construire le point* X *d'où l'on voit sous des angles donnés les côtés d'un triangle donné* ABC (*fig.* 26).

Les équipollences du problème sont $\dfrac{XB}{XA} = y\,\varepsilon^\gamma$,
$\dfrac{XC}{XA} = z\,\varepsilon^\beta$. Remplaçant XB par XA + AB, XC par
XA + AC, puis éliminant XA, on obtient sans peine

$$z\,\varepsilon^\beta\,BA + y\,\varepsilon^\gamma\,AC = BC.$$

Si nous formons les angles ABU, ACU respectivement égaux à AXC, AXB, nous aurons ainsi

$$BU = z\,\varepsilon^\beta\,BA, \qquad CU = y\,\varepsilon^\gamma\,CA,$$

Fig. 26.

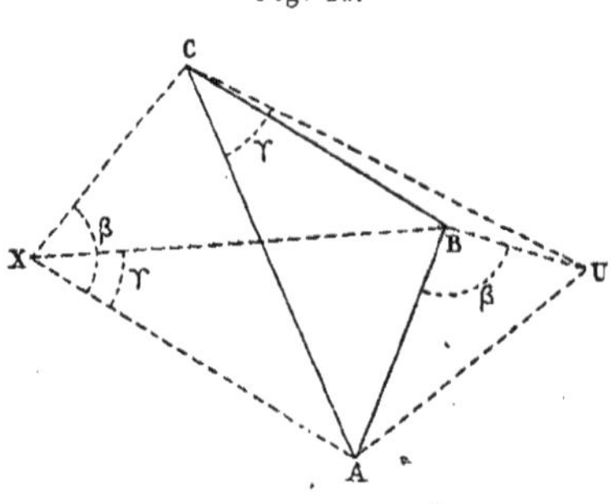


et il suffira ensuite de former le triangle ACX directement semblable à AUB pour obtenir le point X.

La solution graphique est notablement plus simple
que celle qu'on aurait au moyen des segments capables.

84. *On donne trois points* A, B, C. *Trouver la
base commune des trois triangles* AXY, BXY, CXY,
*connaissant les différences de leurs angles aux som-
mets* A, B, C, *ainsi que les rapports entre les rap-
ports de leurs côtés* gr $\dfrac{AX}{AY}$, gr $\dfrac{BX}{BY}$, gr $\dfrac{CX}{CY}$.

Les conditions du problème sont totalement exprimées par les deux équipollences

$$\frac{AX.BY}{AY.BX} = \mu, \qquad \frac{AX.CY}{AY.CX} = \nu,$$

$\mu$ et $\nu$ étant deux rapports géométriques donnés.

Prenons A pour origine des droites; nous avons

$$\frac{x(y-b)}{y(x-b)} = \mu, \qquad \frac{x(y-c)}{y(x-c)} = \nu.$$

Éliminant y entre ces deux équipollences, on obtient

$$x = \frac{(\nu-\mu)bc}{(\nu-1)b - (\mu-1)c}.$$

Construisons maintenant les points N, M, tels que l'on ait

$$\mu = \frac{CN}{CA} = \frac{c-n}{c}, \qquad \nu = \frac{BM}{BA} = \frac{b-m}{b}.$$

La droite x ou AX prend la forme très simple

$$x = \frac{mc - nb}{m - n}.$$

Construisons les triangles ACR, ABS directement semblables à MNB, NMC, chacun à chacun. Cela nous donnera

$$\frac{r}{c} = \frac{b-m}{n-m}, \qquad \frac{s}{b} = \frac{c-n}{m-n},$$

$$r = \frac{mc - bc}{m-n}, \qquad s = \frac{bc-nb}{m-n},$$

d'où x = r + s, c'est-à-dire AX = AR + AS.

On obtiendrait Y par des constructions tout aussi simples.

**85.** *Construire un triangle ABX connaissant :* $1^\circ$ *la base AB;* $2^\circ$ *le rapport ou le produit des deux autres côtés;* $3^\circ$ *la différence ou la somme des deux angles à la base.*

Cet énoncé donne lieu à quatre problèmes différents, qui devront se résoudre au moyen des quatre équipollences

$$(1°) \qquad \frac{AX}{BX} = \alpha,$$

$$(2°) \qquad \frac{AX}{cj\,BX} = \alpha,$$

$$(3°) \qquad AX\,cj\,BX = \alpha,$$

$$(4°) \qquad AX.BX = \alpha,$$

$\alpha$ étant une quantité géométrique donnée.

Les cas $(1°)$ et $(2°)$ ont été résolus plus haut (**77, 79**). Le dernier $(4°)$ conduit immédiatement à une équipollence du second degré (**71**).

Bornons-nous donc au troisième. Posons

$$\alpha = -AB.AD,$$

de telle sorte que BAD sera égal à la somme des deux angles à la base.

Prenons A pour origine des droites, AB pour origine des inclinaisons. L'équipollence devient

$$AX(cj\,AX - AB) = -AB.AD,$$

et l'équipollence conjuguée est

$$cj\,AX(AX - AB) = -AB\,cj\,AD.$$

Retranchant et divisant par AB, on a

$$AX - cj\,AX = AD - cj\,AD \qquad ou \qquad DX = cj\,DX,$$

ce qui nous montre que DX est parallèle à AB.

Éliminons maintenant $cj\,AX$ et nous obtenons

$$\overline{AX}^2 - (AB + AD - cj\,AD)\,AX + AB.AD = o,$$

équipollence du second degré facile à résoudre (**71**).

On trouvera toujours deux points X. Mais si ces

points ne tombent pas sur la parallèle à AB menée par
le point D, le problème est impossible. La condition de
possibilité est facile à trouver en étudiant la construction.

Il est bon de remarquer, d'une manière générale,
qu'en combinant une équipollence avec sa conjuguée,
on peut très bien trouver des solutions qui ne satisfassent plus à la première équipollence. Donc, comme
dans le calcul algébrique ordinaire, il importe toujours
de vérifier et de discuter les résultats.

### Propriété du quadrilatère.

86. De l'identité $b(d-c)+d(c-b)+c(b-d)=0$,
nous concluons (37), quel que soit le point A, l'équipollence identique

$$AB.CD + AD.BC + AC.DB = 0,$$

qui exprime une propriété géométrique du quadrilatère
ABCD.

Les trois termes doivent être respectivement équipollents aux trois côtés d'un triangle.

Si $\mathrm{inc}(AB.CD) = \mathrm{inc}(AD.BC)$, ce triangle se réduit à une ligne droite, ce qui donne

$$\mathrm{gr}(AB.CD) + \mathrm{gr}(AD.BC) = \mathrm{gr}(AC.BD),$$

c'est-à-dire que, *dans tout quadrilatère dont les angles
opposés sont supplémentaires, le produit des diagonales est égal à la somme des produits des côtés opposés.*

Si $\mathrm{inc}(AB.CD) - \mathrm{inc}(AD.BC) = \pm 90°$, le triangle
en question est rectangle. On déduit facilement de là
que la somme des angles BAD, DCB est de 90° ou 270°.
De là, en appliquant le théorème du carré de l'hypo-
ténuse, nous tirons cet énoncé :

*Si la somme des angles opposés d'un quadrilatère est de un ou de trois droits, le carré du produit des diagonales est égal à la somme des carrés des produits des côtés opposés.*

Si $\mathrm{gr}(AB.CD) = \mathrm{gr}(AD.BC)$, on a (**26**)

$$\mathrm{inc}(AB.CD) + \mathrm{inc}(AD.BC) = 2\,\mathrm{inc}(AC.DB).$$

Il est facile de donner à cette égalité la forme

$$\mathrm{ang}\,BAC + \mathrm{ang}\,CBD + \mathrm{ang}\,DCA + \mathrm{ang}\,ADB = 180°;$$

d'où ce théorème :

*Si les produits des côtés opposés d'un quadrilatère sont égaux, la somme des angles que forment successivement les diagonales avec les côtés, dans un même sens de rotation, est égale à deux droits.*

Si $\mathrm{ang}\,BAC = \mathrm{ang}\,CAD = 60°$, et qu'en même temps les trois points B, C, D soient en ligne droite, on reconnaît sans peine que le triangle formé par les trois termes AB.CD, AD.BC, AC.DB est équiangle. Donc

$$\mathrm{gr}(AB.CD) = \mathrm{gr}(AD.BC) = \mathrm{gr}(AC.DB);$$

c'est-à-dire que, *si les trois droites* AB, AC, AD, *formant entre elles deux angles successifs de 60°, sont coupées par la droite* BCD, *les grandeurs des trois produits* AB.CD, AD.BC, AC.DB *sont égales.*

Toutes ces propositions sont, on le voit, de simples conséquences de l'équipollence identique écrite au début.

### Points en ligne droite.

87. Nous avons déjà (**17**) exprimé la condition pour que trois points A, B, C soient en ligne droite ; si nous posons $OA = a$, $OB = b$, $OC = c$, cette condition s'ex-

prime par l'équipollence $p_A + q_B + r_C = 0$, $p$, $q$, $r$ étant trois coefficients qui satisfont à l'égalité

$$p + q + r = 0.$$

Donc, écrivant l'équipollence conjuguée, nous voyons que $p$, $q$, $r$ satisfont aux trois relations

$$p + q + r = 0,$$
$$p_A + q_B + r_C = 0,$$
$$p\, \text{cj}_A + q\, \text{cj}_B + r\, \text{cj}_C = 0,$$

et, par suite, pour qu'il y ait un système de valeurs $p$, $q$, $r$ satisfaisant à ces relations, il faut

$$\begin{vmatrix} 1 & 1 & 1 \\ A & B & C \\ \text{cj}_A & \text{cj}_B & \text{cj}_C \end{vmatrix} = 0.$$

Nous avons ainsi, sous une nouvelle forme, la condition pour que les trois points A, B, C soient en ligne droite.

### Droites concourantes.

**88.** Cherchons la condition pour que les perpendiculaires aux extrémités des trois droites $OA = A$, $OB = B$, $OC = C$ se rencontrent en un même point.

Nous aurons les équipollences

$$A(1 + xi) = B(1 + yi) = C(1 + zi)$$

et, par suite, les équipollences conjuguées

$$\text{cj}_A(1 - xi) = \text{cj}_B(1 - yi) = \text{cj}_C(1 - zi).$$

Éliminant $x$, $y$, $z$ entre ces quatre relations, il vient

$$A\, \text{cj}_A(B\, \text{cj}_C - C\, \text{cj}_B) + B\, \text{cj}_B(C\, \text{cj}_A - A\, \text{cj}_C)$$
$$+ C\, \text{cj}_C(A\, \text{cj}_B - B\, \text{cj}_A) = 0,$$

relations qui expriment la condition cherchée.

On peut évidemment l'écrire

$$\text{gr}^2 OA.\text{aire } OBC + \text{gr}^2 OB.\text{aire } OCA + \text{gr}^2 OC.\text{aire } OAB = 0.$$

Mais il est possible aussi de la transformer autrement. Si en effet nous remplaçons $B\, cjc - c\, cjB,\; \ldots$ par $ip_1,\, iq_1,\, ir_1$, il est évident que nous aurons à la fois

$$p_1 A + q_1 B + r_1 C = 0,$$
$$p_1 cjA + q_1 cjB + r_1 c\, cjc = 0,$$
$$p_1 A\, cjA + q_1 B\, cjB + r_1 c\, cjc = 0.$$

La condition ci-dessus s'écrit donc encore

$$\begin{vmatrix} A & B & C \\ cjA & cjB & cjc \\ A\,cjA & B\,cjB & c\,cjc \end{vmatrix} = 0$$

ou

$$\begin{vmatrix} \dfrac{1}{cjA} & \dfrac{1}{cjB} & \dfrac{1}{cjc} \\[2mm] \dfrac{1}{A} & \dfrac{1}{B} & \dfrac{1}{C} \\[2mm] 1 & 1 & 1 \end{vmatrix} = 0.$$

Le déterminant que nous avons ici se déduit de celui du numéro précédent, en y remplaçant $A$, $B$, $C$ par $\dfrac{1}{cjA}$, $\dfrac{1}{cjB}$, $\dfrac{1}{cjc}$. Il est aisé d'interpréter géométriquement ce résultat.

89. On peut se proposer de généraliser le problème et de chercher la condition pour que trois droites quelconques $AA'$, $BB'$, $CC'$ se rencontrent en un même point.

Soient $OA = A$, $OB = B$, $OC = C$, $AA' = A'$, $BB' = B'$, $CC' = c'$.

Nous devons avoir

$$A + xA' = B + yB' = C + zc';$$

si entre ces équipollences et leurs conjuguées

$$\mathrm{cj}\,A + x\,\mathrm{cj}\,A' = \mathrm{cj}\,B + y\,\mathrm{cj}\,B' = \mathrm{cj}\,C + z\,\mathrm{cj}\,C',$$

nous éliminons les quantités algébriques $x, y, z$, nous obtiendrons la condition cherchée. On trouve ainsi

$$(A\,\mathrm{cj}\,A' - A'\,\mathrm{cj}\,A)(B'\,\mathrm{cj}\,C' - C'\,\mathrm{cj}\,B')$$
$$+ (B\,\mathrm{cj}\,B' - B'\,\mathrm{cj}\,B)(C'\,\mathrm{cj}\,A' - A'\,\mathrm{cj}\,C')$$
$$+ (C\,\mathrm{cj}\,C' - C'\,\mathrm{cj}\,C)(A'\,\mathrm{cj}\,B' - B'\,\mathrm{cj}\,A') = 0$$

ou

$$\text{aire } OAA'(B'\,\mathrm{cj}\,C' - C'\,\mathrm{cj}\,B') + \text{aire } OBB'(C'\,\mathrm{cj}\,A' - A'\,\mathrm{cj}\,C')$$
$$+ \text{aire } OCC'(A'\,\mathrm{cj}\,B' - B'\,\mathrm{cj}\,A') = 0.$$

Il est facile de voir qu'on peut encore écrire cette condition sous l'une des formes suivantes :

$$\begin{vmatrix} A' & B' & C' \\ \mathrm{cj}\,A' & \mathrm{cj}\,B' & \mathrm{cj}\,C' \\ \text{aire } OAA' & \text{aire } OBB' & \text{aire } OCC' \end{vmatrix} = 0,$$

$$(C - B)A'\,\mathrm{cj}\,B'\,\mathrm{cj}\,C' + (\mathrm{cj}\,C - \mathrm{cj}\,B)\mathrm{cj}\,A'.B'C'$$
$$+ (A - C)B'\,\mathrm{cj}\,C'\,\mathrm{cj}\,A' + (\mathrm{cj}\,A - \mathrm{cj}\,C)\mathrm{cj}\,B'.C'A'$$
$$+ (B - A)C'\,\mathrm{cj}\,A'\,\mathrm{cj}\,B' + (\mathrm{cj}\,B - \mathrm{cj}\,A)\mathrm{cj}\,C'.A'B' = 0,$$

$$(C - B)A'\,\mathrm{cj}\,B'\,\mathrm{cj}\,C' + (A - C)B'\,\mathrm{cj}\,C'\,\mathrm{cj}\,A' + (B - A)C'\,\mathrm{cj}\,A'\,\mathrm{cj}\,B' \parallel i.$$

Dans toutes ces diverses formules, il est clair qu'on peut multiplier $A'$, $B'$, $C'$ par des nombres réels quelconques sans altérer la condition ; par conséquent, on peut introduire à la place de ces droites $\varepsilon^{\alpha'}$, $\varepsilon^{\beta'}$, $\varepsilon^{\gamma'}$, én appelant $\alpha'$, $\beta'$, $\gamma'$ leurs inclinaisons respectives. Si l'on pose en outre $\mathrm{gr}\,OA = a$, $\mathrm{gr}\,OB = b$, $\mathrm{gr}\,OC = c$, et $\mathrm{ang}\,OAA' = A$, $\mathrm{ang}\,OBB' = B$, $\mathrm{ang}\,OCC' = C$, la condition pourra s'écrire sous l'une des formes suivantes :

$$\begin{vmatrix} \varepsilon^{\alpha'} & \varepsilon^{\beta'} & \varepsilon^{\gamma'} \\ \varepsilon^{-\alpha'} & \varepsilon^{-\beta'} & \varepsilon^{-\gamma'} \\ a\sin A & b\sin B & c\sin C \end{vmatrix} = 0,$$

$$BC.\varepsilon^{\alpha'-\beta'-\gamma'} + CA.\varepsilon^{\beta'-\gamma'-\alpha'} + AB.\varepsilon^{\gamma'-\alpha'-\beta'} \parallel i.$$

On reconnaîtra sans peine que ces diverses expressions de la condition cherchée se réduisent à celles du numéro précédent, lorsque l'on suppose que les droites AA′, BB′, CC′ sont respectivement perpendiculaires à OA, OB, OC.

---

## EXERCICES SUR LE CHAPITRE II.

1. D'un point P, pris sur la bissectrice de l'angle A d'un triangle ABC, on abaisse des perpendiculaires PA′, PB′, PC′ sur les trois côtés. Démontrer que PA′ rencontre B′C′ en un point Q situé sur la médiane issue du point A.

Prenant la bissectrice pour origine des inclinaisons, on aura

$$AP = p, \qquad AC = b\,\varepsilon^{\alpha}, \qquad AB = c\,\varepsilon^{-\alpha},$$
$$AC' = p\cos\alpha.\varepsilon^{\alpha}, \qquad AB' = p\cos\alpha.\varepsilon^{-\alpha},$$

et, en écrivant $AQ = p + x\,i\,BC = p\cos^2\alpha + y\,i$, on trouve

$$y = p\,\frac{b-c}{b+c}\sin\alpha\cos\alpha,$$

si bien que AQ a la même direction que

$$(b+c)\cos\alpha + (b-c)\,i\sin\alpha \quad \text{ou} \quad AB + AC.$$

2. Un angle constant BAC tourne autour de son sommet fixe A; trouver la position de l'angle pour laquelle il intercepte sur un cercle donné dans son plan une corde de longueur connue.

En prenant le rayon du cercle pour unité et appelant $\theta$ l'angle donné, $\omega$ celui qui répond à la corde donnée en longueur, on voit que l'équipollence du problème est

$$\frac{a + \varepsilon^{x+\omega}}{a + \varepsilon^{x}} = z\,\varepsilon^{\theta}.$$

On en tire

$$\frac{1}{a}\,\varepsilon^{x} = \frac{1 - z\,\varepsilon^{\theta}}{z\,\varepsilon^{\theta} - \varepsilon^{\omega}},$$

équipollence qui se construit en remarquant que la grandeur du premier membre est $\dfrac{1}{a}$ et que le rapport des deux termes du second membre devra être le même, ce qui permet de résoudre le problème par l'intersection d'une circonférence et d'une droite.

3. Couper un triangle ABC par une droite YZ, de manière que les deux parties de ce triangle soient entre elles dans un rapport donné, et que la droite qui joint leurs barycentres forme un angle donné avec la sécante.

Prenant A pour origine, soient $\mathrm{y} = y\mathrm{B}$, $\mathrm{z} = z\mathrm{c}$. On aura l'équation

$$yz = k,$$

et l'équipollence

$$\mathrm{B} + \mathrm{c} - (\mathrm{y} + \mathrm{z}) = u\varepsilon^\theta(\mathrm{y} - \mathrm{z})$$

ou

$$(y - 1)\mathrm{B} + (z - 1)\mathrm{c} = u\varepsilon^\theta(y\mathrm{B} - z\mathrm{c}).$$

On résoudra le problème en décomposant les droites suivant les directions $\mathrm{B}$ et $\mathrm{c}$ par exemple.

4. Les sommets B, C du triangle ABC sont fixes, et le troisième se meut sur une droite. Démontrer que les sommets et le centre du carré inscrit dont un côté repose sur BC décrivent des droites.

Soient $\mathrm{BC} = a$ l'origine des inclinaisons, B l'origine des droites, D le sommet du carré situé sur BA, et $\mathrm{BD} = x\mathrm{A}$. Alors

$$x(\mathrm{A} - \mathrm{cj}\,\mathrm{A}) = 2i(1 - x)a;$$

et l'on reconnaît alors que, si $\mathrm{A}$ est de la forme $\mathrm{P} + z\mathrm{Q}$, $x$ sera de la forme $\dfrac{1}{\alpha + z\beta}$. Donc

$$\mathrm{BD} = \mathrm{D} = \frac{\mathrm{P} + z\mathrm{Q}}{\alpha + z\beta},$$

et par conséquent D décrit une droite. De même pour l'autre sommet et aussi pour le centre.

5. On divise deux côtés opposés d'un quadrilatère en segments proportionnels aux côtés adjacents. Démontrer que la droite qui joint les points de division est parallèle à la bissectrice de l'angle que forment les deux côtés non divisés.

M, N étant les points de division des deux côtés AB, CD, on trouve, si $\mathrm{gr}\,\mathrm{AD} = a$, $\mathrm{gr}\,\mathrm{BC} = b$,

$$(a + b)\mathrm{MN} = a\mathrm{BC} + b\mathrm{AD},$$

ce qui démontre la proposition, les deux termes du second membre ayant même grandeur.

6. Si les diagonales d'un quadrilatère se coupent à angle droit, les perpendiculaires abaissées du point de concours des diagonales sur les côtés rencontrent chacun des côtés et le côté opposé en huit points situés sur une même circonférence.

O étant le point de rencontre des diagonales et ABCD le quadrilatère, soient $OA = a$, $OB = bi$, $OC = -c$, $OD = -di$, OP la perpendiculaire sur AB, Q son point de rencontre avec CD. On obtient

$$\operatorname{gr} OP = \frac{ab}{\sqrt{a^2 + b^2}}, \quad \operatorname{gr} OQ = \frac{cd}{ac + bd} \sqrt{a^2 + b^2},$$

et la symétrie du produit $\dfrac{abcd}{ac + bd}$ démontre le théorème.

7. Les perpendiculaires élevées aux milieux des bissectrices intérieures d'un triangle rencontrent les côtés correspondants en trois points situés en ligne droite.

Si $A_1$ est le point de rencontre avec BC de la perpendiculaire à la bissectrice issue du point A, on trouve très aisément

$$A_1 = \frac{b^2 B - c^2 C}{b^2 - c^2};$$

et de même pour $B_1$ et $C_1$. De là on conclut immédiatement que les points $A_1$, $B_1$, $C_1$ sont en ligne droite.

8. Soient B', C' les projections des sommets B, C d'un triangle ABC sur la bissectrice de l'angle A. Démontrer que les perpendiculaires abaissées de A, B', C' sur BC, CA, AB concourent en un même point.

Prenant la bissectrice pour origine des inclinaisons, d'où

$$AC = b\varepsilon^a, \qquad AB = c\varepsilon^{-a}, \qquad AB' = c\cos\alpha, \quad AC' = b\cos\alpha;$$

on écrira

$$AB' + x\, iAC = y\, iBC = AP.$$

La valeur trouvée alors pour $y$ étant indépendante de $b$ et $c$, il en résulte que le point P est le même pour les perpendiculaires issues de B' et de C'. On trouve ainsi, du même coup, l'expression de la longueur de AP.

# CHAPITRE III.

## APPLICATIONS AU TRIANGLE.

### Formules trigonométriques.

90. Nous avons déjà vu (43) les expressions du sinus et du cosinus d'un angle, que nous rappelons ici :

$$\sin\alpha = \frac{\varepsilon^{\alpha} - \varepsilon^{-\alpha}}{2i}, \quad \cos\alpha = \frac{\varepsilon^{\alpha} + \varepsilon^{-\alpha}}{2}.$$

On déduit de ces relations la valeur de la tangente

$$\tan g\,\alpha = \frac{1}{i}\,\frac{\varepsilon^{\alpha} - \varepsilon^{-\alpha}}{\varepsilon^{\alpha} + \varepsilon^{-\alpha}};$$

ces formules ont une grande importance.

91. Considérons maintenant *(fig.* 27) un triangle ABC, dont les côtés, de longueur $a$, $b$, $c$, aient pour inclinaisons $\alpha$, $\beta$, $\gamma$.

En supposant ces trois inclinaisons rangées par ordre de grandeurs, et en appelant A, B, C les angles intérieurs, nous avons les relations suivantes :

$$\beta - \alpha = \pi - C,$$
$$\gamma - \beta = \pi - A,$$
$$\alpha - \gamma = -\pi - B,$$
$$A + B + C = \pi.$$

L'équipollence $BC + CA + AB = o$ nous donnera

$$(1) \qquad a\varepsilon^{\alpha} + b\varepsilon^{\beta} + \varepsilon c^{\gamma} = o,$$

c'est-à-dire

$$(2) \qquad a\varepsilon^{\alpha} = b\varepsilon^{\alpha - C} + c\varepsilon^{\alpha + B}.$$

Nous avons en même temps l'équipollence conjuguée

$$(3) \qquad a\varepsilon^{-\alpha} = b\varepsilon^{-\alpha + C} + c\varepsilon^{-\alpha - B};$$

et de là, en combinant ces deux relations $(2)$ et $(3)$ par

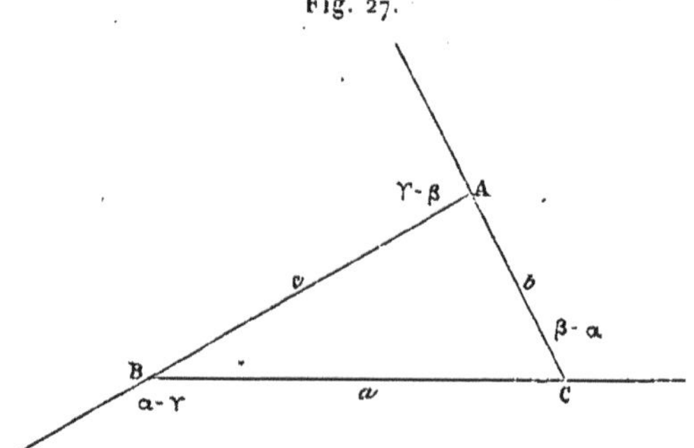

Fig. 27.



soustraction, puis par addition,

$$(4) \qquad a\sin\alpha = b\sin(\alpha - C) + c\sin(\alpha + B),$$
$$(5) \qquad a\cos\alpha = b\cos(\alpha - C) + c\cos(\alpha + B).$$

En multipliant $(2)$ par $(3)$ il vient

$$(6) \quad a^2 = b^2 + c^2 + bc(\varepsilon^{B+C} + \varepsilon^{-B-C}) = b^2 + c^2 - 2bc\cos A.$$

Si dans $(4)$ et $(5)$, nous faisons $\alpha = o$, ces formules donnent

$$(7) \qquad o = -b\sin C + c\sin B, \qquad \frac{b}{\sin B} = \frac{c}{\sin C},$$
$$(8) \qquad a = b\cos C + c\cos B.$$

Si nous y faisons $\alpha = A$, puis $\alpha = \dfrac{C - B}{2}$, nous avons

$$(9)\qquad a \sin A + c \sin C = b \sin (A - C),$$

$$(10)\qquad a \cos A - c \cos C = b \cos(A - C),$$

$$(11)\qquad a \sin \frac{C - B}{2} = (c - b) \sin \frac{B + C}{2} = (c - b) \cos \frac{A}{2},$$

$$(12)\qquad a \cos \frac{C - B}{2} = (c + b) \cos \frac{B + C}{2} = (c + b) \sin \frac{A}{2},$$

et, en divisant $(11)$ par $(12)$,

$$(13)\qquad \operatorname{tang} \frac{C - B}{2} = \frac{c - b}{c + b} \operatorname{tang} \frac{C + B}{2} = \frac{c - b}{c + b} \cot \frac{A}{2}.$$

On aurait évidemment les relations symétriques, obtenues par permutations circulaires; et l'on obtiendrait sans plus de peine les autres formules qui servent à la résolution des triangles. Mais nous bornons là ces exemples, qui ont simplement pour objet de montrer combien la seule relation (1) conduit naturellement et avec facilité aux diverses conséquences que nous venons d'en déduire.

### Barycentre.

92. On sait que le barycentre G d'un triangle ABC (*fig.* 28), c'est-à-dire le point de rencontre des trois

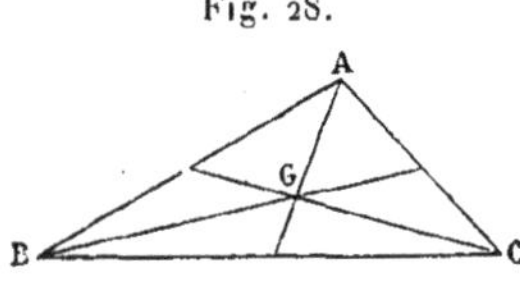


médianes, est en même temps le barycentre de trois poids égaux placés aux sommets. D'après cela nous voyons (19) que ce point G sera donné, quel que soit le point O, par la relation

$$(1) \quad OG = \tfrac{1}{3}(OA + OB + OC) \quad \text{ou} \quad GA + GB + GC = o.$$

Nous laissons au lecteur le soin de vérifier que ce point G coupe chacune des médianes aux $\frac{2}{3}$ de sa longueur à partir du sommet correspondant.

93. Le barycentre $G'$ du système des poids $p$, $q$, $r$, respectivement placés en A, B, C, serait obtenu par l'équipollence

$$(p + q + r)OG' = p\,OA + q\,OB + r\,OC,$$

ce qui donne aussi la formule

$$p\,G'A + q\,G'B + r\,G'C = o.$$

Si nous plaçons O en B, il vient

$$(p + q + r)BG' = p\,BA + r\,BC.$$

Multipliant cette équipollence par cj BC, puis la retranchant de l'équipollence conjuguée, on obtient

$$(p + q + r)\,\text{aire}\,BG'C = p\,.\,\text{aire}\,BAC,$$

et l'on aurait deux autres expressions symétriques.

Donc les aires $BG'C$, $CG'A$, $AG'B$ sont proportionnelles aux poids $p$, $q$, $r$. Pour le point de rencontre des médianes, considéré au numéro précédent, les trois triangles $BGG$, $CGA$, $AGB$ sont équivalents.

### Cercle circonscrit.

94. Soient R (*fig.* 29) le centre du cercle circonscrit au triangle ABC, et $r$ le rayon de ce cercle. Appelons $\lambda$, $\mu$, $\nu$ les inclinaisons respectives des rayons RA, RB, RC. Nous aurons

$$RA = r\,\varepsilon^\lambda, \qquad RB = r\,\varepsilon^\mu, \qquad RC = r\,\varepsilon^\nu$$

et

$$r(\varepsilon^\nu - \varepsilon^\mu) = BC = a\varepsilon^\alpha,$$

$$\varepsilon^\nu - \varepsilon^\mu = \varepsilon^{\frac{\nu+\mu}{2}}\left(\varepsilon^{\frac{\nu-\mu}{2}} - \varepsilon^{\frac{\mu-\nu}{2}}\right) = \frac{a}{r}\varepsilon^\alpha,$$

c'est-à-dire

$$2i\sin\frac{\nu-\mu}{2}\,\varepsilon^{\frac{\nu+\mu}{2}} = 2\sin\frac{\nu-\mu}{2}\,\varepsilon^{\frac{\pi+\nu+\mu}{2}} = \frac{a}{r}\varepsilon^\alpha;$$

donc

$$2r = \frac{a}{\sin\dfrac{\nu-\mu}{2}} \qquad \text{et} \qquad \frac{\pi+\nu+\mu}{2} = \alpha,$$

à la condition toutefois que $\nu - \mu$ soit positif. Dans le cas contraire, on aurait

$$2r = \frac{a}{\sin\dfrac{\mu-\nu}{2}}, \qquad \frac{-\pi+\nu+\mu}{2} = \alpha.$$

On a donc toujours

$$\mu + \nu = 2\alpha \mp \pi;$$

on obtiendrait de même

$$\nu + \lambda = 2\beta \mp \pi$$

et, par soustraction,

$$\mu - \lambda = 2(\alpha - \beta) = 2C,$$

en vertu du n° 91, à une circonférence près.

En résumé, nous avons les formules

$$\nu - \mu = 2A, \qquad \lambda - \nu = 2B, \qquad \mu - \lambda = 2C,$$

$$\nu + \mu = 2\alpha - \pi, \quad \lambda + \nu = 2\beta - \pi, \quad \mu + \lambda = 2\nu - \pi,$$

$$2r = \frac{a}{\sin A} = \frac{b}{\sin B} = \frac{c}{\sin C}.$$

On peut écrire aussi

$$\alpha + A = \beta - B = \nu + \frac{\pi}{2},$$

$$\beta + B = \gamma - C = \lambda + \frac{\pi}{2},$$

$$\gamma + C = \alpha - A = \mu + \frac{\pi}{2},$$

ce qu'il serait bien facile de vérifier géométriquement.

Il faut seulement remarquer que les relations entre les angles peuvent n'être vraies qu'à des multiples près de $2\pi$, si bien qu'on n'est pas autorisé à les employer dans le calcul sans vérification attentive. Mais on peut, en toute sécurité cependant, les multiplier par des nombres entiers sans qu'elles cessent d'être exactes.

L'aire du triangle RAB est (*fig.* 29)

$$\frac{i}{4} r^2 (\varepsilon^{\lambda-\mu} - \varepsilon^{\mu-\lambda}) = \frac{r^2}{2} \sin(\mu - \lambda) = \frac{r^2}{2} \sin 2C.$$

Les aires des triangles RBC, RCA, RAB sont donc

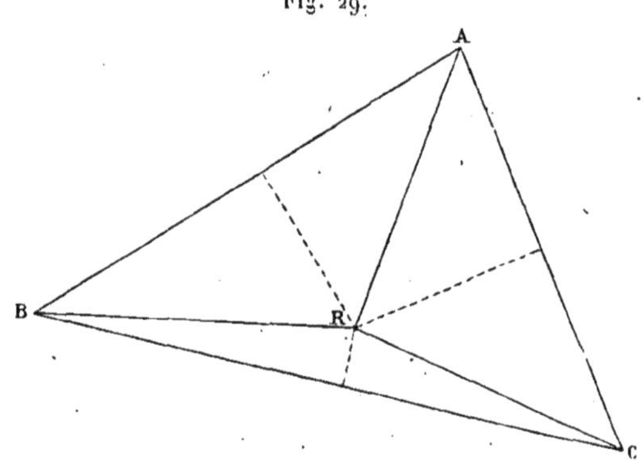

Fig. 29.



proportionnelles à $\sin 2A$, $\sin 2B$, $\sin 2C$, et par conséquent (93) le centre R n'est autre que le barycentre des poids $\sin 2A$, $\sin 2B$, $\sin 2C$, placés en A, B, C, ce qu'exprimera l'équipollence

$$(2) \qquad \text{RA} \sin 2A + \text{RB} \sin 2B + \text{RC} \sin 2C = 0.$$

Voici encore un mode de détermination du point R qui peut avoir de l'intérêt dans certaines applications. On a évidemment

$$\text{CR} = \tfrac{1}{2}\text{CA}(1 + x i) = \tfrac{1}{2}\text{CB}(1 + y i),$$

donc

$$\text{CA}(1 + x i) = \text{CB}(1 + y i).$$

Écrivant l'équipollence conjuguée et éliminant $y$ entre les deux, il vient

$$x i = \frac{2\,\text{CB}.\text{cj}\,\text{CB} - \text{CA}.\text{cj}\,\text{CB} - \text{cj}\,\text{CA}.\text{CB}}{\text{CA}.\text{cj}\,\text{CB} - \text{cj}\,\text{CA}.\text{CB}},$$

d'où

$$\text{CR} = \frac{\text{CA}.\text{CB}\,(\text{cj}\,\text{CB} - \text{cj}\,\text{CA})}{\text{CA}.\text{cj}\,\text{CB} - \text{cj}\,\text{CA}.\text{CB}} = \frac{i}{4\,s}\,\text{CA}.\text{CB}.\text{cj}\,\text{AB},$$

$s$ représentant l'aire du triangle.

On aurait par symétrie deux autres formules pareilles donnant AR et BR.

### Point de rencontre des hauteurs.

**95.** Soit H (*fig.* 3o) le point de rencontre des hauteurs issues des sommets B et C. Nous avons

$$\text{HC} = i z\,\text{AB}, \qquad \text{HB} = i y\,\text{CA}.$$

De là

$$\text{BC} = i(z\,\text{AB} - y\,\text{CA}),$$

$$\frac{\text{CB}}{\text{CA}} = i\left(z\,\frac{\text{AB}}{\text{AC}} + y\right) \qquad \text{ou} \qquad \frac{a}{b}\,\varepsilon^{C} = i\left(z\,\frac{c}{b}\,\varepsilon^{-A} + y\right).$$

Éliminant $y$ entre cette équipollence et sa conjuguée, on a

$$a(\varepsilon^{C} - \varepsilon^{-C}) = z c\,\frac{\varepsilon^{A} - \varepsilon^{-A}}{i},$$

c'est-à-dire

$$z = \frac{a}{c}\,\frac{\cos C}{\sin A} = \cot C.$$

Il est clair, par raison de symétrie, qu'on aurait trouvé la même valeur pour $z$ en cherchant l'intersection des hauteurs issues de A et C, ce qui démontre que les trois hauteurs se rencontrent en un même point.

On a de même

$$x = \cot A, \qquad y = \cot B.$$

Par conséquent

$$\text{HC}.\tang C = i\text{AB}, \quad \text{HB}.\tang B = i\text{CA}, \quad \text{HA}.\tang A = i\text{BC};$$

d'où, par addition,

$$(3) \qquad \text{HA}.\tang A + \text{HB}.\tang B + \text{HC}.\tang C = 0,$$

Fig. 3o.

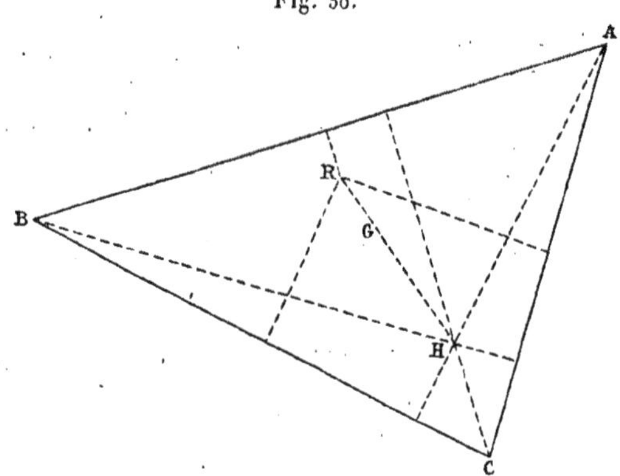

ce qui nous montre que H est le barycentre des poids $\tang A$, $\tang B$, $\tang C$, placés en A, B, C.

Il est facile de reconnaître que l'on a

$$xy + yz + zx = 1,$$

et l'on en conclut

$$AB.BH.HA + BC.CH.HB + CA.AH.HC = AB.BC.CA,$$

relation dont tous les termes ont même direction, et qui subsiste par conséquent, si l'on n'y considère que les longueurs, en ayant égard aux signes.

96. On peut écrire CH sous la forme suivante

$$CH = - i\,AB.\cot C = \varepsilon^{-\frac{\pi}{2}} c\,\varepsilon^{\gamma}\,\frac{\varepsilon^{C} + \varepsilon^{-C}}{2\sin C}$$

$$= \frac{c}{2\sin C}\left(\varepsilon^{C+\gamma-\frac{\pi}{2}} + \varepsilon^{-C+\gamma-\frac{\pi}{2}}\right),$$

c'est-à-dire, en vertu des relations du n° 94, qu'on peut appliquer dans toute leur généralité, comme on le reconnaît sans peine,

$$CH = r(\varepsilon^{\mu} + \varepsilon^{\lambda}) = RB + RA,$$

ce qui montre que la longueur CH est double de la distance de R au côté AB. Cette équipollence remarquable peut se mettre sous la forme

$$(4)\qquad RH = RA + RB + RC = 3\,RG.$$

Ainsi les trois points R, G, H sont en ligne droite, et G divise RH au tiers de sa longueur.

97. Soit D (*fig.* 31) un quatrième point appartenant à la circonférence circonscrite ABC; d'après la relation (4), on aura les points de rencontre des hauteurs des triangles ABC, BCD, CDA, DAB en écrivant

$$RH = RA + RB + RC,$$
$$RJ = RB + RC + RD,$$
$$RK = RC + RD + RA,$$
$$RL = RD + RA + RB.$$

De là

$$RH - RJ = JH = RA - RD = DA.$$

De même

$$KJ = AB, \qquad LK = BC, \qquad HL = CD,$$

en sorte que la figure JKLH est égale à la figure ABCD.

Fig. 31.

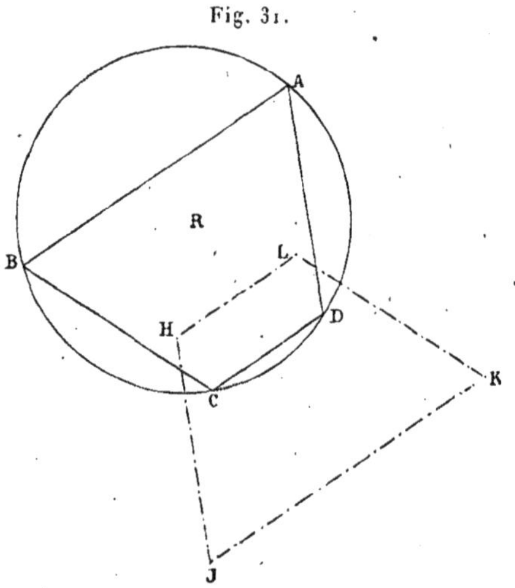

98. On peut généraliser la notion du point de rencontre des hauteurs. Menons par les trois sommets d'un triangle dès droites formant un même angle $\theta$ avec les côtés opposés. Elles formeront en général un triangle $H_a H_b H_c$. En appelant $H_a$ (*fig.* 32) le point de rencontre des droites issues de B et de C, nous aurons·

$$H_a C = z\varepsilon^0 AB, \qquad H_a B = y\varepsilon^0 CA.$$

De là

$$BC = \varepsilon^0(z\,AB - y\,CA),$$

$$\frac{CB}{CA} = \varepsilon^\theta\left(z\,\frac{AB}{AC} + y\right) \qquad \text{ou} \qquad \frac{a}{b}\varepsilon^{C-0} = z\,\frac{c}{b}\varepsilon^{-A} + y,$$

et, par l'élimination de $y$ au moyen de l'équipollence conjuguée, on trouve

$$z = \frac{a}{c}\,\frac{\sin(\theta - C)}{\sin A} = \frac{\sin(\theta - C)}{\sin C},$$

puis

$$y = \frac{\sin(\theta + B)}{\sin B}.$$

On a ainsi

$$H_a C = \frac{\sin(\theta - C)}{\sin C}\,\varepsilon^\theta . AB,$$

$$H_b A = \frac{\sin(\theta - A)}{\sin A}\,\varepsilon^\theta . BC,$$

$$H_c B = \frac{\sin(\theta - B)}{\sin B}\,\varepsilon^\theta . CA$$

$$H_b C = \frac{\sin(\theta + C)}{\sin C}\,\varepsilon^\theta . AB$$

$$H_c A = \frac{\sin(\theta + A)}{\sin A}\,\varepsilon^\theta . BC,$$

$$H_a B = \frac{\sin(\theta + B)}{\sin B}\,\varepsilon^\theta . CA.$$

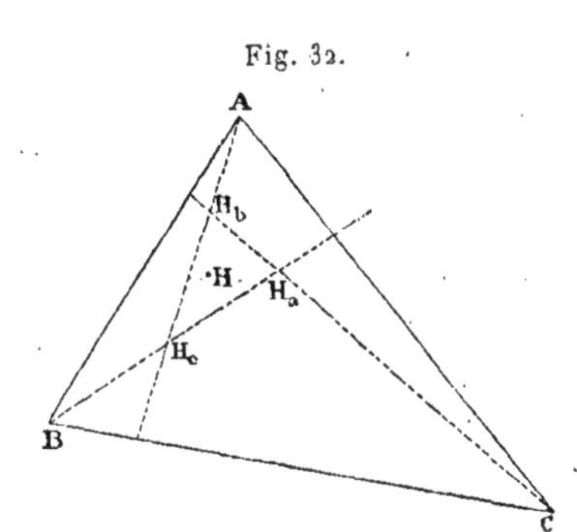


Fig. 32.

De là

$$H_a H_b = \frac{\sin(\theta - C) - \sin(\theta + C)}{\sin C}\,\varepsilon^\theta . AB = -\,2\cos\theta . \varepsilon^\theta . AB,$$

et de même

$$\frac{H_a H_b}{AB} = \frac{H_b H_c}{BC} = \frac{H_c H_a}{CA} = -2\cos\theta \cdot \varepsilon^\theta.$$

Les deux triangles $H_a H_b H_c$, ABC sont donc directement semblables. Le rapport de similitude est $2\cos\theta$, si bien que pour $\theta = 60°$ les triangles deviennent égaux. L'aire $H_a H_b H_c$ est égale à $4\cos^2\theta \cdot$ aire ABC.

Soit toujours (95) H le point de rencontre des hauteurs du triangle ABC. Formons l'expression $HH_a$. Nous aurons

$$HH_a = HC - H_a C = \frac{AB}{\sin C}\left[\, i\cos C - \varepsilon^\theta \sin(\theta - C)\,\right]$$

$$= \frac{AB}{\sin C}\left(\varepsilon^{\frac{\pi}{2}}\frac{\varepsilon^{\frac{\pi}{2}-C} - \varepsilon^{C-\frac{\pi}{2}}}{2i} - \varepsilon^\theta \frac{\varepsilon^{\theta-C} - \varepsilon^{C-\theta}}{2i}\right),$$

$$= \frac{AB}{\sin C}\left(\frac{\varepsilon^{\pi-C} - \varepsilon^{2\theta-C}}{2i}\right) = \frac{AB}{\sin C}\,\varepsilon^{\theta+\frac{\pi}{2}-C}\left(\frac{\varepsilon^{\frac{\pi}{2}-\theta} - \varepsilon^{\theta-\frac{\pi}{2}}}{2i}\right)$$

$$= \frac{AB}{\sin C}\cos\theta \cdot \varepsilon^{\theta+\frac{\pi}{2}-C}.$$

La longueur de $HH_a$ est donc celle de $\dfrac{AB}{\sin C}\cos\theta$, ou $2r\cos\theta$, c'est-à-dire indépendante du sommet considéré $H_a$. Il s'ensuit que H est le centre du cercle circonscrit à $H_a H_b H_c$.

Il est bon de remarquer, par analogie avec le calcul précédent, que d'une manière générale l'expression

$$\varepsilon^\varphi \sin(\varphi - \alpha) - \varepsilon^\theta \sin(\theta - \alpha)$$

peut prendre la forme

$$\varepsilon^{\varphi+\theta-\alpha}\sin(\varphi - \theta),$$

et qu'en conséquence sa grandeur $\sin(\varphi - \theta)$ est indépendante de $\alpha$.

### Circonférence des neuf points.

99. Les quatre points A, B, C, H sont tels que la droite qui joint deux quelconques d'entre eux est perpendiculaire à celle qui passe par les deux autres. Soit O (*fig.* 33) leur barycentre. On aura

$$OA + OB + OC + OH = o,$$

ce qui nous donne, en vertu de l'équipollence (4),

(5)                    $HO = OR.$

Ce point O est donc le milieu de la droite HR.

Si nous considérons les cercles circonscrits à HBC,

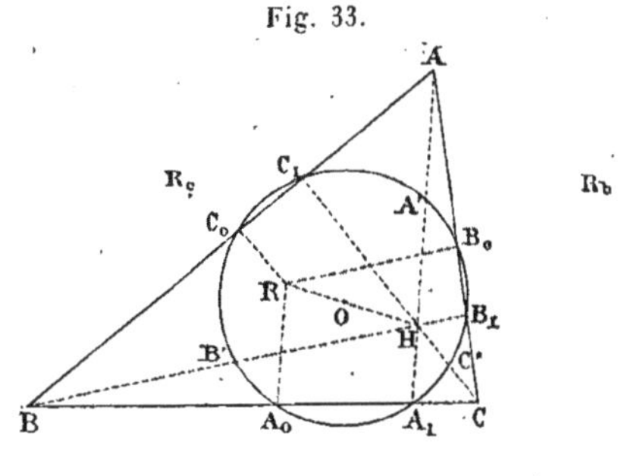

Fig. 33.



HCA, HAB, leurs centres $R_a$, $R_b$, $R_c$, en raison de la symétrie parfaite entre les quatre points A, B, C, H, satisferont aux relations

$$AO = OR_a, \quad BO = OR_b, \quad CO = OR_c.$$

Les deux figures HABC, $RR_aR_bR_c$ sont donc égales. Il existe entre elles des relations remarquables de réciprocité. Chaque droite de l'une divise perpendiculairement par le milieu une droite de l'autre; et chaque sommet de l'une est le centre du cercle circonscrit à l'un des triangles que forme l'autre.

**100.** Le point O que nous venons d'obtenir est digne d'attention. Nous avons tout d'abord

$$OA + OB = HO - OC = OR - OC = CR,$$

c'est-à-dire, en appelant $C_0$ le milieu du côté AB,

$$OC_0 = \frac{CR}{2}.$$

Le point O est donc le centre de la circonférence qui passe par les points $A_0$, $B_0$, $C_0$. Le rayon de cette circonférence est la moitié de celui du cercle circonscrit.

Sur cette circonférence, le point $C'$, directement opposé à $C_0$, sera donné par

$$OC' = \frac{RC'}{2} = \frac{OC - OR}{2} = \frac{OC + OH}{2}.$$

Donc la circonférence en question coupe en leurs milieux les droites HA, HB, HC.

Si l'on désigne par $A_1$, $B_1$, $C_1$ les pieds des hauteurs, il est clair que ces points sont aussi sur la circonférence, puisque les angles $A'A_1A_0$, ... sont droits, et que $A_0A'$ est un diamètre.

De là cette dénomination de *circonférence des neuf points*, savoir $A_0$, $B_0$, $C_0$, $A'$, $B'$, $C'$, $A_1$, $B_1$, $C_1$.

### Cercles inscrit et exinscrits.

**101.** Soit I (*fig.* 34) le centre du cercle inscrit au triangle ABC. Les aires AIB, BIC, CIA sont proportionnelles à $c$, $a$, $b$, les hauteurs de ces triangles étant égales. Conséquemment (93) I est le barycentre des poids $a$, $b$, $c$, ou $\sin A$, $\sin B$, $\sin C$, placés en A, B, C, ce qui donne

(6)          $IA.\sin A + IB.\sin B + IC.\sin C = 0.$

Si maintenant, sur la circonférence circonscrite ABC,
nous prenons les milieux $A''$, $B''$, $C''$ des arcs BC, CA,
AB, il est facile de voir, soit géométriquement, soit par
le calcul, que $AA''$, $BB''$, $CC''$ sont les bissectrices des

Fig. 34.

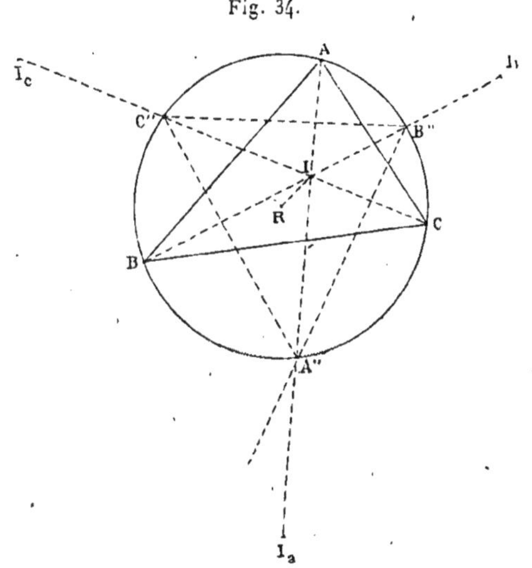


angles A, B, C, et que ces droites sont en même temps
perpendiculaires à $B''C''$, $C''A''$, $A''B''$ respectivement.
Ce sont donc les hauteurs du triangle $A''B''C''$, et leur
point de rencontre commun est I.

Ce point joue donc par rapport au triangle $A''B''C''$
exactement le même rôle que H par rapport à ABC, et
par conséquent, en vertu de la relation (4), nous avons

(7)          $RI = RA'' + RB'' + RC''.$

On reconnaîtrait bien aisément que les centres $I_a$, $I_b$, $I_c$ des cercles exinscrits sont fournis par les relations

$$RI_a = \phantom{-} RA'' - RB'' - RC'', \quad$$
$$RI_b = - RA'' + RB'' - RC'',$$
$$RI_c = - RA'' - RB'' + RC'';$$

d'où résulte la nouvelle équipollence

$$(8) \qquad RI + RI_a + RI_b + RI_c = 0.$$

Donc *le centre du cercle circonscrit est le barycentre des centres des cercles inscrit et exinscrits.*

Les quatre points $I$, $I_a$, $I_b$, $I_c$ sont tels que la droite qui joint deux d'entre eux est perpendiculaire à la droite qui joint les deux autres, et conséquemment il y a complète analogie entre les figures $I_a I_b I_c I R$ et ABCHO. Par exemple (99), R est le centre de la circonférence des neuf points du triangle $I_a I_b I_c$.

On remarquera que les points $A''$, $B''$, $C''$ sont précisément les milieux des droites $II_a$, $II_b$, $II_c$.

102. Cherchons à calculer le rayon $\rho$ du cercle inscrit. Pour cela remarquons tout d'abord que, $r$ étant le rayon du cercle circonscrit, la formule (7) peut s'écrire

$$RI = r\left(\varepsilon^{\alpha - \frac{\pi}{2}} + \varepsilon^{\beta - \frac{\pi}{2}} + \varepsilon^{\gamma - \frac{\pi}{2}}\right) = - ir(\varepsilon^\alpha + \varepsilon^\beta + \varepsilon^\gamma).$$

Actuellement, soit une perpendiculaire abaissée de $I$ sur le côté $BC$; elle aura pour expression

$$\rho\varepsilon^{\alpha - \frac{\pi}{2}} = - i\rho\varepsilon^\alpha.$$

La perpendiculaire abaissée de R sur le milieu de BC est

$$r \cos A\, \varepsilon^{\alpha - \frac{\pi}{2}} = - ir \cos A . \varepsilon^\alpha.$$

La droite qui joint les pieds de ces deux droites ayant

pour direction $\alpha$, nous avons ainsi

$$RI - i\rho\varepsilon^\alpha + ir\cos A\,\varepsilon^\alpha = x\varepsilon^\alpha$$

ou

$$- ir(\varepsilon^\alpha + \varepsilon^\beta + \varepsilon^\gamma) - i\rho\varepsilon^\alpha + ir\cos A\,\varepsilon^\alpha = x\varepsilon^\alpha;$$

de là, en multipliant par $i\varepsilon^{-\alpha}$,

$$r(1 + \varepsilon^{\beta-\alpha} + \varepsilon^{\gamma-\alpha}) + \rho - r\cos A = ix.$$

Écrivant l'équipollence conjuguée et ajoutant, il vient

$$r[1 - \cos A + \cos(\beta - \alpha) + \cos(\gamma - \alpha)] + \rho = 0,$$

c'est-à-dire

$$(9) \qquad \frac{\rho}{r} + 1 = \cos A + \cos B + \cos C.$$

D'un autre côté, la valeur de RI ci-dessus, étant multipliée par sa conjuguée, nous donne

$$RI\,cj\,RI = r^2(3 - 2\cos A - 2\cos B - 2\cos C) = r^2\left(1 - \frac{2\rho}{r}\right),$$

ou

$$(10) \qquad RI\,cj\,RI = r(r - 2\rho).$$

Nous avons ainsi les deux propriétés suivantes :

1° *La somme des rayons $\rho$ et $r$ des cercles inscrit et circonscrit est égale* (96) *à la demi-somme des distances des sommets du triangle au point de rencontre des hauteurs;*

2° *La distance des centres de ces deux cercles est moyenne proportionnelle entre $r$ et $r - 2\rho$.*

### Transversales.

103. Soit A′B′C′ une transversale qui coupe en A′, B′, C′ les trois côtés du triangle ABC. Soit

$$BA' = x\,BC, \qquad CB' = y\,CA, \qquad AC' = z\,AB,$$

d'où

$$A'C = (1 - x)BC, \quad B'A = (1 - y)CA, \quad C'B = (1 - z)AB.$$

Écrivons que A'B'C' sont collinéaires

$$A'B' = u B'C' \quad \text{ou} \quad A'C + CB' = u(B'A + AC').$$

Cela nous donne

$$(1 - x)BC + y\,CA = u[(1 - y)CA + z\,AB],$$
$$(x - 1 + y)CA + (x - 1)AB = u[(1 - y)CA + z\,AB]$$

et, en égalant les coefficients,

$$x + y - 1 = u(1 - y), \quad x - 1 = uz:$$

De là

$$\frac{x + y - 1}{x - 1} = \frac{1 - y}{z},$$
$$1 - x - y - z + xy + yz + zx = 0,$$
$$(1 - x)(1 - y)(1 - z) = -xyz,$$
$$\frac{1 - x}{x}\,\frac{1 - y}{y}\,\frac{1 - z}{z} = -1,$$

c'est-à-dire

$$\frac{A'C.B'A.C'B}{BA'.CB'.AC'} = -1,$$

ce qui établit la propriété fondamentale des transver-

Fig. 35.

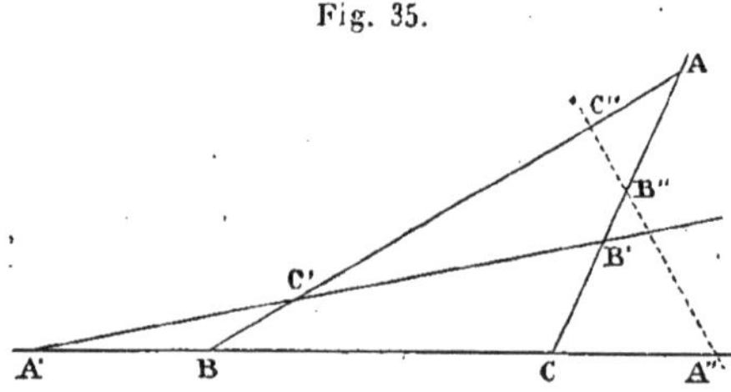

sales, indépendamment de toute position particulière
de la figure.

On remarquera qu'en remplaçant $x$ par $1 - x$, $y$ par

$1 - y$, $z$ par $1 - z$, la propriété subsiste encore, et que
cela répond à des points A″, B″, C″, symétriques de A′,
B′, C′ par rapport aux milieux des côtés respectifs.
Donc A″B″C″ est aussi une ligne droite.

### Droites menées d'un point aux sommets d'un triangle.

**104.** Soit I (*fig.* 36) un point quelconque sur le plan
du triangle ABC; appelons AIA′, BIB′, CIC′ les droites
issues des sommets et limitées aux côtés opposés, et
écrivons

$$\text{AI} = x\,\text{AA}', \qquad \text{BI} = y\,\text{BB}', \qquad \text{CI} = z\,\text{CC}',$$
$$\text{BA}' = \alpha\,\text{BC}, \qquad \text{CB}' = \beta\,\text{CA}, \qquad \text{AC}' = \gamma\,\text{AB}.$$

Fig. 36.

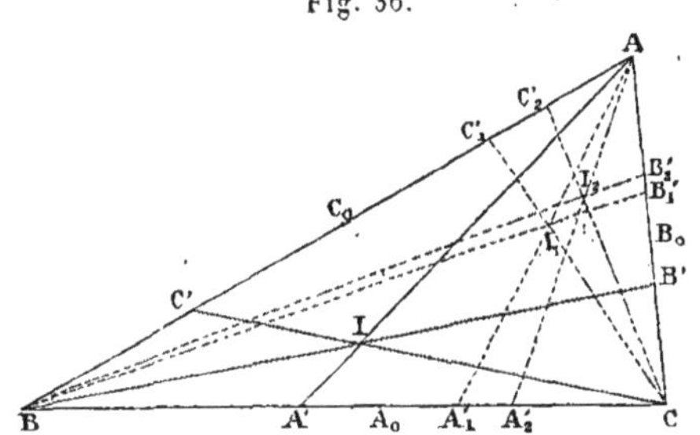

La double équipollence $\text{AI} = \text{AB} + \text{BI} = \text{AC} + \text{CI}$ nous
donne, bien aisément,

$$x(1 - \alpha)\text{AB} + x\alpha\,\text{AC}$$
$$= (1 - y)\text{AB} + y(1 - \beta)\text{AC} = z\gamma\,\text{AB} + (1 - z)\text{AC}.$$

De là
$$x(1 - \alpha) = 1 - y = z\gamma,$$
$$x\alpha = y(1 - \beta) = 1 - z.$$

De même,
$$1 - x = y\beta = z(1 - \gamma).$$

par raison de symétrie.

On voit immédiatement que de ces relations on tire

$$(11) \qquad \frac{\alpha\beta\gamma}{(1-\alpha)(1-\beta)(1-\gamma)} = 1,$$

$$(12) \qquad (1-x)+(1-y)+(1-z) = 1,$$

$$(13) \qquad x+y+z = 2,$$

c'est-à-dire

$$(11') \qquad \frac{BA'.CB'.AC'}{A'C.B'A.C'B} = 1,$$

$$(12') \qquad \frac{IA'}{AA'} + \frac{IB'}{BB'} + \frac{IC'}{CC'} = 1,$$

$$(13') \qquad \frac{AI}{AA'} + \frac{BI}{BB'} + \frac{CI}{CC'} = 2.$$

On a aussi

$$(14) \qquad \frac{xyz}{(1-x)(1-y)(1-z)} = \frac{1}{\alpha\beta\gamma}$$

ou

$$(14') \qquad \frac{AI.BI.CI}{IA'.IB'.IC'} = \frac{BC.CA.AB}{BA'.CB'.AC'},$$

$$(15) \qquad \alpha x + \beta y + \gamma z = 1,$$

$$(15') \qquad \frac{AI}{BC}\frac{BA'}{AA'} + \frac{BI}{CA}\frac{CB'}{BB'} + \frac{CI}{AB}\frac{AC'}{CC'} = 1.$$

Si $A_0$, $B_0$, $C_0$ sont les milieux des côtés des triangles, et qu'on pose

$$A_0A' = \alpha'BC, \qquad B_0B' = \beta'CA, \qquad C_0C' = \gamma'AB,$$

il est facile de voir que la condition (11) devient

$$(16) \qquad \frac{\alpha' + \beta' + \gamma'}{\alpha'\beta'\gamma'} = -4;$$

d'où

$$(16') \qquad \frac{AB}{C_0C'}\frac{BC}{A_0A'} + \frac{BC}{A_0A'}\frac{CA}{B_0B'} + \frac{CA}{B_0B'}\frac{AB}{C_0C'} = -4.$$

105. D'après les équations qui lient $x, y, z, \alpha, \beta, \gamma$, on voit que nous pouvons écrire les valeurs de AI, BI,

CI sous la forme

$$AI = (1 - y)AB + (1 - z)AC,$$
$$BI = (1 - z)BC + (1 - x)BA,$$
$$CI = (1 - x)CA + (1 - y)CB;$$

d'où

$$(17) \qquad (1 - x)AI + (1 - y)BI + (1 - z)CI = 0.$$

Le point I est donc le barycentre des points A, B, C, affectés des poids $1 - x$, $1 - y$, $1 - z$.

Comme

$$AI = xAA' \qquad \text{et} \qquad IA' = (1 - x)AA', \qquad \dots;$$

cette équipollence peut encore s'écrire

$$(18) \qquad xIA' + yIB' + zIC' = 0.$$

Le point I est donc le barycentre des points A′, B′, C′, affectés des poids $x, y, z$.

106. Si l'on remplace les points A′, B′, C′, respectivement, par leurs symétriques $A'_1$, $B'_1$, $C'_1$, par rapport aux milieux $A_0$, $B_0$, $C_0$ des côtés, cela revient évidemment à remplacer $\alpha$, $\beta$, $\gamma$ par $1 - \alpha_1$, $1 - \beta_1$, $1 - \gamma_1$, ou $\alpha'$, $\beta'$, $\gamma'$ par $- \alpha'_1$, $- \beta'_1$, $- \gamma'_1$. La condition (11) ou (16) est donc satisfaite, c'est-à-dire que les trois droites $AA'_1$, $BB'_1$, $CC'_1$ se coupent encore en un même point $I_1$.

On a alors

$$\frac{1 - y_1}{1 - z_1} = \frac{\alpha}{1 - \alpha} = \frac{1 - z}{1 - y},$$

c'est-à-dire que les trois quantités $1 - x_1$, $1 - y_1$, $1 - z_1$ sont inversement proportionnelles à $1 - x$, $1 - y$, $1 - z$. Par conséquent, les poids à placer en A, B, C, pour que leur barycentre soit $I_1$, sont $\dfrac{1}{1 - x}$, $\dfrac{1}{1 - y}$, $\dfrac{1}{1 - z}$.

Les points I et $I_1$ sont ainsi associés l'un de l'autre, par une loi de réciprocité.

Le barycentre du triangle se correspond à lui-même.

107. Si l'on remplace les droites AA′, BB′, CC′, respectivement, par leurs symétriques $AA'_2$, $BB'_2$, $CC'_2$ par rapport aux bissectrices des angles intérieurs A, B, C, il est facile de voir que l'on aura

$$\frac{1-\alpha_2}{\alpha_2} = \frac{b^2}{c^2}\,\frac{\alpha}{1-\alpha},$$

et deux autres relations symétriques, si bien que la condition (11) est encore satisfaite, c'est-à-dire que les droites $AA'_2$, $BB'_2$, $CC'_2$ se coupent en un même point $I_2$.

On a

$$\frac{1-y_2}{1-z_2} = \frac{b^2}{c^2}\,\frac{\alpha}{1-\alpha} = \frac{b^2}{c^2}\,\frac{1-z}{1-y},$$

c'est-à-dire que les quantités $1-x_2$, $1-y_2$, $1-z_2$ sont respectivement proportionnelles à $\dfrac{a^2}{1-x}$, $\dfrac{b^2}{1-y}$, $\dfrac{c^2}{1-z}$, si bien que ces dernières valeurs sont celles des poids à placer en A, B, C pour que leur barycentre soit $I_2$.

Les points I et $I_2$ sont donc associés l'un de l'autre par une loi de réciprocité, différente de celle du numéro précédent.

Le centre du cercle inscrit se correspond à lui-même.

On peut désigner sous le nom d'*associés de première espèce* les points I et $I_1$, et d'*associés de seconde espèce* les points I et $I_2$.

108. Pour généraliser la question étudiée dans les numéros qui précèdent, nous considérerons maintenant trois droites quelconques AA′, BB′, CC′ menées par les sommets du triangle jusqu'aux côtés opposés. Soient L (*fig.* 37) le point de rencontre de BB′ et de CC′, M celui de CC′ et de AA′, et N celui de AA′ et de BB′.

Posons comme ci-dessus

$$BA' = \alpha BC,$$
$$CB' = \beta CA,$$
$$AC' = \gamma AB;$$

soient, en outre,

$$AM = x\,AA', \qquad AN = u\,AA',$$
$$BN = y\,BB', \qquad BL = v\,BB',$$
$$CL = z\,CC', \qquad CM = w\,CC'.$$

Fig. 37.

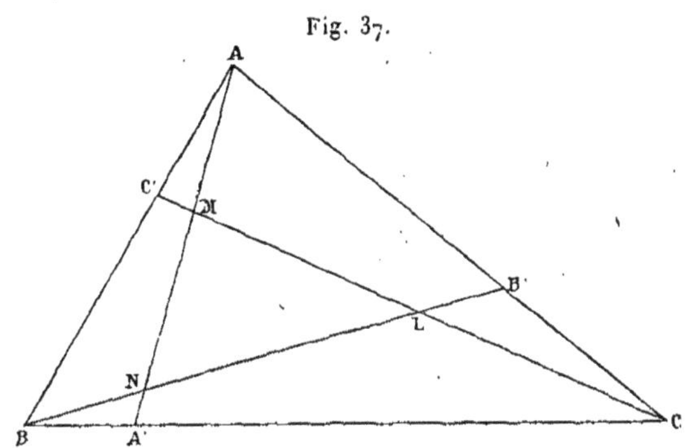


L'équipollence $AB + BN = AN$ nous donne

$$AB + y(BC + \beta CA) = u(AB + \alpha BC)$$

ou

$$(1-y)AB + (1-\beta)y\,AC = (1-\alpha)u\,AB + \alpha u\,AC.$$

De là, en y joignant les relations symétriques,

$$(1-\alpha)u = 1-y, \qquad (1-\beta)v = 1-z, \qquad (1-\gamma)w = 1-x,$$
$$\alpha u = (1-\beta)y, \qquad \beta v = (1-\gamma)z, \qquad \gamma w = (1-\alpha)x.$$

Ces formules donnent très aisément

$$u + v + w = 3 - (\alpha x + \beta y + \gamma z),$$
$$x + y + z = \alpha(u+x) + \beta(v+y) + \gamma(w+z),$$
$$2(u + v + w) + (x + y + z)$$
$$= 6 + \alpha(u-x) + \beta(v-y) + \gamma(w-z).$$

On voit que cette dernière relation, pour $u = x$, $v = y$, $w = z$ se réduit à

$$x + y + z = 2,$$

comme nous l'avons constaté plus haut.

Les valeurs de $x$, $y$, $z$, $u$, $v$, $w$, en fonction de $\alpha$, $\beta$, $\gamma$, sont

$$x = \frac{\gamma}{1 - \alpha + \alpha\gamma}, \qquad y = \frac{\alpha}{1 - \beta + \beta\alpha}, \qquad z = \frac{\beta}{1 - \gamma + \gamma\beta},$$

$$u = \frac{1 - \beta}{1 - \beta + \alpha\beta}, \qquad v = \frac{1 - \gamma}{1 - \gamma + \beta\gamma}, \qquad w = \frac{1 - \alpha}{1 - \alpha + \gamma\alpha}.$$

Les deux relations suivantes méritent aussi d'être remarquées :

$$\alpha\beta\gamma = \frac{(1 - u)(1 - v)(1 - w)}{xyz},$$

$$(1 - \alpha)(1 - \beta)(1 - \gamma) = \frac{(1 - x)(1 - y)(1 - z)}{uvw}.$$

Si l'on cherche, au moyen des valeurs, écrites plus haut, de AA′, AM, AN, ... à évaluer les aires des triangles A′B′C′ et LMN, on obtient

$$\text{aire A}'\text{B}'\text{C}' = [(1 - \alpha)(1 - \beta)(1 - \gamma) + \alpha\beta\gamma]\,\text{aire ABC},$$

$$\text{aire LMN} = \frac{[(1 - \alpha)(1 - \beta)(1 - \gamma) - \alpha\beta\gamma]^2}{(1 - \alpha + \alpha\gamma)(1 - \beta + \beta\alpha)(1 - \gamma + \gamma\beta)}\,\text{aire ABC}.$$

Si $\dfrac{(1 - \alpha)(1 - \beta)(1 - \gamma)}{\alpha\beta\gamma} = -1$, on a aire A′B′C′ = 0 ; c'est le cas des transversales (103).

Si $\dfrac{(1 - \alpha)(1 - \beta)(1 - \gamma)}{\alpha\beta\gamma} = 1$, on a aire LMN = 0 ; c'est le cas d'un point de rencontre unique des droites AA′, BB′, CC′ (104).

On remarquera que les rapports $\dfrac{1 - \alpha}{\alpha}$, $\dfrac{1 - \beta}{\beta}$, $\dfrac{1 - \gamma}{\gamma}$ changent simplement de signes, lorsqu'on passe des points A′, B′, C′ à leurs conjugués harmoniques par rapport aux segments BC, CA, AB.

## Perpendiculaires abaissées d'un point sur les côtés d'un triangle.

**109.** Soit I (*fig.* 38) un point dans le plan d'un triangle ABC; appelons IA′, IB′, IC′ les perpendiculaires abaissées sur les trois côtés. Posons

$$AC' = \gamma AB, \qquad BA' = \alpha BC, \qquad CB' = \beta CA.$$

La projection AC′ de AI sur AB est (52)

$$AC' = \frac{1}{2} \frac{AB \; cj \, AI + AI \; cj \, AB}{cj \, AB}.$$

Nous avons en outre (54),

$$IC' = \frac{1}{2} \frac{AB \; cj \, AI - AI \; cj \, AB}{cj \, AB}.$$

Fig. 38.

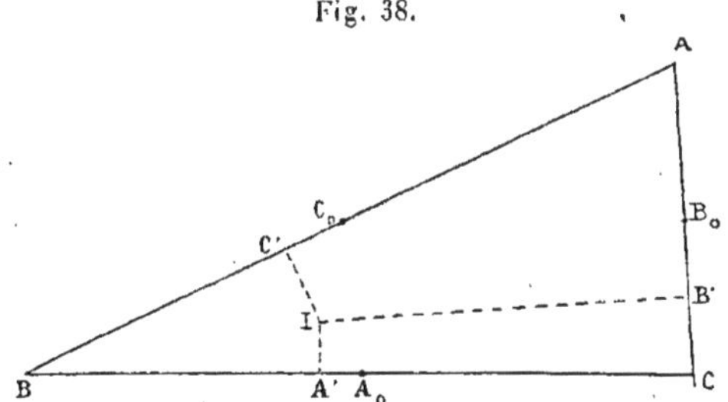

On a immédiatement, d'après cela,

$$AB \; cj \, AI + AI \; cj \, AB = 2\gamma c^2,$$
$$BC \; cj \, BI + BI \; cj \, BC = 2\alpha a^2,$$
$$CA \; cj \, CI + CI \; cj \, CA = 2\beta b^2,$$

ou, en remplaçant BI par AI — AB et CI par AI — AC,

$$AB \; cj \, AI + AI \; cj \, AB = 2\gamma c^2,$$
$$BC \; cj \, AI + AI \; cj \, BC = 2\alpha a^2 + BC \; cj \, AB + AB \; cj \, BC,$$
$$CA \; cj \, AI + AI \; cj \, CA = 2\beta b^2 + CA \; cj \, AC + AC \; cj \, CA.$$

Or

$$\text{BC cj AB} + \text{AB cj BC}$$
$$= \text{BC}(\text{cj AC} + \text{cj CB}) + \text{AB}(\text{cj BA} + \text{cj AC})$$
$$= - a^2 - c^2 + b^2,$$
$$\text{CA cj AC} + \text{AC cj CA} = - 2b^2.$$

Donc, en ajoutant les trois relations,

$$0 = (2\alpha - 1)a^2 + (2\beta - 1)b^2 + (2\gamma - 1)c^2,$$

relation remarquable entre les trois coefficients $\alpha$, $\beta$, $\gamma$, et qu'on aurait pu facilement obtenir par les procédés ordinaires.

Si $A_0$, $B_0$, $C_0$ sont les milieux des côtés, nous avons

$$BA_0 = \tfrac{1}{2}BC, \quad BA' = \alpha BC, \quad A_0 A' = (\alpha - \tfrac{1}{2})BC.$$

La condition peut donc s'écrire comme égalité ordinaire

$$a A_0 A' + b B_0 B' + c C_0 C' = 0,$$

c'est-à-dire, en ne considérant que les grandeurs et les signes, que la somme des trois produits de segments $A_0 A' . BC$, $B_0 B' . CA$, $C_0 C' . AB$ est toujours nulle.

Si nous appelons $u$, $v$, $w$ les grandeurs des trois perpendiculaires $IA'$, $IB'$, $IC'$, le point I sera (**93**) le barycentre des poids $au$, $bv$, $cw$, placés en A, B, C. On a, en outre,

$$A'I = i\frac{u}{a}BC, \quad \text{d'où} \quad \frac{a}{u}A'I = iBC,$$

et de même

$$\frac{b}{v}B'I = iCA, \quad \frac{c}{w}C'I = iAB.$$

Donc

$$\frac{a}{u}A'I + \frac{b}{v}B'I + \frac{c}{w}C'I = 0,$$

c'est-à-dire que I est le barycentre des poids $\frac{a}{u}$, $\frac{b}{v}$, $\frac{c}{w}$ placés en A', B', C'.

### Sur quelques points remarquables.

**110.** Pour ne pas donner à ce Chapitre un développement excessif, nous nous contenterons d'attirer l'attention sur le grand intérêt que présente la détermination d'un point du plan, considéré comme barycentre de trois poids placés aux sommets d'un triangle. Cette considération se prête d'une façon fort simple aux points associés, soit de première, soit de seconde espèce, dont il a été question au n° 107, et nous l'avons invoquée plus haut bien souvent.

**111.** Si on l'applique, par exemple, à l'associé de seconde espèce du barycentre G, on voit immédiatement que ce point L sera le barycentre des poids $a^2$, $b^2$, $c^2$, placés en A, B, C. C'est le *centre des médianes antiparallèles,* étudié surtout par M. E. Lemoine ([1]), et qui a donné matière, dans ces dernières années, à des recherches fort intéressantes, notamment à celles de M. Neuberg, publiées en 1881 dans le Recueil *Mathesis.*

Nous ne saurions reprendre ici les nombreuses et intéressantes propriétés de ce point M, dont les distances aux côtés sont évidemment proportionnelles à ces côtés eux-mêmes; mais il était utile, à notre avis, d'en signaler l'existence.

**112.** M. Brocard, plus récemment, a étudié deux points remarquables du triangle, auxquels on attache généralement aujourd'hui le nom de ce géomètre ([2]).

---

([1]) *Association française pour l'avancement des Sciences;* Congrès de Lyon (1873), de Lille (1874), et Congrès ultérieurs.

([2]) *Voir* notamment *Association française pour l'avancement des Sciences;* Congrès d'Alger (1881); *Étude d'un nouveau cercle du plan du triangle.*

Ces points, qui ont conduit M. Brocard à la considération d'un *cercle des sept points,* dont nous ne parlerons pas ici, sont définis par la propriété suivante : Si $\beta$ est l'un des deux points de Brocard, les trois angles $\beta AB$, $\beta BC$, $\beta CA$ sont égaux ; pour l'autre point $\beta'$, ce sont les angles $\beta' AC$, $\beta' CB$, $\beta' BA$ qui doivent être égaux.

Il est assez facile, d'après cela, de reconnaître que le point $\beta$ est le barycentre des poids $\frac{1}{b^2}$, $\frac{1}{c^2}$, $\frac{1}{a^2}$ placés respectivement en A, B, C, et que $\beta'$ est le barycentre des poids $\frac{1}{c^2}$, $\frac{1}{a^2}$, $\frac{1}{b^2}$ placés aux mêmes points.

Si l'on prend l'associé de première espèce $L_1$ du centre des médianes antiparallèles, les poids à placer en A, B, C, pour l'obtenir, sont $\frac{1}{a^2}$, $\frac{1}{b^2}$, $\frac{1}{c^2}$. Partant de là, si G est le barycentre du triangle (point de rencontre des médianes) et K le milieu de la droite $\beta\beta'$ qui joint les deux points de Brocard, on trouve

$$L_1 G = \tfrac{3}{2} L_1 K \,;$$

en d'autres termes, les triangles ABC et $L_1 \beta\beta'$ ont même barycentre.

113. Le nombre des points remarquables du triangle et des propriétés plus ou moins particulières qu'on en peut déduire est en quelque sorte illimité. Mais il nous semble que les indications qui précèdent suffisent largement à montrer comment la méthode des équipollences peut utilement s'appliquer à ce genre de questions. Pour terminer, nous résumerons, dans un Tableau sommaire, les poids qui caractérisent les principaux points remarquables que nous avons considérés dans ce Chapitre :

|   | A. | B. | C. |   |
|---|---|---|---|---|
| G....... | $1$. | $1$. | $1$. | Barycentre. |
| R....... | $a \cos A,$ | $b \cos B.$ | $c \cos C.$ | Centre du cercle circonscrit. |
| H....... | $\dfrac{a}{\cos A}.$ | $\dfrac{b}{\cos B}.$ | $\dfrac{c}{\cos C}.$ | Point de rencontre des hauteurs ou *orthocentre*. |
| I....... | $a.$ | $b.$ | $c.$ | Centre du cercle inscrit. |
| O....... | $b \cos B + c \cos C.$ | $c \cos C + a \cos A.$ | $a \cos A + b \cos B.$ | Centre de la circonférence des 9 points. |
| L....... | $a^2.$ | $b^2.$ | $c^2.$ | Centre des médianes antiparallèles ou *point de Lemoine*. |
| β...... | $\dfrac{1}{b^2}.$ | $\dfrac{1}{c^2}.$ | $\dfrac{1}{a^2}.$ | Premier point de Brocard. |
| β'....... | $\dfrac{1}{c^2}.$ | $\dfrac{1}{a^2}.$ | $\dfrac{1}{b^2}.$ | Second point de Brocard. |
| L₁...... | $\dfrac{1}{a^2}.$ | $\dfrac{1}{b^2}.$ | $\dfrac{1}{c^2}.$ | Associé de L (première espèce). |

Les points R et H, G et L sont associés de seconde
espèce, comme nous l'avons déjà remarqué.

Les coordonnées barycentriques du centre de la circonférence des neuf points peuvent encore s'écrire

$$a \cos (B - C), \quad b \cos (C - A), \quad c \cos (A - B).$$

---

### EXERCICES SUR LE CHAPITRE III.

**1.** Déterminer le barycentre du périmètre d'un triangle.

En appliquant les poids $a$, $b$, $c$ aux milieux des côtés BC, CA, AB,
on trouve immédiatement, pour le barycentre F cherché,

$$2(a + b + c)\, \mathrm{F} = (b + c)\, \mathrm{A} + (c + a)\, \mathrm{B} + (a + b)\, \mathrm{C};$$

d'où, en se rappelant la formule qui donne le centre du cercle inscrit I,

$$2\mathrm{F} + \mathrm{I} = \mathrm{A} + \mathrm{B} + \mathrm{C} = 3\mathrm{G}.$$

De là FI $= 3$ FG, et (96) $2$ RF $=$ IH, formules qui donnent autant
de propositions géométriques intéressantes.

**2.** Soient $a$, $b$, $c$ les trois côtés, A, B, C les trois angles d'un
triangle. Sur une droite OX, on porte les longueurs OA′, OB′,
OC′ proportionnelles à $a^2$, $b^2$, $c^2$ et l'on forme les angles X A′M,
X B′N, XC′P égaux à A, B, C respectivement.

Démontrer :

1° Que les trois droites A′M, B′N, C′P se rencontrent en un
même point T ;

2° Que les longueurs TA′, TB′, TC′ sont proportionnelles à
$bc$, $ca$, $ab$ ;

3° Que la perpendiculaire TQ abaissée sur OX est proportionnelle au double de l'aire du triangle ;

4° Que l'angle TOX $= \theta$ (angle de Brocard) satisfait à la
relation

$$\cot \theta = \cot \mathrm{A} + \cot \mathrm{B} + \cot \mathrm{C} ;$$

5° Que OT$^2$ est proportionnel à

$$a^2 b^2 + b^2 c^2 + c^2 a^2 ;$$

6° Que OQ est proportionnel à

$$\frac{a^2 + b^2 + c^2}{2}.$$

Toutes ces propositions sont des conséquences de l'identité double

$$a^2 + bc\,\varepsilon^A = b^2 + ca\,\varepsilon^B = c^2 + ab\,\varepsilon^C = \frac{a^2 + b^2 + c^2}{2} + 2\,si;$$

facile à établir en décomposant en parties réelles et imaginaires.

3. On donne un triangle ABC et quatre points I, $I_1$, $I_2$, P, barycentres des poids $\alpha$, $\beta$, $\gamma$, $\alpha_1$, $\beta_1$, $\gamma_1$, $\alpha_2$, $\beta_2$, $\gamma_2$, $l$, $m$, $n$, respectivement appliqués aux sommets des triangles.

On demande quels poids $x$, $x_1$, $x_2$ il faut appliquer en I, $I_1$, $I_2$ pour que leur barycentre soit P.

En prenant $\alpha + \beta + \gamma = 1, \ldots$, les équipollences du problème donnent aisément

$$(\alpha x + \alpha_1 x_1 + \alpha_2 x_2)\,A + \ldots = l\,A + m\,B + n\,C;$$

de là on tire un système de trois équations qui donne les valeurs cherchées, savoir

$$x = \frac{\begin{vmatrix} l & \alpha_1 & \alpha_2 \\ m & \beta_1 & \beta_2 \\ n & \gamma_1 & \gamma_2 \end{vmatrix}}{\begin{vmatrix} \alpha & \alpha_1 & \alpha_2 \\ \beta & \beta_1 & \beta_2 \\ \gamma & \gamma_1 & \gamma_2 \end{vmatrix}}, \quad \ldots$$

4. En joignant les trois sommets d'un triangle à un point M, jusqu'à la rencontre des côtés opposés, on a les droites $AA_1$, $BB_1$, $CC_1$. Par les trois points $A_1$, $B_1$, $C_1$, on fait passer une circonférence qui coupe les côtés en $A'_1$, $B'_1$, $C'_1$ respectivement.

Démontrer que les droites $AA'_1$, $BB'_1$, $CC'_1$ se coupent en un même point M'.

La démonstration est des plus simples, en exprimant que

$$\mathrm{gr}\,(AC_1 . AC'_1) = \mathrm{gr}\,(AB_1 . AB'_1), \quad \ldots$$

En appelant $\alpha$, $\beta$, $\gamma$ et $\alpha'$, $\beta'$, $\gamma'$ les poids qui, placés en A, B, C ont pour barycentres M et M' (on dit alors que ces valeurs $\alpha$, $\beta$, $\gamma,\ldots$ sont les *coordonnées barycentriques* de ces points), on a

$$\frac{\alpha\,(\beta + \gamma)\,\alpha'\,(\beta' + \gamma')}{a^2} = \frac{\beta\,(\gamma + \alpha)\,\beta'\,(\gamma' + \alpha')}{b^2} = \ldots$$

5. La droite de Brocard est parallèle à la médiane partant de C, quand on a

$$2 a^2 b^2 = c^2 (a^2 + b^2).$$

(E. Lemoine.)

6. La droite de Brocard est perpendiculaire à la médiane partant de C, quand on a

$$ab + c^2 \cos C = o.$$

(E. Lemoine.)

7. La droite de Brocard est parallèle à la symédiane partant de C, quand on a

$$a^2 + b^2 = 2 c^2.$$

(E. Lemoine.)

8. La droite de Brocard est perpendiculaire au côté AB, quand on a

$$a^4 + b^4 = c^2 (a^2 + b^2).$$

(E. Lemoine.)

On démontre aisément ces diverses propositions en écrivant la droite de Brocard sous la forme

$$\left(\frac{1}{b^2} - \frac{1}{c^2}\right) A + \left(\frac{1}{c^2} - \frac{1}{a^2}\right) B + \left(\frac{1}{a^2} - \frac{1}{b^2}\right) C,$$

et en exprimant ensuite qu'elle est, soit parallèle, soit perpendiculaire aux diverses directions données.

9. Si l'on a

$$a^6 = b^2 c^2 (b^2 + c^2 + 2 a^2),$$

l'angle de Brocard est le tiers de l'angle A.     (E. Lemoine.)

Dans la figure de l'exercice (2) ci-dessus, on considérera le triangle O A' T, et l'on exprimera que l'angle en T est le double de l'angle en O.

10. Si l'on a

$$a^4 = b^2 (a^2 + c^2),$$

l'angle de Brocard est égal à A — B.     (E. Lemoine.)

Dans la même figure, on exprimera que les angles A' O T, B' T A' sont égaux, d'où résulte la similitude symétrique des deux triangles A' O T, A' T B'.

11. Les puissances des sommets d'un triangle par rapport au cercle de Brocard sont inversement proportionnelles aux carrés des côtés opposés.

R, centre du cercle circonscrit, et L, point de Lemoine, étant les deux extrémités d'un diamètre du cercle de Brocard, on formera, par exemple, AL cj AR + AR cj AL, en se rappelant que les coordonnées barycentriques de R sont $a\cos A$, $b\cos B$, $c\cos C$, et que celles de L sont $a^2$, $b^2$, $c^2$. On trouvera ainsi facilement, au numérateur,

$$b^2 c^2 (b\cos B + c\cos C) + b^2 c^2 a\cos A$$

ou

$$\frac{1}{a^2}\, a^2 b^2 c^2 (a\cos A + b\cos B + c\cos C),$$

le dénominateur étant symétrique.

Cela établit la propriété énoncée.

12. ABC étant un triangle quelconque, soient G son barycentre, R le centre du cercle circonscrit, M un point quelconque du plan, a, b, c les longueurs MA, MB, MC, et (S) le cercle de diamètre GR.

Démontrer que la puissance de M par rapport au cercle circonscrit est égale à deux fois sa puissance par rapport au cercle (S), moins $\frac{1}{3}(a^2 + b^2 + c^2)$.

Cette puissance peut en effet s'écrire, en prenant M pour origine,

$$\text{R cj R} - \text{RA cj RA} \quad \text{ou} \quad \text{A cj R} + \text{R cj A} - a^2.$$

Ajoutant les trois expressions de cette forme, on a

$$6\,\mathcal{P}\,(\text{G}, \text{R}) - (a^2 + b^2 + c^2),$$

ce qui, en divisant par 3, donne le résultat indiqué.

On en déduira des conséquences particulières intéressantes en faisant coïncider le point M avec divers points remarquables et avec les sommets.

13. M étant le barycentre des poids $\alpha$, $\beta$, $\gamma$ appliqués respectivement aux sommets A, B, C d'un triangle, soient $M_1$ et $M_2$ les barycentres des mêmes poids appliqués respectivement en B, C, A, puis en C, A, B. Supposons qu'on ait

$$\alpha + \beta + \gamma = 1.$$

Démontrer :

1° Que les deux triangles ABC, $MM_1M_2$ ont même barycentre;

2° Que le rapport des aires de ces deux triangles est

$$\tfrac{1}{2}[(\alpha - \beta)^2 + (\beta - \gamma)^2 + (\gamma - \alpha)^2];$$

3° Que les aires des triangles $AMM_1$, $AM_1M_2$ satisfont aux relations suivantes

$$AMM_1 = BM_1M_2 = CM_2M = (\beta^2 - \gamma\alpha)\,ABC,$$
$$AM_1M_2 = BM_2M = CMM_1 = (\alpha^2 - \beta\gamma)\,ABC,$$
$$AM_2M = BMM_1 = CM_1M_2 = (\gamma^2 - \alpha\beta)\,ABC;$$

4° Que le rapport de la somme des carrés des côtés du triangle $MM_1M_2$ à la somme des carrés des côtés de ABC est égal au rapport des aires de ces deux triangles.

Tous ces résultats s'obtiennent assez aisément en partant des valeurs

$$M = \alpha A + \beta B + \gamma C,$$
$$M_1 = \gamma A + \alpha B + \beta C,$$
$$M_2 = \beta A + \gamma B + \alpha C.$$

14. Le point de Lemoine est à l'intersection des droites qui joignent les milieux des côtés d'un triangle aux milieux des hauteurs correspondantes.

Si $A_1$ est le milieu de BC, M le milieu de la hauteur issue de A, L le point de Lemoine, on calculera AM, $AA_1$, AL et, par différence, LM et $LA_1$; on trouve ainsi

$$\frac{LM}{LA_1} = \frac{b^2 + c^2 - a^2}{b^2 + c^2 + a^2} = \frac{\tan\theta}{\tan A},$$

$\theta$ étant l'angle de Brocard.

15. Si par un point quelconque M, barycentre des poids $\alpha$, $\beta$, $\gamma$ placés en A, B, C, on mène des antiparallèles aux trois côtés du triangle, les six segments ainsi obtenus, égaux deux à deux, auront pour expressions

$$\frac{abc}{\alpha + \beta + \gamma}\,\frac{\alpha}{a^2}, \quad \frac{abc}{\alpha + \beta + \gamma}\,\frac{\beta}{b^2}, \quad \frac{abc}{\alpha + \beta + \gamma}\,\frac{\gamma}{c^2}.$$

On remarque que l'antiparallèle $\frac{b}{c}AB - \frac{c}{b}AC = D$ a pour grandeur $a$, et l'on écrit $AM + uD = vAB$, ce qui permet de déterminer $u$. De même pour les autres côtés.

On conclut de là que, pour le point de Lemoine, les six segments sont égaux.

# CHAPITRE IV.

## APPLICATIONS AUX POLYGONES.

### Propriétés du quadrilatère.

**114.** Soit ABCD (*fig.* 39) un quadrilatère quelconque; appelons A′, B′, C′, D′ des points qui divisent

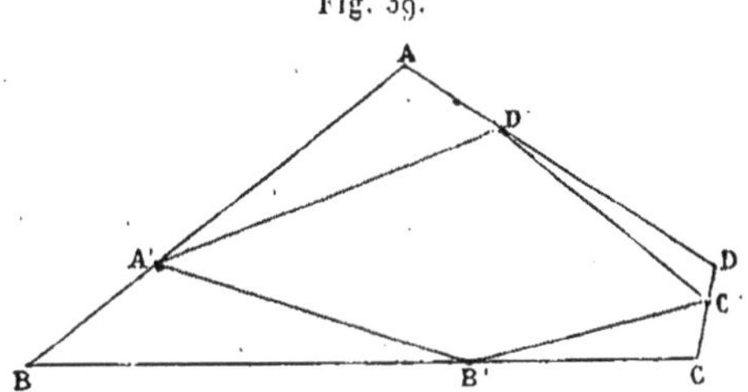

Fig. 39.

proportionnellement les quatre côtés, si bien qu'on
ait

$$\frac{AA'}{AB} = \frac{BB'}{BC} = \frac{CC'}{CD} = \frac{DD'}{DA} = x,$$

et proposons-nous d'évaluer l'aire du quadrilatère
A′B′C′D′.

Nous avons, quel que soit le point O,

$$OA' = (1 - x)\,OA + x\,OB,$$
$$OB' = (1 - x)\,OB + x\,OC.$$

De là, on déduit immédiatement, en écrivant

$$OA'cjOB' - OB'cjOA',$$

$$\text{aire } OA'B' = (1 - x)^2 \text{ aire } OAB$$
$$+ x(1 - x)\text{ aire } OAC + x^2 \text{ aire } OBC.$$

Formant les trois autres expressions symétriques et ajoutant, on s'aperçoit que le deuxième terme du second membre contiendra, comme facteur de $x(1 - x)$, l'expression $OAC + OBD + OCA + ODB$, qui est nulle. En appelant S et S' les aires des deux quadrilatères, il viendra, en résumé,

$$S' = (2x^2 - 2x + 1)S.$$

Le minimum de S' s'obtient pour $x = \frac{1}{2}$ et donne $S' = \frac{1}{2}S$.

115. Sur les côtés AB, BC, CD, DA (*fig.* 40) d'un quadrilatère, pris comme diagonales, construisons les

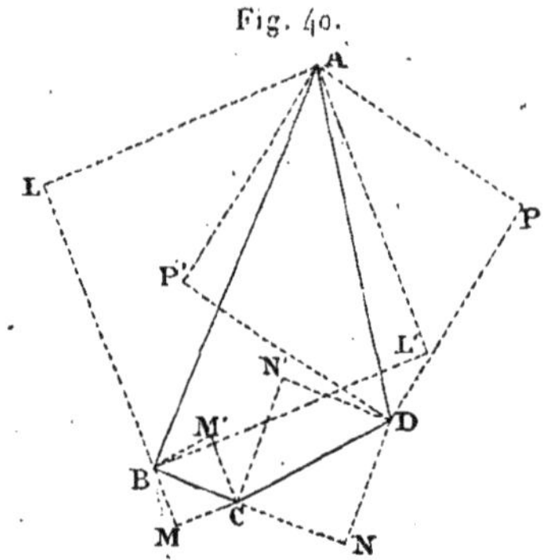



carrés ALBL', BMCM', CNDN', DPAP', L, M, N et P étant, par exemple, les sommets extérieurs au quadrilatère, et L', M', N', P' les sommets du côté intérieur.

On aura

$$AL = \tfrac{1}{2}(1 - i)\,AB, \qquad AL' = \tfrac{1}{2}(1 + i)\,AB,$$

ou, en rapportant les divers points à une origine arbitraire,

$$L = \tfrac{1}{2}(1 + i)\,A + \tfrac{1}{2}(1 - i)\,B, \qquad L' = \tfrac{1}{2}(1 - i)\,A + \tfrac{1}{2}(1 + i)\,B.$$

Posons $\mu = \tfrac{1}{2}(1 + i)$; alors $\tfrac{1}{2}(1 - i) = -\mu i$, et il vient

$$\begin{aligned}
L &= \mu\,(A - iB), & L' &= \mu\,(B - iA), \\
M &= \mu\,(B - iC), & M' &= \mu\,(C - iB), \\
N &= \mu\,(C - iD), & N' &= \mu\,(D - iC), \\
P &= \mu\,(D - iA), & P' &= \mu\,(A - iD).
\end{aligned}$$

De là

$$\begin{aligned}
LN &= \mu\,(AC - iBD), \\
MP &= \mu\,(BD - iCA)
\end{aligned}$$

et, par conséquent,

$$MP = iLN.$$

On trouve de même

$$L'N' = iM'P'.$$

Ainsi les droites MP, LN sont égales et rectangulaires, et il en est de même pour $M'P'$ et $L'N'$.

116. Cherchons le barycentre G de l'aire du quadrilatère ABCD (*fig.* 41). Pour cela, O étant un point quelconque, il suffit de prendre les barycentres des triangles OAB, OBC, OCD, ODA et d'y appliquer des poids proportionnels aux aires de ces triangles. Cela donne immédiatement

$$OG.ABCD = \frac{OA + OB}{3}\,OAB + \frac{OB + OC}{3}\,OBC$$
$$+ \frac{OC + OD}{3}\,OCD + \frac{OD + OA}{3}\,ODA.$$

Prenons le point O précisément à l'intersection des deux diagonales AC, BD. Nous aurons (*fig.* 41)

$$3\,OG = OA\,\frac{DAB}{ABCD} + OB\,\frac{ABC}{ABCD} + OC\,\frac{BCD}{ABCD} + OD\,\frac{CDA}{ABCD}$$

$$= OA\,\frac{AO}{AC} + OB\,\frac{BO}{BD} + OC\,\frac{CO}{CA} + OD\,\frac{DO}{AB},$$

comme on le voit immédiatement sur la figure.

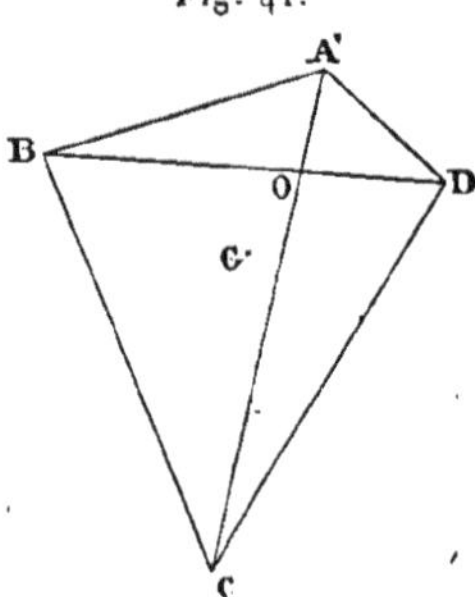

Fig. 41.



Cette valeur peut s'écrire

$$3\,OG = \frac{OC^2 - OA^2}{OC - OA} + \frac{OD^2 - OB^2}{OD - OB} = OA + OB + OC + OD.$$

Ceci démontre que le barycentre du quadrilatère n'est autre que celui des cinq poids 1, 1, 1, 1, — 1, placés respectivement en A, B, C, D, O.

### Barycentre d'un polygone.

**117.** En appliquant à un polygone quelconque ABC... JK la méthode que nous venons de suivre pour obtenir le barycentre du quadrilatère, mais en prenant pour origine un point intérieur O arbitraire, on a

$$\frac{A + B}{3}\,OAB + \ldots + \frac{K + A}{3}\,OKA = G.ABC\ldots K$$

ou

$$\text{G}.\text{ABC}\ldots\text{K} = \frac{\text{A}}{3}\,\text{OKAB} + \frac{\text{B}}{3}\,\text{OABC} + \ldots + \frac{\text{K}}{3}\,\text{OAKA}.$$

Si nous appelons H le bàrycentre qu'on obtient en
plaçant aux divers sommets du polygone des poids proportionnels aux quadrilatères OKAB, OABC, ... formés par les deux côtés adjacents et le point O comme
sommet opposé, on aura

$$2\,\text{H}.\text{ABC}\ldots\text{K} = \text{A}.\text{OKAB} + \text{B}.\text{OABC} + \ldots + \text{K}.\text{OIKA},$$

car la somme des aires des quadrilatères OKAB... est
évidemment égale au double de l'aire totale du polygone.

De là

$$3\text{G} = 2\text{H} \qquad \text{ou} \qquad \text{OG} = \tfrac{2}{3}\,\text{OH}.$$

Si l'on fait coïncider O avec G, on voit que H coïncide
lui-même avec G. Ainsi le barycentre des poids égaux
à GKAB, GABC,..., placés en A, B,..., n'est autre
que le barycentre G lui-même.

### Figures semblables construites sur les côtés d'un polygone.

**118.** Considérons (*fig.* 42) un polygone quelconque
de $n$ côtés $A_1 A_2 \ldots A_n$, et supposons que, sur chacun
des côtés, nous construisions un triangle directement
semblable à un triangle donné PQR.

Soit $\mu$ le rapport $\dfrac{\text{RQ}}{\text{RP}}$; nous aurons $\dfrac{\text{QP}}{\text{QR}} = \dfrac{\mu - 1}{\mu} = \lambda$
et, par suite, $\mu = \dfrac{1}{1 - \lambda}$.

Admettons, pour fixer les idées, qu'en suivant le
contour dans le sens $A_1 A_2 A_3 \ldots$ on ait toujours l'intérieur du polygone à sa gauche. Alors les triangles
semblables $A_1 A'_1 A_2,\ A_2 A'_2 A_3,\ldots$ seront extérieurs ou

intérieurs, suivant que l'angle du rapport $\lambda$ sera inférieur ou supérieur à $\pi$.

Nous nous proposons, comme problème général, la

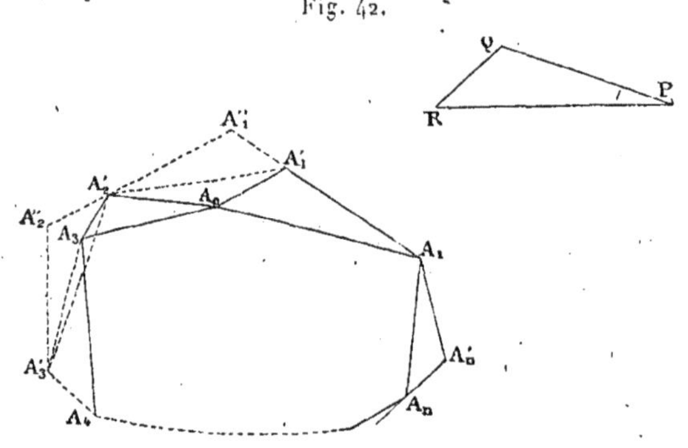

Fig. 42.

recherche du polygone primitif $A_1 A_2 \ldots A_n$, connaissant $A'_1 A'_2 \ldots A'_n$ et le triangle PQR.

Nous avons

$$(1) \qquad \frac{A_2 A'_1}{A_2 A_1} = \frac{RQ}{RP} = \mu.$$

De là

$$(2) \qquad A'_1 = \mu A_1 + (1 - \mu) A_2 = \mu (A_1 - \lambda A_2).$$

On a pareillement

$$(2) \qquad \begin{cases} A'_2 = \mu (A_2 - \lambda A_3), \\ A'_3 = \mu (A_3 - \lambda A_4), \\ \ldots\ldots\ldots\ldots\ldots, \\ A_n = \mu (A_n - \lambda A_1). \end{cases}$$

L'addition de ces $n$ équipollences (2) donne

$$(3) \qquad \Sigma A' = \mu (1 - \lambda) \Sigma A = \Sigma A,$$

et nous donné par conséquent tout d'abord cette propriété que le barycentre des sommets est le même pour les deux polygones.

La soustraction de deux quelconques de ces relations nous donne, en outre,

$$(4) \qquad A'_p A'_q = \mu\,(A_p A_q - \lambda A_{p+1} A_{q+1});$$

d'où cette propriété :

Si, par un point quelconque U, nous menons US, UT équipollentes aux diagonales $A_p A_q$, $A_{p+1} A_{q+1}$, puis si nous formons le triangle SXT, directement semblable à PQR, la droite UX sera équipollente à la diagonale $A'_p A'_q$ du second polygone.

**119.** Maintenant, multiplions les $n$ équipollences (2) écrites ci-dessus par $1$, $\lambda$, $\lambda^2$, ..., $\lambda^{n-1}$, et ajoutons-les. Nous trouverons sans peine

$$(5) \qquad A_1 = \frac{1-\lambda}{1-\lambda^n}\,(A'_1 + \lambda A'_2 + \lambda^2 A'_3 + \ldots + \lambda^{n-1} A'_n),$$

relation que nous pouvons écrire aussi

$$(6) \qquad A_1 A'_1 + \lambda A_1 A'_2 + \ldots + \lambda^{n-1} A_1 A'_n = 0,$$

et qui résout d'une manière générale le problème proposé, par de simples constructions de triangles semblables.

Il importe toutefois de noter une exception. Si $\lambda^n = 1$, la valeur de $A_1$ ne peut plus se construire; mais alors il faut qu'on ait toujours, quelle que soit l'origine,

$$(7) \qquad A'_1 + \lambda A'_2 + \lambda^2 A'_3 + \ldots + \lambda^{n-1} A'_n = 0,$$

ce qui donne une propriété de la figure.

Le cas de $\lambda^n = 1$, donne $\lambda = \varepsilon^{\frac{2k\pi}{n}}$, c'est-à-dire que le triangle PQR est isoscèle et que l'angle en Q, répété $n$ fois, donne un nombre entier de circonférences. C'est ce qui a lieu, par exemple, pour les polygones réguliers de $n$ côtés, si l'on considère le triangle formé par le centre et un côté quelconque.

Ainsi l'on ne peut pas se donner arbitrairement les centres des triangles équilatéraux construits sur les côtés d'un triangle; des carrés construits sur les côtés d'un quadrilatère, etc. Dans tous ces cas, il existe une propriété correspondante de la figure. Nous en avons vu un exemple au n° 115.

120. En répétant sur le polygone $A'_1 A'_2 \ldots$ la même construction que nous venons de faire sur le polygone $A_1 A_2 \ldots$, nous obtiendrons un nouveau polygone $A''_1 A''_2 \ldots$, et le point $A''_1$ sera obtenu par l'équipollence

$$(8) \qquad A''_1 = \mu(A'_1 - \lambda A'_2) = \mu^2(A_1 - 2\lambda A_2 + \lambda^2 A_3).$$

Répétant encore la même construction sur le polygone $A''_1 A''_2 \ldots$, on trouverait

$$A'''_1 = \mu^3(A_1 - 3\lambda A_2 + 3\lambda^2 A_3 - \lambda^3 A_4),$$

et il est aisé de voir que, d'une manière générale, on aurait la formule symbolique

$$(9) \qquad A_1^{(p)} = \mu^p [A_1(1 - \lambda A_1)^p],$$

en convenant de traiter comme des exposants les indices de A et de transformer les exposants en indices.

121. Au moyen des formules qui précèdent, on peut évaluer l'aire du triangle $OA'_1 A'_2$ et des triangles analogues, et ensuite, par addition, l'aire $S'$ du polygone $A'_1 A'_2 \ldots$ tout entier. Si l'on fait le calcul, et pour ce polygone résultant de constructions extérieures, et pour

celui qui résulte de constructions intérieures, et dont nous désignons l'aire par $s'$, on obtient

$$(10)\begin{cases} S' + s' = \mu\,\mathrm{cj}\,\mu\,[2(1 + \lambda\,\mathrm{cj}\,\lambda)\,S - (\lambda + \mathrm{cj}\,\lambda)\,\Sigma\,OA_p\,A_{p+2}] \\[2mm] \qquad = 2\,\dfrac{pr}{q^2}\left[\left(\dfrac{p}{r} + \dfrac{r}{p}\right)S - \cos Q\,.\,\Sigma\,OA_p\,A_{p+2}\right], \end{cases}$$

$$(11)\begin{cases} S' - s' = \dfrac{1}{4}\,\mu\,\mathrm{cj}\,\mu\,\dfrac{\lambda - \mathrm{cj}\,\lambda}{i}\,\Sigma\,(\mathrm{gr}\,A_p\,A_{p+2})^2 \\[2mm] \qquad = \dfrac{1}{2}\,\dfrac{h}{q}\,\Sigma\,(\mathrm{gr}\,A_p\,A_{p+2})^2. \end{cases}$$

Dans ces résultats, S représente l'aire du polygone primitif, $p$, $q$, $r$ sont les trois côtés du triangle PQR et $h$ est la hauteur du même triangle issu du sommet Q.

**122.** La plupart des considérations qui précèdent sont extraites d'un Mémoire publié dans les *Comptes rendus de l'Association française pour l'avancement des Sciences* (¹) il y a quelques années. On pourrait en faire application au triangle, au quadrilatère et à de nombreux cas particuliers. Il nous suffit ici d'en avoir indiqué la substance, et nous laissons au lecteur le soin de traiter les exercices se rapportant à cette matière.

Pour terminer ce paragraphe, en généralisant le problème, supposons que sur les côtés successifs d'un polygone $A_1 A_2\ldots$ on construise des triangles semblables à des triangles donnés, différents les uns des autres. Cette construction fournira un nouveau polygone $A'_1 A'_2\ldots$ comme ci-dessus.

Si nous désignons par $P_1 Q_1 R_1$, $P_2 Q_2 R_2$, ... les divers triangles donnés, et par $\mu_1, \mu_2, \ldots, \lambda_1, \lambda_2, \ldots$

_______

(¹) *Sur quelques propriétés des polygones;* Congrès du Havre (1877).

les rapports analogues à ceux désignés par $\mu$ et $\lambda$ aux numéros précédents, on trouvera, par un calcul pareil,

$$(12) \begin{cases} A_1(1-\lambda_1\lambda_2\ldots\lambda_n) = \dfrac{1}{\mu_1}A'_1 + \dfrac{\lambda_1}{\mu_2}A'_2 + \dfrac{\lambda_1\lambda_2}{\mu_3}A'_3 + \ldots \\[2ex] \qquad + \dfrac{\lambda_1\lambda_2\ldots\lambda_{n-1}}{\mu_n}A'_n; \end{cases}$$

équipollence qui résout la question.

Les cas d'impossibilité sont donnés par

$$\lambda_1\lambda_2\ldots\lambda_n = 1.$$

Lorsque ce cas se présente, pour un triangle, cela conduit à la condition

$$(13) \qquad (1-\lambda_1)A' + \lambda_1(1-\lambda_2)B' + (\lambda_1\lambda_2-1)C' = 0,$$

d'où

$$(14) \qquad \frac{A'B'}{\lambda_1\lambda_2-1} = \frac{B'C'}{1-\lambda_1} = \frac{C'A'}{\lambda_1(1-\lambda_2)}.$$

Il en résulte une propriété géométrique assez simple. Formons les trois triangles LOM, MON, NOL, tels que

$$\frac{OM}{OL} = \lambda_1, \qquad \frac{ON}{OM} = \lambda_2, \qquad \frac{OL}{ON} = \lambda_3.$$

Alors la condition (14) devient

$$(15) \qquad \frac{A'B'}{NL} = \frac{B'C'}{LM} = \frac{C'A'}{MN},$$

si bien que les deux triangles $A'B'C'$, NLM doivent être semblables.

Il est facile de trouver des résultats analogues pour le cas d'un polygone quelconque et de préciser un mode de construction géométrique de la solution.

Prenons le cas particulier où les divers triangles construits sont semblables à $B_1KB_2$, $B_2KB_3,\ldots,$ $B_nKB_{n+1}$, les points $B_1$, $B_2$, $B_3$, $\ldots$, $B_{n+1}$ étant tous également espacés en ligne droite. Alors

$$\mu_2 = \mu_1 - 1, \qquad \mu_3 = \mu_1 - 2, \qquad \ldots, \qquad \mu_n = \mu_1 - n + 1.$$

Les équipollences qui donnent $A'_1$, $A'_2$, ... deviennent alors

$$A'_1 = \mu_1 A_1 - \mu_2 A_2,$$
$$A'_2 = \mu_2 A_2 - \mu_3 A_3,$$
$$\ldots\ldots\ldots\ldots\ldots,$$
$$A'_n = \mu_n A_n + (1 - \mu_n) A_1 = \mu_n A_n + (n - \mu_1) A_1,$$

et l'on en déduit, par addition,

$$A'_1 + A'_2 + \ldots + A'_n = n A_1,$$

ce qui donne le théorème suivant :

*Soient* $B_1$, $B_2$, $B_3$, ..., $B_{n+1}$ *des points en ligne droite, également espacés les uns des autres. Sur les n côtés d'un polygone fermé on construit des triangles* $A_1 A'_1 A_2$, $A_2 A'_2 A_3$, ..., $A_n A'_n A_1$ *respectivement semblables à* $B_1 K B_2$, ..., $B_n K B_{n+1}$. *Le barycentre des points* $A'_1 A'_2 \ldots A'_n$ *sera l'un des sommets du polygone* $A_1 A_2 \ldots A_n$.

**Polygones inscrits ou circonscrits à une circonférence.**

**123.** Proposons-nous d'inscrire dans un cercle un polygone dont les côtés passent par des points donnés ou soient de longueurs données.

Prenons pour exemple un quadrilatère XYZW (*fig.* 43) dont les trois côtés passent respectivement par trois points donnés A, B, C, et dont le quatrième côté WX ait une longueur donnée. Soit OH le rayon choisi pour origine des inclinaisons. Alors

$$OX = OH\varepsilon^\xi, \qquad OY = OH\varepsilon^\eta,$$
$$OZ = OH\varepsilon^\zeta, \qquad OW = OH\varepsilon^\nu.$$

La condition que les points X, A, Y sont en ligne droite s'exprime par l'équipollence

$$OH\varepsilon^\xi - OA = q(OH\varepsilon^\eta - OA).$$

Fig. 43.

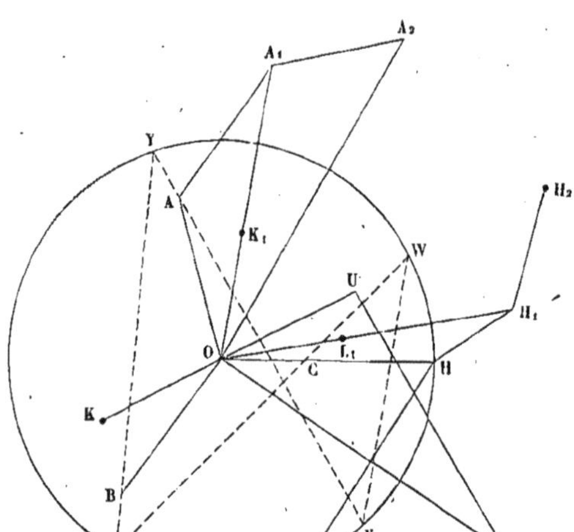

Éliminant $q$ entre cette relation et sa conjuguée, il vient

$$(OH\varepsilon^\xi - OA)(OH\varepsilon^{-\eta} - cjOA)$$
$$= (OH\varepsilon^{-\xi} - cjOA)(OH\varepsilon^\eta - OA).$$

Cette dernière équipollence se vérifie pour $\xi = \eta$, ce qu'il était facile de voir *a priori*. Elle est donc divisible par $\varepsilon^\xi - \varepsilon^\eta$, ce qui conduit à

$$(16) \qquad \varepsilon^\xi = \frac{OA - OH\varepsilon^\eta}{OH - cjOA\varepsilon^\eta}.$$

De même, les conditions pour que les côtés YZ, ZW

passent par les points B et C s'expriment ainsi

$$(17)\qquad \varepsilon^\eta = \frac{OB - OH\,\varepsilon^\zeta}{OH - cj\,OB\,\varepsilon^\zeta},$$

$$(18)\qquad \varepsilon^\zeta = \frac{OC - OH\,\varepsilon^\upsilon}{OH - cj\,OC\,\varepsilon^\upsilon}.$$

Enfin la longueur du côté WX entraîne la détermination de l'arc correspondant, que nous supposerons égal à $\delta$. Nous avons donc

$$(19)\qquad \varepsilon^\upsilon = \varepsilon^{\zeta - \delta}.$$

Par des substitutions successivement effectuées dans les relations qui précèdent, nous obtiendrons une équipollence trinôme qui nous permettra de déterminer l'inclinaison cherchée $\xi$, c'est-à-dire la position du point X.

Pour montrer comment il y aurait lieu d'opérer, quel que fût le nombre des côtés du polygone, nous formerons successivement les coefficients des équipollences résultant des substitutions indiquées. Nous aurons ainsi

$$\varepsilon^\xi = \frac{OA.OH - OA\,cj\,OB\,\varepsilon^\zeta - OB.OH + OH.OH\,\varepsilon^\zeta}{OH.OH - OH\,cj\,OB\,\varepsilon^\zeta - cj\,OA.OB + cj\,OA.OH\,\varepsilon^\zeta}$$

$$= \frac{OA_1 + OH_1\,\varepsilon^\zeta}{cj\,OH_1 + cj\,OA_1\,\varepsilon^\zeta},$$

en posant

$$OA_1 = OA - OB,$$

$$OH_1 = OH - \frac{OA\,cj\,OB}{OH}.$$

De même

$$\varepsilon^\xi = \frac{OA_2 - OH_2\,\varepsilon^\upsilon}{cj\,OH_2 - cj\,OA_2\,\varepsilon^\upsilon},$$

avec

$$OA_2 = OA_1 + \frac{OH_1.OC}{OH},$$

$$OH_2 = OH_1 + \frac{OA_1\,cj\,OC}{OH}.$$

On continuerait ainsi de la même manière.

Dans le cas que nous considérons, l'équipollence $\varepsilon' = \varepsilon^{\xi-\delta}$, écrite ci-dessus, nous donnera

$$cj\,OA_2\,\varepsilon^{2\xi-\delta} - cj\,OH_2\,\varepsilon^{\xi} + OH_2\,\varepsilon^{\xi-\delta} + OA_2 = 0$$

ou, en multipliant par $\dfrac{OH}{cj\,OA_2}\,\varepsilon^{\delta-\xi}$,

$$OH\,\varepsilon^{\xi} + \frac{OH.OA_2}{cj\,OA_2}\,\varepsilon^{\delta-\xi} = OH\,\frac{OH_2 + cj\,OH_2\,\varepsilon^{\delta}}{cj\,OA_2} = OU,$$

équipollence qui, comparée avec l'identité

$$OX + XU = OU,$$

nous montre que le point X s'obtiendra en coupant la circonférence donnée par une autre circonférence égale de centre U.

Les équipollences qui précèdent montrent clairement comment on trouve les points $A_1$, $H_1$, .... On mène $AA_1$ équipollente à BO; on construit le triangle OAK symétriquement semblable à OHB, et l'on mène $HH_1 = KO$; on forme $OH_1 L_1$ directement semblable à OHC et $OA_1 K_1$ symétriquement semblable à ce même triangle OHC; on trace $A_1 A_2 = OL_1$ et $H_1 H_2 = OK_1$. La corde HI étant égale au côté WX du quadrilatère cherché, on mène OT perpendiculaire à cette corde HI et ayant par suite pour inclinaison $\dfrac{\delta}{2}$, et l'on coupe cette droite de manière que $H_2 T$ soit égal à $OH_2$. On a $OT = OH_2 + cj\,OH_2\,\varepsilon^{\delta}$. Enfin, construisant OTU symétriquement semblable à $OA_2 H$, la droite qui divisera perpendiculairement OU en deux parties égales coupera la circonférence donnée au sommet X du quadrilatère demandé XAYBZCW.

Dans la figure, la direction arbitraire OH a été prise suivant OC, de telle sorte que les triangles OHC,

$OH_1L_1$, $OA_1K_1$ se trouvent réduits à trois droites divisées proportionnellement.

La solution qui précède et qui est *textuellement*, sauf les notations, celle de Bellavitis donnée dans l'*Exposition de la méthode des équipollences*, présente l'avantage d'indiquer les calculs au moyen desquels on peut déterminer numériquement le sommet X.

124. Cherchons maintenant à circonscrire à un cercle un polygone dont les angles aient leurs sommets situés sur des droites données ou soient de grandeurs données. Nous reproduirons ici encore la solution par laquelle Bellavitis ramène le problème à celui du numéro précédent, mais nous laisserons au lecteur le soin de construire la figure.

Les droites données seront définies par les perpendiculaires $OA'$, $OB'$,... abaissées du centre. Les points de contact, en prenant le rayon OH pour origine des inclinaisons, seront déterminées par les équipollences

$$OX = OH\,\varepsilon^\xi, \qquad OY = OH\,\varepsilon^\eta, \qquad \ldots.$$

Pour exprimer que le sommet correspondant aux tangentes en X et Y se trouve sur la droite déterminée par $OA'$, il suffit donc d'écrire la condition (88) pour que les perpendiculaires à $OA'$, $OX$, $OY$ en $A'$, $X$, $Y$ se rencontrent en un même point. On a ainsi

$$OA'\,cj\,OA'(\varepsilon^{\xi-\eta} - \varepsilon^{\eta-\xi})$$
$$+ OH\,(cj\,OA'\varepsilon^\eta - OA'\varepsilon^{-\eta} + OA'\varepsilon^{-\xi} - cj\,OA'\varepsilon^\xi) = 0.$$

Cette équipollence, comme il était facile de le prévoir, se vérifie pour $\xi = \eta$. Divisée par $\varepsilon^\xi - \varepsilon^\eta$, puis résolue par rapport à $\varepsilon^\xi$, elle donne

$$(20) \qquad \varepsilon^\xi = \frac{OH.OA' - OA'\,cj\,OA'\varepsilon^\eta}{OA'\,cj\,OA' - OH\,cj\,OA'\varepsilon^\eta},$$

et cette dernière équipollence devient identique à la relation (16) du numéro précédent, si l'on pose

$$OA = \frac{OH^2}{\overline{cj\,OA'}}.$$

La condition imposée aux tangentes en X, Y de se rencontrer en un point d'une droite déterminée A'M est donc identique avec celle qui obligerait la corde XY à passer par le point A; situé sur OA', et de telle sorte que le produit des grandeurs de OA, OA' soit égal au carré du rayon.

On déterminerait de la même manière les points B, C,... correspondant à B', C',..., et le problème se trouverait résolu par les formules du numéro précédent.

---

### EXERCICES SUR LE CHAPITRE IV.

1. Dans un quadrilatère, le point d'intersection M des diagonales, le point d'intersection N des droites qui joignent les milieux des côtés opposés et le barycentre G du quadrilatère sont en ligne droite, et l'on a MN = 3 NG.

Conséquence immédiate de la propriété établie à la fin du n° 116, car on a $4\,MN = MA + MB + MC + MD$.

2. On divise un quadrilatère en deux par une sécante. Les points de rencontre des diagonales des trois quadrilatères ainsi formés sont en ligne droite.

AB A'B' étant le quadrilatère donné et A" B" la sécante, on prendra pour origine le point de rencontre O de AA' et BB'. Posant alors OA $= m$ D, OA' $= m'$ D, OA" $= m''$ D, OB $= p$ F, OB' $= p'$ F, OB" $= p''$ F, on déterminera les points de rencontre X, X', X" par le procédé de décomposition, et l'on trouvera la relation

$$\left(\frac{1}{m'p'} - \frac{1}{m''p''}\right)x + \left(\frac{1}{m''p''} - \frac{1}{mp}\right)x' + \left(\frac{1}{mp} - \frac{1}{m'p'}\right)x'' = 0.$$

3. Dans un quadrilatère ABCD, soient I le point de rencontre des diagonales, M le milieu de la droite joignant les milieux des diagonales. En joignant IM et prolongeant cette droite en MO d'une longueur égale à elle-même, on obtient un point O qui jouit des propriétés remarquables suivantes :

1° Les triangles OAB, OCD ont des aires équivalentes, et il en est de même de OBC, ODA ;

2° Le barycentre du triangle OPQ, P et Q étant les milieux des diagonales, est le même que celui de l'aire du quadrilatère.

En prenant O pour origine, on détermine les quatre sommets par les équipollences

$$A = P + \alpha Q, \qquad B = Q + \beta P,$$
$$C = P - \alpha Q, \qquad D = Q - \beta P,$$

d'où se déduisent les propriétés en démonstration.

4. Soient ABCD un quadrilatère inscriptible, $s_d$, $s_a$, $s_b$, $s_c$ les aires des triangles ABC, BCD, CDA, DAB ; O un point quelconque du plan ; a, b, c, d les longueurs des droites OA, OB, OC, OD.

. Démontrer la relation

$$a^2 s_a - b^2 s_b + c^2 s_c - d^2 s_d = 0.$$

On écrira $\dfrac{BA}{BD} = x\,\dfrac{CA}{CB}$ ; puis on éliminera $x$ par division au moyen de l'équipollence conjuguée, et l'on rapportera tous les points à l'origine arbitraire O. Le calcul, un peu long peut-être, n'offre aucune difficulté.

Il est visible que ce théorème général donne de nombreuses propriétés particulières du quadrilatère inscriptible.

5. Soient $A_1 A_2 A_3 A_4 A_5$ un pentagone ; $A_1 A_1' A_2$, ...., $A_5 A_5' A_1$, des triangles équilatéraux construits sur les côtés de ce pentagone. Traçons $A_1' A_1$, $A_5' A_1$, et prolongeons ces lignes en $A_1 A_1''$, $A_1 A_5''$ de longueurs égales à elles-mêmes. Si G est le barycentre du triangle $A_3' A_4' A_1''$ et K celui du triangle $A_3' A_2' A_5''$, le triangle $A_1 G K$ est équilatéral.

En posant $\varepsilon^{\frac{\pi}{3}} = \lambda$, d'où $\lambda^2 = \lambda - 1$, $\lambda^3 = -1$, ... on trouve l'identité

$$OA_1' + \lambda\, OA_2' + (\lambda - 1)\, OA_3' - OA_4' - \lambda\, OA_5' - (\lambda - 1)\, OA_1 = 0,$$

qui peut s'écrire

$$A_1 A'_3 + A_1 A'_4 - A_1 A'_1 = \lambda \, (A_1 A'_3 + A_1 A'_2 - A_1 A'_5).$$

La propriété énoncée s'en déduit immédiatement.

6. Sur les côtés $A_1 A_2$, $A_2 A_3$, ..., $A_6 A_1$ d'un hexagone, on construit des triangles équilatéraux ayant pour centres $A'_1$, $A'_2$, ..., $A'_6$ respectivement; D, E, F étant les milieux des diagonales $A'_1 A'_4$, $A'_2 A'_5$, $A'_3 A'_6$ du nouvel hexagone $A'_1 A'_2 A'_3 A'_4 A'_5 A'_6$, le triangle DEF est équilatéral.

En posant

$$\frac{A'_1 A_2}{A'_1 A_1} = \lambda = \varepsilon^{\frac{2\pi}{3}}$$

et en remarquant que

$$\lambda^3 = 1, \qquad \lambda^2 = -(1 + \lambda),$$

on trouve facilement l'identité

$$-(1 + \lambda)\, OD + \lambda\, OE + OF = 0$$

ou, en prenant D pour origine,

$$\lambda DE + DF = 0,$$

$$\frac{DF}{DE} = -\lambda = \varepsilon^{\frac{\pi}{3}}.$$

# CHAPITRE V.

## AIRES DES FIGURES PLANES.

### Aire d'un polygone.

**125.** Nous avons déjà vu (55) comment on peut déterminer l'aire d'un polygone quelconque ABCD...F en faisant la somme algébrique des aires des triangles OAB, OBC, ..., O étant un point quelconque du plan. Nous nous proposons d'en donner ici une nouvelle expression, qui peut avoir son intérêt dans certains problèmes.

Soient K, L, M, ..., Q (*fig.* 44) les points milieux

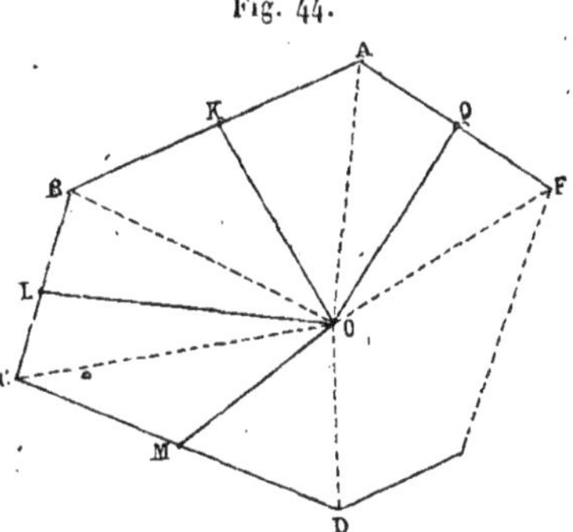

Fig. 44.

des côtés AB, BC, CD, ..., FA, respectivement, et O un point quelconque du plan, que nous prenons pour origine. Nous avons

$$OK = \frac{OA + OB}{2},$$

$$OL = \frac{OB + OC}{2},$$

$$\dots\dots\dots\dots\dots,$$

$$OQ = \frac{OF + OA}{2}.$$

Formons l'expression $OK\, cj\, AB$ :

$$OK\, cj\, AB = \tfrac{1}{2}(OA + OB)(cj\, OB - cj\, OA)$$
$$= \tfrac{1}{2}(OA\, cj\, OB + OB\, cj\, OB - OA\, cj\, OA - OB\, cj\, OA)$$
$$= \tfrac{1}{2}(OA\, cj\, OB - OB\, cj\, OA + b^2 - a^2),$$

en appelant $a$, $b$, ... les grandeurs des droites OA, OB, ....

Réunissant cette relation avec toutes celles qui s'en déduisent par symétrie, nous avons

$$OK\, cj\, AB = \tfrac{1}{2}(OA\, cj\, OB - OB\, cj\, OA + b^2 - a^2),$$
$$OL\, cj\, BC = \tfrac{1}{2}(OB\, cj\, OC - OC\, cj\, OB + c^2 - b^2),$$
$$\dots\dots\dots\dots\dots\dots\dots\dots\dots\dots\dots\dots,$$
$$OQ\, cj\, FA = \tfrac{1}{2}(OF\, cj\, OA - OA\, cj\, OF + a^2 - f^2),$$

et de là, par addition (54, 55),

$$OK\, cj\, AB + OL\, cj\, BC + \dots + OQ\, cj\, FA = \frac{1}{2}\,\frac{4S}{i} = \frac{2S}{i},$$

en appelant S l'aire du polygone.

Donc

$$(1) \qquad S = \frac{i}{2}\,(OK\, cj\, AB + OL\, cj\, BC + \dots + OQ\, cj\, FA).$$

Il est clair qu'on aurait aussi, en écrivant l'équipollence conjuguée,

$$(2) \qquad S = \frac{i}{2}\,(AB\, cj\, KO + BC\, cj\, LO + \dots + FA\, cj\, QO).$$

### Produit des aires de deux polygones.

**126.** Proposons-nous de calculer le produit des
aires de deux triangles ABC, LMN au moyen des distances mutuelles de leurs sommets. En représentant
par (ABC), (LMN) ces deux aires, nous avons (54)

$$16(ABC)(LMN)$$
$$= -(AB\,cj\,AC - cj\,AB.AC)(LM\,cj\,LN - cj\,LM.LN),$$

L'identité

$$(ab' - ba')(cd' - dc')$$
$$= (ad' + da')(bc' + cb') - (ac' + ca')(bd' + db'),$$

facile à vérifier, nous montre que le second membre de
l'équipollence ci-dessus peut s'écrire

$$(AB\,cj\,LM + cj\,AB.LM)(AC\,cj\,LN + cj\,AC.LN)$$
$$- (AB\,cj\,LN + cj\,AB.LN)(AC\,cj\,LM + cj\,AC.LM).$$

Or nous avons vu (53) qu'on a

$$AB\,cj\,LM + cj\,AB.LM = gr^2\,AM + gr^2\,BL - gr^2\,AL - gr^2\,BM.$$
$$= AM^2 + BL^2 - AL^2 - BM^2,$$

en supprimant ici, par abréviation, les caractéristiques
gr, ce qui ne peut avoir aucun inconvénient.

Il vient, par conséquent,

$$16(ABC)(LMN)$$
$$= (AM^2 + BL^2 - AL^2 - BM^2)(AN^2 + CL^2 - AL^2 - CN^2)$$
$$- (AN^2 + BL^2 - AL^2 - BN^2)(AM^2 + CL^2 - AL^2 - CM^2).$$

En examinant le développement du second membre,
on s'aperçoit que de trente-deux termes il se réduit à
dix-huit, et que si nous considérons la combinaison de
deux côtés AB, LM, par exemple, elle donne naissance,
dans ce second membre, au binôme

$$(3) \qquad\qquad AL^2\,BM^2 - AM^2\,BL^2,$$

si bien que les dix-huit termes dont nous venons de parler forment neuf de ces binômes correspondant aux combinaisons possibles des côtés.

De cette observation, résulte la formule symbolique très remarquable que voici :

$$(4) \quad 16\,(ABC)(LMN) = [AB + BC + CA][LM + MN + NL],$$

dans laquelle il suffit de remplacer chaque produit du second membre, AB.LM par exemple, par le binôme (3) correspondant.

**127.** Cherchons maintenant à étendre le problème au cas de deux polygones. Pour cela, supposons qu'on accole au triangle ABC un autre triangle ACD, si bien qu'ils forment à eux deux le quadrilatère ABCD. Pour avoir le produit $16\,(ABCD)(LMN)$, il faudra ajouter au second membre de la formule (4) l'expression

$$[AC + CD + DA][LM + MN + NL].$$

Mais, d'après la définition (3) de chaque produit symbolique partiel, il est évident qu'on a

$$[CA][LM] + [AC][LM] = 0,$$

si bien que tous les produits partiels dépendant du côté AC disparaîtront, et qu'il restera simplement

$$[AB + BC + CD + DA][LM + MN + NL].$$

Le même raisonnement, convenablement répété, conduirait au produit des aires de deux polygones quelconques ABC...F, LMN...Q, et nous donnerait la formule symbolique générale

$$(5) \quad \left\{ \begin{aligned} &16\,(ABC\ldots F)(LMN\ldots Q) \\ &\quad = [AB + BC + \ldots + FA][LM + MN + \ldots + QL]. \end{aligned} \right.$$

Cette remarquable expression du produit des aires

de deux polygones est due à Bellavitis, qui la publia
pour la première fois, en 1834, dans les *Annales des
Sciences du royaume lombard vénitien* (t. IV, p. 256).

### Pseudo-centre d'un système de polygones.

**128.** Reprenons la formule symbolique (4) et rem-
plaçons-y le point L par le centre $R$ du cercle circonscrit au triangle ABC. On reconnaît immédiatement, à
cause de l'égalité des grandeurs de AR, BR, CR, que
la formule se réduit à

$$(6) \qquad 16(ABC)(RMN) = [AB + BC + CA][MN].$$

Formons de même le produit des aires $(ACD)$, $(R_1 MN)$,
$R_1$ étant le centre du cercle circonscrit à ACD, et ajoutons-les. Nous obtiendrons, en vertu toujours de la définition (3) des produits symboliques,

$$(7) \qquad \begin{cases} (ABC)(RMN) + (ACD)(R_1 MN) \\ \quad = [AB + BC + CD + DA][MN]. \end{cases}$$

Le second membre de cette égalité ne contient pas
les diagonales du quadrilatère ABCD, et il est par conséquent indépendant de la manière dont ce quadrilatère a été divisé en deux triangles.

Quant au premier membre, la droite MN étant quelconque, il représente à un facteur constant près la
somme des moments, par rapport à cette droite MN,
des poids (ABC), (ACD) placés respectivement en R
et $R_1$.

Si l'on remarque que la relation (7) peut aisément
s'étendre à un polygone quelconque et qu'elle peut ensuite s'écrire pour d'autres polygones encore, on arrive
donc au théorème suivant :

*Pour tout polygone ou tout système de polygones*

*situés dans un même plan, il existe un point qui est le barycentre de poids égaux aux aires des triangles distincts en lesquels ces polygones peuvent être décomposés, ces poids étant respectivement placés aux centres des cercles circonscrits correspondants.*

*Ce point est indépendant du mode de décomposition en triangles.*

C'est à ce point remarquable, découvert par Bellavitis, que ce géomètre a donné le nom de *pseudo-centre* d'un système de polygones.

**129.** Si nous appliquons au triangle ABC ce que nous venons de dire du pseudo-centre, il est évident que ce point coïncidera avec le centre R du cercle circonscrit. Par suite, si nous appelons $\alpha$, $\beta$, $\gamma$ les aires des triangles OBC, OCA, OAB, O étant un point quelconque et $R_a$, $R_b$, $R_c$ les centres des cercles circonscrits à ces trois triangles, nous aurons à la fois

$$\alpha\,OA + \beta\,OB + \gamma\,OC = 0,$$
$$\alpha\,RR_a + \beta\,RR_b + \gamma\,RR_c = 0.$$

Si le point O vient à coïncider avec le barycentre G, alors $\alpha = \beta = \gamma$, et R est le barycentre des trois points $R_a$, $R_b$, $R_c$.

### Multilatéraux.

**130.** Nous appellerons *multilatéral* un système de droites MN, PQ, ... dont la somme géométrique est nulle. Autrement dit, les droites qui composent un multilatéral sont équipollentes aux côtés d'un polygone fermé.

La somme des triangles OMN, OPQ, ..., qui ont pour sommet commun le point O, s'exprimera ainsi

$$S = \frac{i}{4}\,(OM\,cj\,MN + OP\,cj\,PQ + \ldots - cj\,OM.MN - cj\,OP.PQ - \ldots).$$

Pour un autre point O', on aurait une formule pareille, et, en faisant la différence, on aurait

$$S - S' = \frac{i}{4}\left[ OO'(cj\,MN + cj\,PQ + \ldots) - cj\,OO'(MN + PQ + \ldots) \right] = o,$$

d'après la définition même du multilatéral.

Donc la somme des triangles considérés est indépendante du sommet commun de ces triangles. Nous pouvons l'appeler *aire du multilatéral.*

Le multilatéral le plus simple qu'on puisse imaginer est celui qui se compose de deux droites seulement MN, PQ égales, parallèles et de sens contraires. L'aire du multilatéral est alors la moitié de l'aire du parallélogramme MNPQ.

131. Il est presque évident que, dans un multilatéral, les origines et les extrémités des droites ont même barycentre.

Car
$$MN + PQ + \ldots = o$$

peut s'écrire

$$N - M + Q - P + \ldots = o,$$
$$N + Q + \ldots = M + P + \ldots = n\,G.$$

Nous pourrons appeler ce point G le *barycentre des sommets* du multilatéral.

132. Cherchons à former le produit des aires d'un polygone ABCD… et d'un multilatéral MN, PQ …. A cet effet, prenons pour sommet commun des triangles le pseudo-centre R (128) du polygone.

Nous avons, d'après la propriété caractéristique de ce pseudo-centre, en appelant $R_1$, $R_2$, … les centres des cercles circonscrits aux triangles en lesquels se décompose le polygone, $s_1$, $s_2$, ... les aires de ces triangles et S l'aire du polygone

$$S.RMN = s_1 R_1 MN + s_2 R_2 MN + \ldots;$$

si bien (127) que ce produit s'exprimera par

$$\tfrac{1}{16} [AB + BC + \ldots][MN].$$

Comme la même observation peut se répéter pour toutes les autres droites PQ, ...., il en résulte que le produit cherché s'exprimera par le produit symbolique

$$(8) \qquad \tfrac{1}{16}[AB + BC + \ldots][MN + PQ + \ldots].$$

133. Étant données plusieurs droites MN, PQ, ..., cherchons à en déterminer une dernière XY, telle que MN, PQ, ..., YX forment un multilatéral d'aire nulle. Nous aurons à écrire pour cela les deux conditions

$$MN + PQ + \ldots + YX = o,$$
$$OMN + OPQ + \ldots + OYX = o,$$

O étant un point quelconque du plan, ou

$$(9) \qquad XY = MN + PQ + \ldots,$$
$$(10) \qquad OXY = OMN + OPQ + \ldots,$$

c'est-à-dire

$$OX \, cj \, XY - cj \, OX.XY = OM \, cj \, MN + OP \, cj \, PQ + \ldots$$
$$- cj \, OM.MN - cj \, OP.PQ - \ldots$$

Cette dernière condition est évidemment satisfaite en écrivant

$$OX \, cj \, XY = OM \, cj \, MN + OP \, cj \, PQ + \ldots,$$

ce qui donne

$$(11) \qquad OX = \frac{OM \, cj \, MN + OP \, cj \, PQ + \ldots}{cj \, MN + cj \, PQ + \ldots},$$

en vertu de la relation (9).

On peut considérer MN, PQ, ... comme représentant un système de forces situées dans un plan et appliquées en M, P, .... Alors XY est leur résultante, comme le montrent les relations (9) et (10), car cette dernière exprime que le moment de XY par rapport au point quelconque O est égale à la somme des moments des forces MN, PQ, ....

Le point d'application X de la résultante, déterminé par la formule (11), est tel, que si toutes les forces viennent à tourner dans leur plan d'un même angle et dans le même sens, la résultante tournera du même angle et dans le même sens autour du point X, qu'on peut appeler le *centre du système des forces.*

Il est intéressant de remarquer toute l'analogie qui existe entre la formule (11) et la relation (2) du n° **18**, qui donne le barycentre d'un système de poids sur un plan. Ces deux formules deviennent identiques si les valeurs MN, PQ, ... sont toutes parallèles entre elles et à l'origine des inclinaisons. On pourrait dire, pour employer un langage purement analytique, que cette formule (11) donne le *barycentre* (toujours réel) *d'un système de poids imaginaires placés dans un même plan.*

Il est à peine besoin de faire remarquer que, si l'on prend précisément pour origine le centre X d'un système de forces, on a

$$\mathrm{XM\,cj\,MN} + \mathrm{XP\,cj\,PQ} + \ldots = 0.$$

Si l'on vient à renverser toutes les droites MN, PQ, ... si bien que les extrémités deviennent origines et les origines extrémités, le centre Y′ du système NM, QP, ... sera donné, en vertu de la formule (11), par la relation

$$\mathrm{OY'} = \frac{\mathrm{ON\,cj\,MN} + \mathrm{OQ\,cj\,PQ} + \ldots}{\mathrm{cj\,MN} + \mathrm{cj\,PQ} + \ldots}.$$

De là

$$XY' = \frac{MN \, cj\, MN + PQ \, cj\, PQ + \ldots}{cj\, MN + cj\, PQ + \ldots},$$

ou

$$XY' \, cj\, XY = gr^2\, MN + gr^2\, PQ + \ldots.$$

Les points X, Y, Y′ sont donc en ligne droite et le rectangle des deux segments XY, XY′ est équivalent à la
somme des carrés construits sur toutes les droites du
système.

Fig. 45.

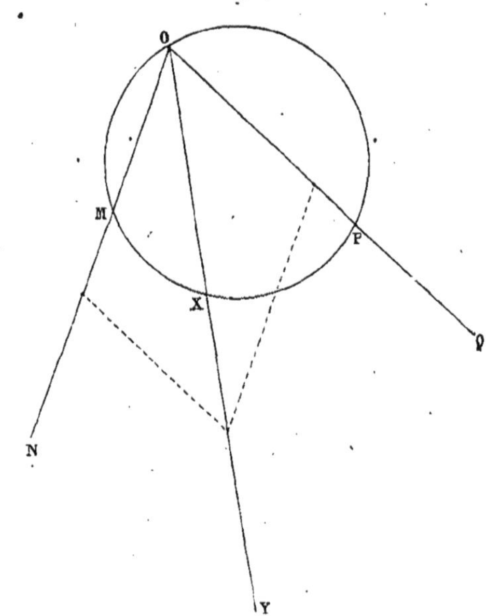

Pour le cas de deux droites seulement, MN, PQ
(*fig.* 45), le point X est déterminé par la relation

$$\frac{MX}{XP} = \frac{cj\, PQ}{cj\, MN}$$

et donne lieu, comme on le reconnaît aisément, à la

construction très simple que voici. Il suffit de prolonger les deux droites MN, PQ jusqu'à leur rencontre O,
de mener la circonférence passant par O, M, P, et de
couper cette circonférence par la droite issue du point O
et représentant la somme de MN et PQ. La propriété
que nous venons d'établir sur le produit $XY'$ cj $XY$
donne donc ici un théorème assez simple de Géométrie
relatif à deux circonférences qui ont un point commun.

Reprenons les valeurs ci-dessus de OX et OY'. Si
nous les ajoutons, en appelant Z le milieu de $XY'$ et
$M_1 P_1$ les milieux de MN, PQ, ..., nous aurons

$$OZ = \frac{OM_1 \, cj\,MN + OP_1 \, cj\,PQ + \dots}{cj\,MN + cj\,PQ + \dots}$$

$$= \frac{OM_1 \, cj\,M_1 N + OP_1 \, cj\,P_1 Q + \dots}{cj\,M_1 N + cj\,P_1 Q + \dots},$$

c'est-à-dire que Z, milieu de $XY'$, est le centre du système M, N, P, Q, .... Il serait facile d'établir encore
beaucoup d'autres propriétés analogues sur lesquelles
nous passons ici.

134. Pour terminer, sur cette question des multilaté-
raux, nous nous bornerons à une propriété qui donne
une nouvelle expression de la similitude de deux
triangles comme cas particulier.

Supposons qu'on ait

$$(12) \qquad OA.MN + OB.PQ + OC.ST = 0$$

pour toute position du point O. Je dis que cette relation exprime que MN, PQ, ST est un trilatéral et que
le triangle formé par des droites équipollentes est semblable à ABC.

En effet, si l'on écrit la relation (12) pour tout autre

point $O'$, il vient, par soustraction,

$$OO'(MN + PQ + ST) = 0$$

ou

$$MN + PQ + ST = 0.$$

Donc le système est un trilatéral.

Portant maintenant le point O en A, il vient

$$AB.PQ + AC.ST = 0,$$

$$\frac{AB}{ST} = \frac{CA}{PQ}.$$

Portant le même point en B,

$$BA.MN + BC.ST = 0,$$

$$\frac{AB}{ST} = \frac{BC}{MN},$$

ce qui démontre la proposition.

Pour un triangle, on aurait

$$OA.B'C' + OB.C'A' + OC.A'B' = 0,$$

et l'on exprimerait ainsi que les deux triangles ABC, $A'B'C'$ sont directement semblables.

-----

### EXERCICES SUR LE CHAPITRE V.

1. Deux polygones, d'un nombre pair de côtés et tels que les milieux de ces côtés coïncident, ont des aires égales.

En effet, ABC..., $A'B'C'$... étant ces deux polygones, on a

$$A'B' = AB - OH, \quad B'C' = BC + OH, \quad C'D' = CD - OH, \ldots$$

et par conséquent (125)

$$\frac{2S'}{i} = \frac{2S}{i} - cj\,OH(OK - OL + \ldots - OQ).$$

Or l'expression entre parenthèses est identiquement nulle.

**2.** Un polygone ABC....F d'un nombre impair de côtés étant donné, on construit le polygone A′B′C′...F′I′ tel que les milieux de ses côtés A′B′, B′C′, ..., F′I′ coïncident avec les milieux des côtés du premier polygone. Le milieu du dernier côté I′A′ est alors le point A. Démontrer que les deux polygones ont des aires égales.

Démonstration analogue à celle de l'exercice précédent. L'expression qui s'annule est ici

$$OK — OL + \ldots + OQ — OA.$$

**3.** Si un polygone LMN...Q est inscriptible et si le centre du cercle circonscrit est A, le produit des aires des deux polygones LMN...Q, ABC...FI s'exprime symboliquement par la formule

$$(BC + CD + \ldots + FI)(LM + MN + \ldots + QL).$$

On reconnaît en effet que dans ce cas tous les termes de la formule (5) du n° 127 provenant des facteurs contenant la lettre A se détruisent identiquement.

**4.** Soit LMNP un quadrilatère inscrit dans un cercle de centre A, et soient AB, AC deux droites respectivement perpendiculaires aux diagonales LN, MP. Le produit des aires du quadrilatère et du triangle ABC a pour expression

$$(BM^2 — BP^2)(CN^2 — CL^2).$$

Car, d'après l'exercice précédent, la formule symbolique se réduit à

$$(BC)(LM + MN + NP + PL)$$

et, en y faisant BL = BN, CM = CP, elle donne l'expression demandée.

**5.** Soient LMNP un quadrilatère; A, B, C, D les centres des cercles circonscrits à MNP, NPL, PLM, LMN respectivement; $\alpha$, $\beta$, $\gamma$, $\delta$ les rayons de ces cercles; l, m, n, p les longueurs des droites AL, BM, CN, DP.

Le produit des aires des deux quadrilatères LMNP, ABCD est égal à

$$(l^2 + n^2 — \alpha^2 — \gamma^2)(m^2 + p^2 — \beta^2 — \delta^2).$$

Application de la formule (5) du n° 127 en y introduisant les hypothèses de l'énoncé.

6. Construire le pseudo-centre d'un quadrilatère ABCD.

D'après la définition du n° 128, le point cherché est sur la droite joignant les centres des cercles circonscrits à ABC, ACD, c'est-à-dire sur la perpendiculaire au milieu de la diagonale AC..Pour la même raison, il se trouve sur la perpendiculaire au milieu de BD.

7. Un multilatéral MN, PQ, ... ayant ses côtés équipollents à ceux du polygone ABCD..., on peut figurer l'aire de ce multilatéral en prenant un point quelconque R sur MN, un point S sur PQ, ... et en formant le polygone ARBSC.... L'aire de ce polygone sera égale à celle du multilatéral.

Conséquence de la définition du n° 130. Car

$$OM = OR + x\,AB,$$
$$OM\,cj\,AB - AB\,cj\,OM = OR\,cj\,AB - AB\,cj\,OR,$$
$$OMN = OAR + ORB.$$

# CHAPITRE VI.

## QUELQUES QUESTIONS DE GÉOMÉTRIE SUPÉRIEURE.

### Divisions harmoniques. — Moyennes harmoniques.
### Polaires.

135. On sait qu'un segment AB est divisé harmoniquement par deux points C, D, situés sur la même
droite, lorsque l'on a

$$(1) \qquad \frac{AC}{CB} = \frac{AD}{BD}.$$

Les quatre termes de cette proportion représentent
alors exclusivement des grandeurs.

Par extension, nous dirons que les quatre points A,
B, C, D (*fig.* 46) forment une *division harmonique*
ou un *quadrilatère harmonique*, lorsque la relation (1) est satisfaite en grandeur et en direction, c'est-
à-dire lorsque cette relation devient une équipollence.

Il est évident, tout d'abord, à la seule inspection de
cette relation (1), que tout quadrilatère harmonique est
inscriptible, car les angles en C et D sont supplémentaires.

Si l'on se donne AB et que l'on construise sur cette
corde une circonférence quelconque, soit EF le diamètre perpendiculaire à AB. En joignant E, F à un
point M quelconque de AB, il est facile de reconnaître

que les points C et D, où les droites FM, EM coupent la circonférence, satisfont à l'équipollence (1) et déterminent par conséquent, avec A, B, un quadrila-

Fig. 46.

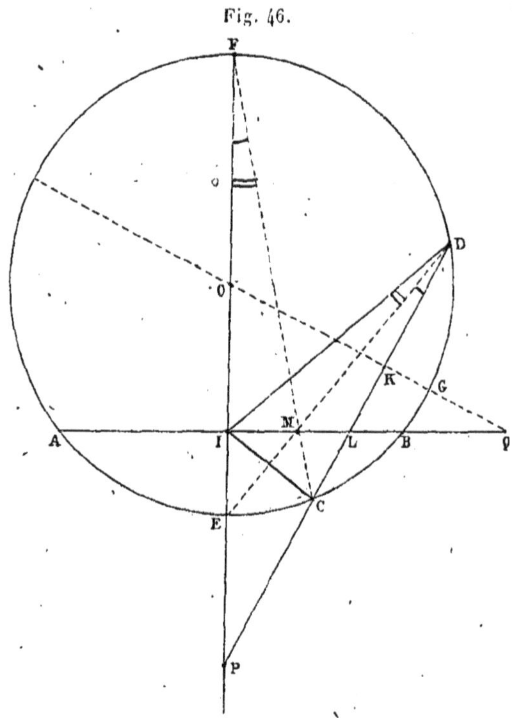

tère harmonique. En effet, DM et CM sont les bissectrices des angles D et C, ce qui montre que

$$\operatorname{gr} \frac{AM}{MB} = \operatorname{gr} \frac{AC}{CB} = \operatorname{gr} \frac{AD}{BD}.$$

Cette équipollence (1) se prête à diverses remarques et transformations. Nous n'avons pas à insister, par exemple, sur la réciprocité évidente qui existe entre

les droites AB et CD, et qui résulte de la seule inspection de l'équipollence.

On peut donner à cette relation (1) la forme

$$(2) \qquad \frac{1}{AC} + \frac{1}{AD} = \frac{2}{AB},$$

et l'on dira que la droite AB est *moyenne harmonique*
(en grandeur et en direction) de AC et de AD.

Si S est un point quelconque du plan et si I, K sont
les points milieux de AB et CD, l'équipollence (1) peut
encore prendre la forme très générale

$$(3) \qquad SA.SB + SC.SD = 2SI.SK.$$

Si nous portons le point arbitraire S en I, nous
avons

$$(4) \qquad IC.ID = IB^2.$$

Si nous le faisons coïncider avec le centre O de la
circonférence, il vient, en appelant OE, OG les rayons
dirigés suivant OI, IK,

$$(5) \qquad OE^2 + OG^2 = 2OI.OK.$$

**136.** L'équipollence (4) montre que IB est bissectrice de l'angle DIC. Donc, cette droite coupant CD au
point L et la perpendiculaire OIE coupant CD en P,
les points P et L formeront avec CD une division harmonique sur cette corde.

Il est d'ailleurs extrêmement facile de reconnaître que
le point P est fixe. En effet, si l'on divise par OI la relation (5), il vient

$$\frac{OE^2}{OI} + \frac{OG^2}{OI} = 2OK.$$

Les deux termes du premier membre ayant même
grandeur, OK est la projection sur OG de la droite $\dfrac{OE^2}{OI}$,

et comme celle-ci a pour direction OE, il en résulte évidemment

$$\frac{\overline{OE}^2}{\overline{OI}} = OP,$$

valeur indépendante, comme on le voit, du point K et par conséquent de la corde CD.

Ce point P est le *pôle* de la droite AB, qui, réciproquement, est la *polaire* de P. De même on a

$$OQ = \frac{\overline{OG}^2}{\overline{OK}},$$

et Q est le pôle de CD.

Les propriétés des pôles et polaires par rapport au cercle et aussi par rapport à un angle, sur lesquelles nous n'insistons pas, afin d'abréger, s'établiraient facilement au moyen de la méthode des équipollences.

137. La formule (2), lorsqu'on cherche à l'étendre à un nombre donné de points, conduit à une intéressante généralisation de la moyenne harmonique.

Soient O un point pris pour pôle et $A_1$, $A_2$, ..., $A_n$ des points donnés. Si nous écrivons

$$(6) \qquad \frac{n}{\overline{OM}} = \frac{1}{\overline{OA_1}} + \frac{1}{\overline{OA_2}} + \cdots + \frac{1}{\overline{OA_n}},$$

nous dirons que OM est la *moyenne harmonique* des $n$ droites rayonnantes $OA_1$, $OA_2$, ..., $OA_n$.

On peut aussi considérer la moyenne harmonique de plusieurs droites, en les supposant affectées de coefficients algébriques; elle est alors définie par l'équipollence

$$(7) \qquad \frac{\alpha_1 + \alpha_2 + \cdots + \alpha_n}{\overline{OM}} = \frac{\alpha_1}{\overline{OA_1}} + \frac{\alpha_2}{\overline{OA_2}} + \cdots + \frac{\alpha_n}{\overline{OA_n}}.$$

La transformation par inversion, sur laquelle nous aurons à revenir plus loin, rend à peu près intuitive cette proposition, s'appliquant aux deux définitions (6) et (7) :

*Si les points* O, $A_1$, $A_2$, ..., $A_n$ *sont tous situés sur une même circonférence, la moyenne harmonique des droites* $OA_1$, $OA_2$, ..., $OA_n$ *a son extrémité située sur cette même circonférence.*

138. Nous terminerons cette question de la division harmonique par la solution bien facile du problème suivant : *Étant données deux droites* CD, C′D′, *en trouver une troisième* AB *qui forme avec chacune d'elles une division harmonique.*

Reportons-nous à la *fig.* 46 et appelons toujours I le milieu de AB. L'équipollence (4) du n° 135, successivement appliquée aux deux droites CD, C′D′, nous donnera

$$IB^2 = IC.ID = IC'.ID'.$$

Par conséquent

$$\frac{IC}{ID'} = \frac{IC'}{ID}.$$

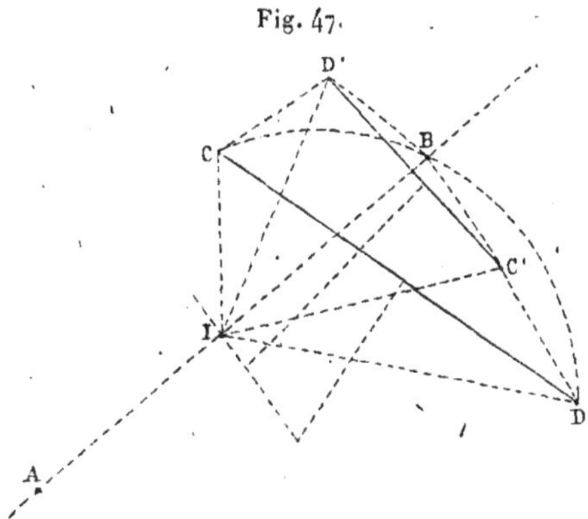

Fig. 47.

c'est-à-dire que les deux triangles ICD′, IC′D (*fig.* 47)

sont semblables ; on obtiendra donc le point I en résolvant le problème déjà traité plus haut (77). Ce point obtenu, on mènera la bissectrice commune des deux angles CID, C'ID', puis la perpendiculaire en I à cette bissectrice ; on fera passer deux circonférences, l'une par CD, l'autre par C'D', ayant leurs centres sur cette perpendiculaire, et la corde commune AB à ces deux circonférences donnera la solution demandée.

Il est visible que si les deux circonférences coïncident, c'est-à-dire si les deux cordes CD, CD' ont leurs extrémités sur une même circonférence, sans se couper à l'intérieur, AB sera la corde polaire de leur point de rencontre P.

### Rapports anharmoniques.

139. Étant donnés quatre points A, B, C, D sur un plan, on peut les grouper deux par deux, A et B par exemple d'un côté, et C et D de l'autre.

Ceci étant fait, on appelle *rapport anharmonique* de ces quatre points le rapport géométrique

$$(1) \qquad \frac{AC}{AD} : \frac{BC}{BD} = \frac{AC.BD}{AD.BC} = \mu_1.$$

Si l'on combine deux à deux les quatre points donnés de toutes les manières possibles, on reconnaît qu'on n'obtient jamais, en fin de compte, en dehors de $\mu_1$, que les deux autres rapports

$$\frac{AD}{AB} : \frac{CD}{CB} = \frac{AD.CB}{AB.CD} = \mu_2,$$

$$\frac{AB}{AC} : \frac{DB}{DC} = \frac{AB.DC}{AC.DB} = \mu_3,$$

et aussi les rapports inverses $\dfrac{1}{\mu_1}, \dfrac{1}{\mu_2}, \dfrac{1}{\mu_3}$.

Si nous examinons ces valeurs, nous voyons tout

d'abord qu'on a

$$(2) \qquad \mu_1 \mu_2 \mu_3 = -1.$$

En outre, la relation du n° 86

$$(3) \qquad AB.CD + AD.BC = AC.BD$$

donne

$$1 - \frac{1}{\mu_2} = \mu_1$$

ou

$$(4) \qquad \mu_1 + \frac{1}{\mu_2} = 1,$$

et l'on a de même

$$(4) \qquad \mu_2 + \frac{1}{\mu_3} = 1,$$

$$(4) \qquad \mu_3 + \frac{1}{\mu_1} = 1.$$

Ces relations permettent d'obtenir immédiatement les divers rapports anharmoniques de quatre points quand on connaît l'un d'entre eux. Par exemple, dans le cas de la division harmonique (135), le rapport $\mu_1$ est égal à $-1$.

On en conclut immédiatement

$$\mu_2 = \tfrac{1}{2} \qquad \text{et} \qquad \mu_3 = 2.$$

Lorsque, sans être précisément égal à $-1$, le rapport $\mu_1$ est réel, les deux autres rapports $\mu_2$ et $\mu_3$ le sont aussi, et, dans ce cas, la simple considération des angles montre que le quadrilatère ABCD est inscriptible, et réciproquement. Ainsi *la condition nécessaire et suffisante pour qu'un quadrilatère soit inscriptible, c'est que le rapport anharmonique de ses quatre sommets soit réel.*

140. Les trois points A, B, C étant fixes, appelons *m*

le rapport anharmonique $\dfrac{AC}{AM} : \dfrac{BC}{BM}$, quel que soit le point M, et cherchons à déterminer un rapport tel que $\dfrac{DE}{DG}$, en y introduisant les rapports anharmoniques $d$, $e$, $g$.

L'identité du n° 86, appliquée aux points A, B, D, E, puis A, B, D, G, nous donne

$$- AB.DE = AE.BD - AD.BE,$$
$$- AB.DG = AG.BD - AD.BG.$$

Divisant ces deux expressions l'une par l'autre,

$$(5) \qquad \frac{DE}{DG} = \frac{AE}{AG} \cdot \frac{\dfrac{BD}{AD} - \dfrac{BE}{AE}}{\dfrac{BD}{AD} - \dfrac{BG}{AG}}.$$

Multipliant par $\dfrac{AC}{BC}$ au numérateur et au dénominateur, on a

$$(6) \qquad \frac{DE}{DG} = \frac{AE}{AG} \cdot \frac{d-e}{d-g}.$$

On remarquera, en passant, que la formule (5) nous donne le rapport anharmonique de quatre points D, A, E, G au moyen d'un cinquième point B.

Si maintenant nous voulons évaluer le rapport anharmonique de quatre points quelconques D, E, F, G, c'est-à-dire

$$\frac{DE}{DG} : \frac{FE}{FG} = \frac{DE.FG}{DG.FE},$$

la relation (6) nous conduit immédiatement à voir que l'on a

$$(7) \qquad \frac{DE.FG}{DG.FE} = \frac{(d-e)(f-g)}{(d-g)(f-e)}.$$

On verrait tout aussi facilement que tout *rapport*

*multiple*, comprenant $2n$ points, tel que

$$\frac{DE.FG.HK.LM}{DM.FE.HG.LK},$$

a pour expression

$$\frac{(d-e)(f-g)(h-k)(l-m)}{(d-m)(f-e)(h-g)(l-k)}.$$

Si, dans les rapports que l'on veut exprimer, entraient les points A, B, C eux-mêmes, la formule (7) s'appliquerait encore, en y introduisant les rapports anharmoniques

$$a = \frac{AC}{AA} : \frac{BC}{BA} = \infty,$$

$$b = \frac{AC}{AB} : \frac{BC}{BB} = 0,$$

$$c = \frac{AC}{AC} : \frac{BC}{BC} = 1.$$

Par exemple,

$$\frac{BC}{BG} : \frac{EC}{EG} = \frac{b-c}{b-g} : \frac{e-c}{e-g} = \frac{e-g}{g(e-1)}.$$

Ces divers résultats sont à peu près identiques à ceux qu'on obtient en Géométrie supérieure pour des systèmes de points en ligne droite, et comportent cependant, comme on le voit, un degré de généralité beaucoup plus étendu.

### Divisions homographiques. — Figures inverses.

**141.** Prenons arbitrairement une suite de points A, B, C, D, ... sur un plan, et arbitrairement aussi les trois points A′, B′, C′. Supposons en outre que les points D′, E′, ... soient déterminés par les égalités de rapports anharmoniques

$$\frac{AC}{AD} : \frac{BC}{BD} = \frac{A'C'}{A'B'} : \frac{B'C'}{B'D'}, \quad \ldots$$

D'après les résultats du numéro précédent, il apparaît que le rapport anharmonique de quatre points quelconques appartenant à la suite A, B, C, ... sera égal au rapport anharmonique des points correspondants.

En vertu de la remarque qui termine le n° 139, il résulte immédiatement de là que des·points sur une même circonférence auront pour correspondants des points également situés sur une circonférence (ou sur une droite), le rapport anharmonique devant être réel d'un côté comme de l'autre.

A deux systèmes de points, tels que nous venons de les définir, nous donnerons le nom de *divisions homographiques du plan*. L'analogie est évidente avec les divisions homographiques des droites. Mais l'ensemble des points peut ici former des figures, dont nous allons étudier les principales propriétés.

**142.** Soit J un point situé à l'infini, dans une direction quelconque, sur la première figure. Le rapport $\dfrac{BJ}{AJ}$ devenant alors égal à l'unité, on a

$$\frac{AC}{AJ} : \frac{BC}{BJ} = \frac{AC}{BC},$$

et, par suite, en appelant J′ le point correspondant de la seconde figure,

$$(1) \qquad \frac{AC}{BC} = \frac{A'C'.B'J'}{B'C'.A'J'}.$$

Semblablement, si I′ représente un point à l'infini de la seconde figure et I son correspondant de la première, on aura

$$(2) \qquad \frac{AC.BI}{BC.AI} = \frac{A'C'}{B'C'}.$$

De ces deux relations, on tire immédiatement

$$(3) \qquad IA.J'A' = IB.J'B'$$

Rien ne particularisant les points A et B, on voit qu'en somme le produit $IM.J'M'$ est constant, quels que soient les points correspondants M, M'. Ceci met en lumière une importante propriété des figures en question. En effet, si nous transportons par la pensée la seconde figure sur son plan, de manière que J' vienne coïncider avec I, puis si on la retourne sens dessus dessous, de telle sorte qu'une droite quelconque IX' s'applique en IX'' sur la direction de la correspondante IX, l'équipollence (3) nous montre qu'alors nous aurons, pour tout point de la figure,

$$IM \ cj \ IM'' = \text{const.},$$

c'est-à-dire que les deux figures sont transformées l'une de l'autre par rayons vecteurs réciproques ou plus simplement *inverses*.

Nous conservons ce nom de *figures inverses* à celles que nous avons considérées tout d'abord, et dans lesquelles les deux centres d'inversion I, J sont distincts.

**143.** Cherchons s'il existe un point E (*fig.* 48) qui

Fig. 48.

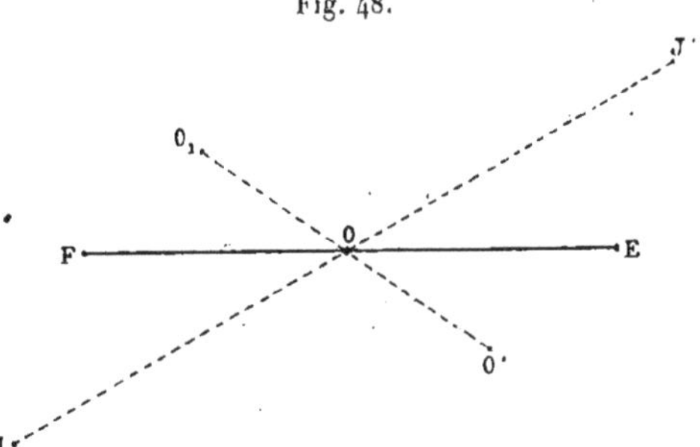

coïncide avec son propre correspondant. La relation (3) devra nous donner pour ce point

$$IE.J'E = IA.J'A'$$

ou

$$(4) \qquad IE^2 - IJ'.IE = IA.J'A'.$$

Il y a donc deux points E, F satisfaisant à la condition. La somme $IE + IF$ est égale à $IJ'$, c'est-à-dire que si O est le milieu de $IJ'$, il est aussi le milieu de EF, si bien que les quatre points I, J', E, F forment un parallélogramme.

En rapportant E, F au point O, appelant O' le correspondant de O, et remplaçant $IA.J'A'$ par $IO.J'O'$, on donne aisément à la relation (4) la forme

$$(5) \qquad OE^2 = OJ'.OO',$$

d'où

$$OE = + \sqrt{OJ'.OO'}, \qquad OF = - \sqrt{OJ'.OO'}.$$

Ainsi FOE est bissectrice de l'angle $J'OO'$, et les triangles $J'OE$, $EOO'$ sont directement semblables.

Si O était considéré comme appartenant à la seconde figure, son correspondant $O_1$ dans la première serait donné par $OO_1 = -OO'$, comme on le reconnaît immédiatement.

144. Au moyen des points E, F, on peut déterminer bien facilement les centres d'inversion I, J'. Prenons en effet les quatre points A, I, E, F et leurs correspondants A', I' (à l'infini), E, F. En égalant les rapports anharmoniques, nous aurons

$$\frac{FA}{FE} : \frac{IA}{IE} = \frac{FA'}{FE},$$

d'où

$$\frac{EI}{AI} = \frac{FA'}{FA}, \qquad EI = \frac{AE.A'F}{AA'};$$

on aurait pareillement

$$EJ' = \frac{A'E.AF}{A'A}.$$

Les équipollences (1), (2) du n° 142 permettraient également d'obtenir les points J′, I en fonction de trois couples A, A′, B, B′, C, C′ de points correspondants. On trouve ainsi

$$(6) \quad \left\{ \begin{aligned} CI &= CB \ \frac{AC}{A'C'} : \left( \frac{AC}{A'C'} - \frac{AB}{A'B'} \right), \\ C'J' &= C'B' \ \frac{A'C'}{AC} : \left( \frac{A'C'}{AC} - \frac{A'B'}{AB} \right). \end{aligned} \right.$$

Lorsqu'on a

$$\frac{AB}{A'B'} = \frac{AC}{A'C'},$$

les points I et J′ disparaissent; les deux figures sont semblables, et il n'y a plus qu'un seul point E se correspondant à lui-même, lequel est donné par l'équipollence

$$\frac{AE}{AB} = \frac{A'E}{A'B'}.$$

L'équipollence (3) du n° 142 peut se mettre sous la forme

$$\frac{IA}{IB} = \frac{J'B'}{J'A'}.$$

De là, on déduit immédiatement qu'à toute droite de la première figure, passant en I, correspond une droite de la seconde, passant en J′; que plusieurs droites correspondant à des droites passant par I forment entre elles des angles égaux à ceux de ces dernières; que les deux figures rayonnantes sont superposables par retournement de l'une d'elles.

On reconnaît par là que, si l'on donne trois points en ligne droite A, B, C, auxquels correspondent trois autres points A′, B′ C′, également en ligne droite, les points I et J′ seront respectivement situés sur ABC et A′B′C′; car autrement la droite ABC, par exemple, aurait pour figure. correspondante une circonférence et non une droite.

Voici encore une propriété curieuse relative à ce cas. L'égalité des deux rapports anharmoniques

$$\frac{AM}{BM} : \frac{AC}{BC} , \qquad \frac{A'M'}{B'M'} : \frac{A'C'}{B'C'}$$

nous montre, $\frac{AC}{BC}$ et $\frac{A'C'}{B'C'}$ étant réels, que $\frac{AM}{BM}$ et $\frac{A'M'}{B'M'}$ ont même inclinaison, c'est-à-dire que les angles AMB, A'M'B' sont égaux.

Par conséquent, si l'on joint deux points correspondants quelconques M, M' aux divers points correspondants de deux droites passant, l'une par I, l'autre par J', les deux faisceaux ainsi formés sont directement superposables.

Toutes ces propriétés et d'autres encore se présentent, on le voit, de la façon la plus naturelle, comme conséquences du calcul.

145. Dans le cas particulier où les deux figures inverses ont leurs centres d'inversion en coïncidence, il suffit, pour trouver ce centre commun I, d'avoir deux couples de points correspondants A, A', B, B'. En effet, la formule (3) devient alors

$$IA.IA' = IB.IB',$$

d'où

$$(7) \qquad \frac{IA}{IB'} = \frac{IB}{IA'}.$$

Les deux triangles IAB', IBA' sont donc directement semblables, en sorte que la détermination du point I résulte du problème facile que nous avons résolu (77) et qui consiste à trouver le sommet commun de deux triangles directement semblables, connaissant leurs bases.

Les points E, F se correspondant à eux-mêmes sont donnés ici par la relation

$$\mathrm{IE} = -\,\mathrm{IF} = \sqrt{\overline{\mathrm{IA}.\mathrm{IA'}}}.$$

Si l'on se reporte à ce que nous avons dit, aux n⁰ˢ 135 et suivants, sur la division harmonique, et à la *fig.* 46, sauf les changements de lettres, on reconnaît tout de suite que EF divise harmoniquement AA', c'est-à-dire que le quadrilatère EAFA' est harmonique. Il en est de même du quadrilatère EBFB'.

### Involution.

**146.** Six points, conjugués deux à deux, A et A', B et B', C et C' étant donnés sur un plan, nous dirons qu'ils sont en *involution* lorsque le rapport anharmonique de quatre d'entre eux, *appartenant aux trois systèmes,* est équipollent à celui de leurs conjugués respectifs.

Une analyse des plus simples permet tout d'abord de justifier cette définition, en montrant qu'elle s'applique à toutes les combinaisons qu'on peut former, si elle s'applique à une seule d'entre elles.

On trouve immédiatement aussi la formule de l'involution qui découle de là et qui n'est autre chose que la traduction de la définition elle-même. Cette formule peut affecter diverses formes, suivant la combinaison qu'on a choisie. Nous l'écrirons exclusivement ici de la manière suivante :

$$(8) \qquad \mathrm{AB'}.\mathrm{BC'}.\mathrm{CA'} + \mathrm{A'B}.\mathrm{B'C}.\mathrm{C'A} = 0.$$

Si l'on rapporte les six points à une origine arbitraire O, on obtient

$$\begin{aligned}
&\mathrm{OA}.\mathrm{OA'}(\mathrm{OB} - \mathrm{OC} + \mathrm{OB'} - \mathrm{OC'}) \\
&+ \mathrm{OB}.\mathrm{OB'}(\mathrm{OC} - \mathrm{OA} + \mathrm{OC'} - \mathrm{OA'}) \\
&+ \mathrm{OC}.\mathrm{OC'}(\mathrm{OA} - \mathrm{OB} + \mathrm{OA'} - \mathrm{OB'}) = 0
\end{aligned}$$

ou

$$OA.OA'(BC + B'C') + OB.OB'(CA + C'A')$$
$$+ OC.OC'(AB + A'B') = 0.$$

Actuellement, supposons que l'on ait une droite EF (*fig.* 49) qui forme une division harmonique, soit

Fig. 49.

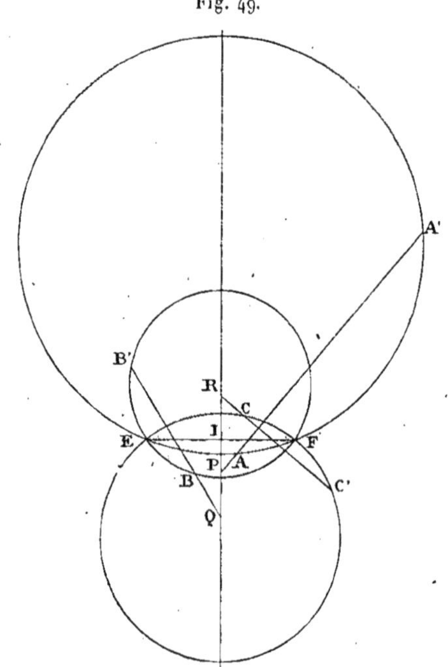

avec AA', soit avec BB', et soit I le milieu de EF. Nous aurons (138)

$$(9) \qquad IE^2 = IA.IA' = IB.IB',$$

et par conséquent, si nous choisissons I pour origine, la formule ci-dessus deviendra

$$IE^2(BC + B'C' + CA + C'A') + IC.IC'(AB + A'B') = 0,$$

c'est-à-dire

$$(IE^2 - IC.IC')(BA - B'A') = o.$$

Donc

(10)                     $$IC.IC' = IE^2.$$

On voit, en conséquence, que la division EF est harmonique à la fois avec AA', BB', CC'.

On peut donc donner de l'involution cette définition nouvelle : Trois couples de points (ou plusieurs couples) sont en involution lorsqu'ils admettent une division harmonique commune.

Les points E, F sont les *points doubles* de l'involution ; leur milieu I en est le *point central*.

147. Pour construire trois (ou plusieurs) couples de points en involution, il suffit, sur une corde commune EF, de tracer trois (ou plusieurs) circonférences ; si P, Q, R, ... sont les pôles de EF par rapport à ces diverses circonférences et si l'on mène respectivement les sécantes quelconques PAA', QBB', RCC', ..., les points A, A', B, B', C, C', ... seront en involution.

Pour s'assurer si trois couples de points donnés A, A', B, B', C, C' sont en involution, il faudra résoudre le problème de la division harmonique commune (138) pour les deux premiers couples, ce qui donnera EF, puis vérifier : 1° que les quatre points E, F, C, C' sont sur une même circonférence ; 2° que CC' prolongée passe par le pôle de EF par rapport à cette circonférence.

On reconnaîtrait sans difficulté, en appliquant les relations (9), (10), que si plusieurs couples de points A, A', B, B', C, C', D, D', ... sont en involution, les points A, B, C, D, ... étant sur une même droite, les points A', B', C', D', ... seront distribués sur une même circonférence à laquelle appartiendra aussi le point I.

Nous bornerons ici les applications de la méthode des équipollences à la Géométrie supérieure, notre seul but ayant été de montrer par quelques exemples cómbien cette méthode s'y adapte heureusement et quel degré de généralité elle donne à la plupart des théories.

----

## EXERCICES SUR LE CHAPITRE VI.

1. Si l'on transforme par inversion les quatre sommets d'un quadrilatère harmonique, on obtient quatre points qui sont les sommets d'un nouveau quadrilatère harmonique.

Déterminer le pôle d'inversion, de telle sorte que le nouveau quadrilatère soit un carré.

On vérifie la relation (1) du n° 135 en y remplaçant AC, CB, ... par $c - a$, $b - c$, ..., puis en faisant $c = \dfrac{1}{c'}$, $a = \dfrac{1}{a'}$, ..., et l'on trouve ainsi

$$\frac{A'C'}{C'B'} = \frac{A'D'}{B'D'}.$$

Quant à la seconde partie de l'énoncé, on résoudra le problème en exprimant que les milieux des deux droites A'B', C'D' coïncident, ce qui conduit à une équipollence facile du second degré. Il y a donc deux solutions.

2. Soient ABC un triangle et M un point quelconque du plan. Soient $A_1$, $B_1$, $C_1$ les conjugués harmoniques de M par rapport aux trois couples de points (B, C), (C, A), (A, B); $A_2$, $B_2$, $C_2$ les conjugués harmoniques de M par rapport aux couples $(B_1, C_1)$, $(C_1, A_1)$, $(A_1, B_1)$, et ainsi de suite.

Démontrer que $A_n$, $B_n$, $C_n$, lorsque $n$ tend vers l'infini, tendent à se confondre avec le point H défini par la relation

$$\frac{3}{MH} = \frac{1}{MA} + \frac{1}{MB} + \frac{1}{MC}.$$

On a (135)

$$\frac{2}{\overline{MA_1}} = \frac{1}{\overline{MB}} + \frac{1}{\overline{MC}}$$

ou, si nous posons, en général, $\frac{1}{MK} = MK'$,

$$2\,MA_1' = MB' + MC'.$$

On voit ainsi que tout point $A_n'$ est le milieu de la droite $B_{n-1}'C_{n-1}'$. Les points $A_n'$, $B_n'$, $C_n'$ ont donc pour limite $H'$ le barycentre de $A'B'C'$; d'où

$$3\,MH' = MA' + MB' + MC',$$

$$\frac{3}{\overline{MH}} = \frac{1}{\overline{MA}} + \frac{1}{\overline{MB}} + \frac{1}{\overline{MC}}.$$

3. Un angle ACB étant donné, si on lui mène par un point O une sécante OMN quelconque et si l'on prend le conjugué harmonique P de O par rapport à MN, le lieu de P sera une droite (polaire du point O par rapport à l'angle).

Si l'on mène deux sécantes OMN, OM'N', le point de rencontre Q des diagonales du quadrilatère MNN'M' appartient à la polaire.

En écrivant $CM = x_A$, $CN = y_B$ et posant $OC = a_A + b_B$, on trouvera par décomposition

$$\frac{OM}{ON} = \frac{a + x}{a}$$

et alors, prenant O pour origine,

$$P = \frac{c + x_A}{1 + \dfrac{x}{2a}},$$

ce qui montre bien que le point P décrit une droite.

Quant au point Q, on trouve

$$Q = \frac{c + \dfrac{2\,xx'}{x + x'}\,A}{1 + \dfrac{xx'}{a(x + x')}};$$

par conséquent, le point Q est situé sur la droite dont nous venons de parler.

4. Si les sommets correspondants de deux triangles sont en

ligne droite avec un point fixe (autrement dit, si deux triangles sont homologiques), les points de concours des côtés correspondants sont en ligne droite.

Application facile du procédé de décomposition, en rapportant tous les points au point fixe pris pour origine.

5. Deux figures symétriquement semblables $ABX\ldots$, $A'B'X'\ldots$ étant données sur un plan, si l'on divise les segments $AA'$, $BB'$, $XX'$, $\ldots$ proportionnellement aux lignes homologues des deux figures, le lieu des points de division P, Q, Y, $\ldots$ est une droite.

Le lieu des conjugués harmoniques de P, Q, Y, $\ldots$ par rapport aux segments $AA'$, $BB'$, $XX'$, $\ldots$ est une seconde droite perpendiculaire à la première.

$\dfrac{AB}{cj\,A'B'} = \cdots = \dfrac{a}{a'}\,\varepsilon^\pi$ est un rapport géométrique constant. Si l'on prend l'origine des inclinaisons parallèle à la bissectrice de l'angle $(AB, A'B')$, on a

$$\alpha = 0$$

et

$$\frac{AB}{cj\,A'B'} = \frac{cj\,AB}{A'B'} = \frac{a}{a'}.$$

Or

$$(a + a')\,P = a'A + aA', \quad \ldots$$

et

$$\frac{a + a'}{a'}\,PQ = AB + \frac{a}{a'}\,A'B' = AB + cj\,AB.$$

De même,

$$\frac{a + a'}{a'}\,PY = AX + cj\,AX.$$

On passerait aux conjugués harmoniques en changeant $a$ en $-a$, ce qui conduirait à

$$\frac{a' - a}{a'}\,P_{,}Q_{,} = AB - cj\,AB,$$

$$\frac{a' - a}{a'}\,P_{,}Y_{,} = AX - cj\,AX.$$

On peut donner à ces deux droites le nom d'*axes de pseudo-symétrie*.

La construction géométrique en est facile; nous en laissons le soin au lecteur. Leur intersection donne le point cherché au n° 78 (p. 77). *Voir* également l'exercice 5, p. 92.

6. Si deux points correspondants X, Z de deux figures planes
sont liés entre eux par la relation

$$OX = \frac{OA \cdot OZ + OB}{OC \cdot OZ + OD},$$

les deux figures sont inverses l'une de l'autre, moyennant un
déplacement et un retournement convenables de l'une d'elles.

On voit, en effet, qu'il est facile de mettre cette relation sous la
forme

$$\left(OX - \frac{OA}{OC}\right)\left(OZ + \frac{OD}{OC}\right) = \text{const.}$$

A rapprocher de l'exercice (5), p. 55, où l'on trouve un cas particulier de cette propriété.

7. Si l'on transforme une même figure par inversion par rapport à deux centres différents, puis si l'on transporte arbitrairement dans le plan les deux figures obtenues, on pourra les
amener dans une position telle, par retournement de l'une des
deux, qu'elles soient inverses l'une de l'autre.

C'est une conséquence de l'exercice précédent; car, si

$$x = \frac{az + b}{cz + d} = \frac{a'u + b'}{c'u + d'},$$

$z$ et $u$ se trouvent liés par une relation de la forme

$$(z - m)(u - p) = k.$$

# CHAPITRE VII.

## APPLICATIONS A LA THÉORIE DES COURBES.

### Observations générales.

148. Pour représenter un point M, en coordonnées rectilignes, on donne son abscisse $x$ et son ordonnée $y$. Si OA, OB sont deux droites de longueur égale à l'unité, suivant les axes coordonnés, nous aurons

$$OM = x\,OA + y\,OB.$$

Si l'axe des $x$, OA, est pris pour origine des inclinaisons, il viendra

$$(1) \qquad OM = x + y\,OB = x + y\,\varepsilon^\theta,$$

$\theta$ étant l'angle des axes.

Si les coordonnées sont rectangulaires,

$$(2) \qquad OM = x + iy.$$

S'il s'agit de coordonnées polaires, l'axe polaire étant l'origine des inclinaisons, et $r$, $\omega$ étant les coordonnées du point M,

$$(3) \qquad OM = r\,\varepsilon^\omega.$$

La détermination d'un point M par l'emploi de la droite OM, ou M, permet, on le voit, de faire rentrer dans ce seul symbole tous les systèmes de coordonnées imaginables, et spécialement les coordonnées rectilignes et polaires.

Lorsqu'un point M se déplace d'une manière continue, et décrit ainsi une courbe, le déplacement infiniment petit MM' qu'il subit sur cette courbe sera représenté par $d$OM ou $\overline{d\text{M}}$. Il est évident que cette droite infiniment petite a pour direction celle de la tangente à la courbe. On voit aussi qu'un point donné M peut subir une infinité de déplacements infiniment petits, dans toutes les directions possibles rayonnant autour de ce point sur le plan.

Le signe $\int_{x_1}^{x_2} y\,dx$ du Calcul infinitésimal représente une somme d'éléments infiniment petits, en nombre infini. Il en sera de même ici, mais les sommes considérées sont des sommes *géométriques*. Par exemple, si $\text{M}_1\text{AM}_2$ est un arc de courbe, qu'on peut identifier à une ligne polygonale d'un nombre infini de côtés, on écrira

$$\int_{\text{M}_1}^{\text{M}_2} d\text{M} = \text{M}_2 - \text{M}_1 = \text{M}_1\text{M}_2,$$

en sorte que cette intégrale est toujours égale à la corde $\text{M}_1\text{M}_2$, quel que soit l'arc de courbe joignant les extrémités.

Toutes les règles du Calcul différentiel et du Calcul intégral subsistent en leur entier pour le calcul des droites; mais il était nécessaire d'insister tout d'abord sur la signification bien nette que prennent ici les expressions *différentielle* ou *intégrale*.

### Équipollence d'une courbe.

149. Dans les équipollences (1), (2), (3) ou dans toute autre qui déterminerait le point M au moyen d'un système

quelconque de coordonnées, on doit concevoir que les coordonnées réelles $x$, $y$, ou $r$, $\omega$, sont liées entre elles par une équation, si M décrit une courbe déterminée.

On peut encore, ce qui revient exactement au même, imaginer que les deux coordonnées sont exprimées séparément au moyen d'une relation avec un paramètre *réel t*, variable depuis $-\infty$ jusqu'à $+\infty$. Substituant ces valeurs en fonction de $t$ aux deux coordonnées dans l'équipollence qui détermine M, il vient

$$(1) \qquad \mathrm{OM} = \varphi(t) \qquad \text{ou} \qquad \mathrm{M} = \varphi(t).$$

C'est l'équipollence de la courbe M. Et, réciproquement, il est visible que toute équipollence de cette forme représentera une courbe lorsqu'on fera varier $t$ d'une manière continue, depuis $-\infty$ jusqu'à $+\infty$.

La fonction $\varphi$ est essentiellement géométrique, c'est-à-dire qu'elle peut contenir deux ou plusieurs droites de directions différentes, et le signe $i$ en particulier; mais elle reste soumise, sans aucune exception, aux règles du Calcul algébrique et du Calcul infinitésimal.

C'est sous cette forme générale (1) que nous étudierons tout d'abord les principales propriétés des courbes. Un certain nombre d'exemples, l'examen d'une série de courbes particulières permettront ensuite de préciser et d'éclaircir, s'il était besoin, les généralités par lesquelles nous débutons.

*Remarque.* — Une courbe (1) étant rapportée à une origine O, si l'on veut avoir son équipollence rapportée à une autre origine C, il suffira évidemment d'écrire

$$\mathrm{CM} = \mathrm{OM} - \mathrm{OC} = \varphi(t) - \mathrm{OC}.$$

### Tangente et normale.

150. Reprenons l'équipollence d'une courbe plane

$$\text{(1)} \qquad \text{M} = \varphi(t).$$

Ainsi que nous l'avons remarqué au n° 148, le déplacement infiniment petit $\text{MM}'$ ou $d_\text{M}$ est dirigé suivant la tangente. Or, si nous prenons la dérivée de $\text{M}$, nous obtenons

$$\text{(2)} \qquad \frac{d_\text{M}}{dt} = \varphi'(t),$$

et il est clair que cette dérivée $\dfrac{d_\text{M}}{dt}$ ou $\odot_\text{M}$ a la même direction que $d_\text{M}$. Si MV ($fig.$ 50) est équipollente à cette

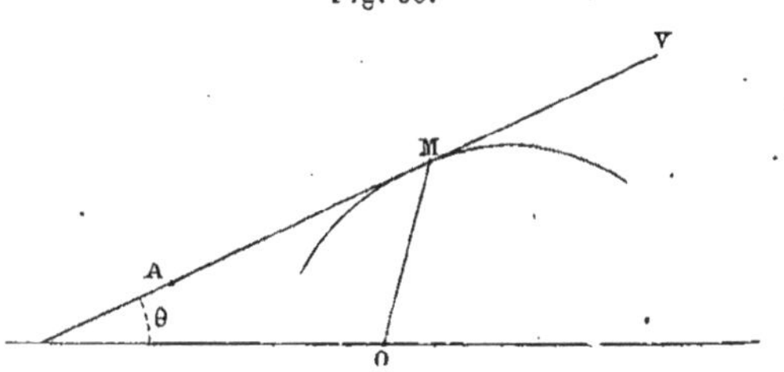

Fig. 50.

dérivée en grandeur et en direction, on aura donc

$$\text{(3)} \qquad \text{MV} = \varphi'(t),$$

qui nous donnera une droite suivant la direction de la tangente demandée, au point M.

Si $s$ est la longueur de la courbe, à partir d'une origine fixe quelconque, il est évident que $ds = \mathrm{gr}\, d_\text{M}$. Donc, d'après ce qui précède,

$$\mathrm{gr}\, \text{MV} = \frac{ds}{dt},$$

c'est-à-dire que la longueur de la droite MV est égale à

la dérivée de l'arc par rapport à la variable indépendante $t$.

Il est évident que la normale en M est donnée par l'expression $i$MV ou $i\varphi'(t)$.

151. Soit à mener une tangente par un point extérieur A; il faudra qu'on ait, en appelant M le point de contact

$$\text{M} + u\,\text{ⓄM} = \text{A}.$$

De là

$$u\,\text{ⓄM} = \text{A} - \text{M}.$$

Écrivant l'équipollence conjuguée, il vient par division

$$\frac{\text{ⓄM}}{\text{cj}\,\text{ⓄM}} = \frac{\text{A} - \text{M}}{\text{cj}(\text{A} - \text{M})}\,.$$

Telle est l'équipollence à résoudre pour déterminer les points de contact. Elle est à une seule inconnue, puisque M et ⓄM sont des fonctions de $t$.

Pour les tangentes issues de l'origine, elle se réduirait à

$$\frac{\text{ⓄM}}{\text{cj}\,\text{ⓄM}} = \frac{\text{M}}{\text{cj}\,\text{M}}\,.$$

Si l'on propose de mener une tangente parallèle à une direction donnée $\text{OA} = \text{A}$, on verra de même que les points de contact sont donnés par l'équipollence

$$\frac{\text{ⓄM}}{\text{cj}\,\text{ⓄM}} = \frac{\text{A}}{\text{cj}\,\text{A}}\,.$$

Nous ne parlons pas des normales par un point donné, ou parallèles à une direction donnée, ces lignes n'étant autre chose que des tangentes à la développée, dont nous parlerons tout à l'heure.

152. Si $\theta$ représente l'inclinaison de la tangente à

une courbe, en M, on a (150)

$$d\textsc{m} = \varepsilon^\theta\, ds.$$

L'équipollence de la courbe peut donc s'écrire encore

$$(4) \qquad \textsc{m} = \int \varepsilon^\theta\, ds.$$

Il est clair que cette équipollence, d'un usage avantageux pour certains problèmes, ne fixe que la *forme* de la courbe, et non pas sa *position*, à moins que l'on ne donne la constante, qui est ici une quantité géométrique.

Naturellement, $\theta$ doit être considéré comme fonction de $s$, ou, ce qui revient au même, $\theta$ et $s$ comme fonctions de $t$. Ces diverses quantités sont essentiellement réelles.

### Podaires.

153. La courbe étant rapportée au pôle, pris pour origine, si nous abaissons de ce point la perpendiculaire OP (*fig.* 51) sur la tangente, le lieu des points P sera

Fig. 51.

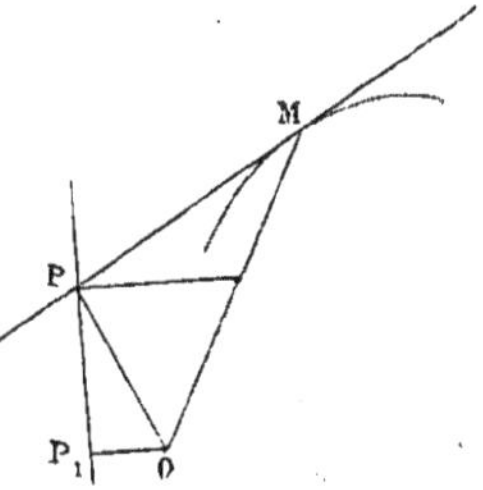


la podaire. Or supposons qu'on ait mis le quotient $\dfrac{\textsc{m}}{\textcircled{o}\textsc{m}}$ sous la forme ordinaire $m + i\mu$. On aura

$$(5) \qquad \textsc{m} = m\,\textcircled{o}\textsc{m} + i\mu\,\textcircled{o}\textsc{m}.$$

D'un autre côté,

$$\textsc{m} = \text{PM} + \text{OP}.$$

Le triangle OPM étant rectangle, ces deux équipollences sont identiques, et l'on a, pour OP ou P

$$(6) \qquad \mathrm{P} = i\,\mu\,\textcircled{o}_\textsc{m};$$

telle est l'équipollence de la podaire demandée.

Il est évident qu'en écrivant

$$(7) \qquad \mathrm{Q} = m\,\textcircled{o}_\textsc{m},$$

nous aurions le lieu des pieds des perpendiculaires
abaissées de O sur les normales, c'est-à-dire la podaire
de la développée.

Pour tout autre pôle que l'origine, on aurait la podaire
en utilisant la remarque finale du n° 149.

154. Cherchons la direction de la tangente $\textcircled{o}$P à la
podaire. En prenant la dérivée de l'équipollence (6), il
vient

$$\textcircled{o}\mathrm{P} = i(\textcircled{o}\mu\,\textcircled{o}_\textsc{m} + \mu\,\textcircled{o}^2\textsc{m})$$

ou

$$\frac{\textcircled{o}\mathrm{P}}{i\,\textcircled{o}_\textsc{m}} = \textcircled{o}\mu + \mu\,\frac{\textcircled{o}^2\textsc{m}}{\textcircled{o}_\textsc{m}}.$$

Or $i\,\textcircled{o}_\textsc{m} = \dfrac{\mathrm{P}}{\mu}$, et, en prenant la dérivée de (5), on a

$$\frac{\textcircled{o}^2\textsc{m}}{\textcircled{o}_\textsc{m}} = \frac{1 - \textcircled{o}m - i\,\textcircled{o}\mu}{m + i\mu}.$$

Substituant, on trouve, par de très faciles réductions,

$$\frac{\mu\,\textcircled{o}\mathrm{P}}{\mathrm{P}} = \frac{u}{m + i\mu} = \frac{u\,\textcircled{o}_\textsc{m}}{\textsc{m}},$$

$u$ représentant une quantité algébrique, ou

$$(8) \qquad \frac{\textcircled{o}\mathrm{P}}{\mathrm{P}} \parallel \frac{\textcircled{o}_\textsc{m}}{\textsc{m}}.$$

Cette relation de parallélisme montre que, si nous
appelons P₁ le point correspondant de la deuxième po-

daire, les deux triangles OMP, OPP, sont semblables.
De même pour toutes les podaires successives.

Il est visible aussi que la normale à la podaire passe
par le milieu de OM.

Nous laissons au lecteur, pour abréger, le soin d'étudier les anti-podaires successives, et aussi les podaires et
anti-podaires inclinées, c'est-à-dire celles pour lesquelles
l'angle OPM, au lieu d'être droit, a une valeur donnée
quelconque.

## Développées. — Rayons de courbure.

155. Nous définissons la développée d'une courbe
comme l'enveloppe de ses normales. Soient M ($fig.$ 52)

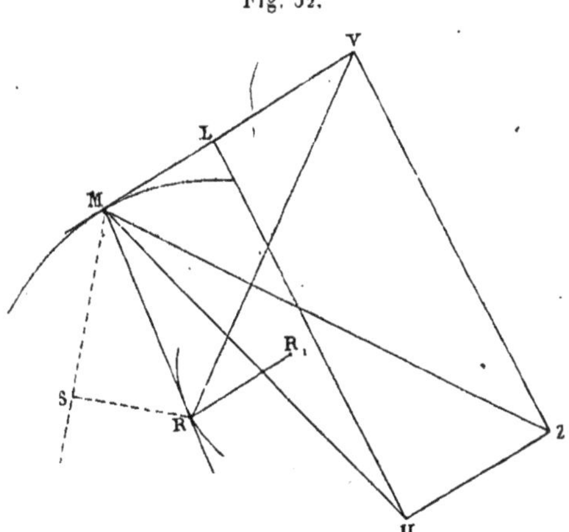

Fig. 52.

un point de la courbe, MR la normale, et R le point
correspondant de la développée. Nous avons évidemment

$$(9) \qquad MR = R - M = iu\,\textcircled{}M.$$

$u$ étant une quantité algébrique.

Comme $\bigcirc_R$ doit avoir la direction de la normale, il viendra donc

$$\bigcirc_R = \bigcirc_M + i\,\bigcirc u\,\bigcirc_M + iu\,\bigcirc^2 M = iv\,\bigcirc_M.$$

Divisant par $i\,\bigcirc_M$ et posant

$$(10) \qquad \frac{\bigcirc^2 M}{\bigcirc_M} = l + i\lambda,$$

il reste

$$-i + \bigcirc u + u(l + i\lambda) = v.$$

d'où

$$u\lambda = 1, \qquad u = \frac{1}{\lambda}.$$

Transportant dans la relation (9),

$$(11) \qquad \mathrm{MR} = \frac{i\,\bigcirc_M}{\lambda},$$

et par suite l'équipollence de la développée est

$$(12) \qquad \mathrm{R} = \mathrm{M} + \frac{i}{\lambda}\,\bigcirc_M.$$

On a, en combinant la relation (10) avec sa conjuguée,

$$2i\lambda = \frac{\bigcirc^2 M}{\bigcirc_M} - \frac{cj\,\bigcirc^2 M}{cj\,\bigcirc_M};$$

et de là, substituant dans (11),

$$(13) \qquad \mathrm{MR} = \frac{2(\bigcirc_M)^2\, cj\,\bigcirc_M}{\bigcirc_M\, cj\,\bigcirc^2 M - cj\,\bigcirc_M\,\bigcirc^2 M}.$$

Enfin, si l'on prend l'équipollence de la courbe sous la forme (4) du n° 152, il en résulte évidemment

$$(14) \qquad \bigcirc_M = \varepsilon^0\,\frac{ds}{dt},$$

$$\bigcirc^2 M = \varepsilon^0\,\frac{d^2 s}{dt^2} + i\varepsilon^0\,\frac{d\theta}{dt}\,\frac{ds}{dt}.$$

Donc $\lambda = \dfrac{d\theta}{dt}$, et la droite MR peut encore être exprimée ainsi

$$(15) \qquad MR = i\varepsilon^{\theta} \frac{ds}{d\theta}.$$

La longueur de MR est donc $\frac{ds}{d\theta}$; nous reconnaissons ici la définition ordinaire du *rayon de courbure*.

La valeur (11) de MR est susceptible d'une construction facile. Soient en effet $MV = ⊕M$ et $MU = ⊕^2M$. Abaissons UL perpendiculaire sur MV. Alors

$$LU = i\lambda . ⊕M.$$

Ainsi

$$i ⊕M = \frac{LU}{\lambda}.$$

Or

$$i ⊕M = \lambda MR.$$

De là

$$-(⊕M)^2 = MR . LU,$$

c'est-à-dire

$$MV^2 = MR . UL, \qquad MR = \frac{MV^2}{UL}.$$

En complétant le rectangle ULVZ, puis abaissant du point V une perpendiculaire sur MZ jusqu'à la rencontre de la normale, on reconnaît qu'on obtient ainsi le point R.

Proposons-nous maintenant de chercher la développée de la développée, c'est-à-dire le centre de courbure $R_1$ de la courbe (R). La formule (11) nous donnera

$$RR_1 = \frac{i}{\lambda_1} ⊕R,$$

en posant

$$\frac{⊕^2R}{⊕R} = l_1 + i\lambda_1.$$

Or

$$R = M + \frac{i}{\lambda} ⊕M,$$

et de là; par un calcul très facile, on tire, en raison de la relation (10),

$$\mathcal{D}R = i\,\mathcal{D}M\left(\frac{l}{\lambda} - \frac{\mathcal{D}\lambda}{\lambda^2}\right) = ig\,\mathcal{D}M,$$

puis

$$\frac{\mathcal{D}^2 R}{\mathcal{D}R} = \frac{\mathcal{D}g}{g} + l + i\lambda.$$

Donc $\lambda_1 = \lambda$, et $RR_1 = \frac{i}{\lambda}\,\mathcal{D}R$, c'est-à-dire

$$RR_1 = -\frac{\mathcal{D}M}{\lambda^2}\left(l - \frac{\mathcal{D}\lambda}{\lambda}\right).$$

156. Si l'on suppose la courbe M rapportée à des coordonnées rectangulaires, on aura

$$M = x + y\,i. \quad \mathcal{D}M = \mathcal{D}x + i\,\mathcal{D}y, \quad \text{cj}\,\mathcal{D}M = \mathcal{D}x - i\,\mathcal{D}y, \quad \ldots$$

Substituant dans la formule (13), nous avons

$$(16) \quad
\begin{cases}
MR = \dfrac{2(\mathcal{D}x + i\,\mathcal{D}y)^2(\mathcal{D}x - i\,\mathcal{D}y)}{(\mathcal{D}x + i\,\mathcal{D}y)(\mathcal{D}^2 x - i\,\mathcal{D}^2 y) - (\mathcal{D}x - i\,\mathcal{D}y)(\mathcal{D}^2 x + i\,\mathcal{D}^2 y)} \\[2ex]
\phantom{MR} = \dfrac{(\mathcal{D}x^2 + \mathcal{D}y^2)(\mathcal{D}y - i\,\mathcal{D}x)}{\mathcal{D}y\,\mathcal{D}^2 x - \mathcal{D}x\,\mathcal{D}^2 y}.
\end{cases}$$

Telle est l'expression du rayon de courbure en grandeur et en direction. La longueur de ce rayon est évidemment

$$(17) \qquad gr\,MR = \frac{(\mathcal{D}x^2 + \mathcal{D}y^2)^{\frac{3}{2}}}{\mathcal{D}y\,\mathcal{D}^2 x - \mathcal{D}x\,\mathcal{D}^2 y}.$$

Il faut se rappeler qu'ici les coordonnées $x$ et $y$ sont fonctions de la variable indépendante $t$.

157. Si l'on demande la *développée imparfaite* (S) d'angle $\alpha$, c'est-à-dire l'enveloppe de toutes les droites MS (*fig.* 52) formant avec les tangentes MV l'angle constant $\alpha$, la méthode indiquée (155) s'appliquera pour

ainsi dire identiquement. On aura en effet

$$MS = s - M = u\varepsilon^{\alpha}\,\mathbb{D}M,$$

$$\mathbb{D}S = \mathbb{D}M + \mathbb{D}u\,\mathbb{D}M\varepsilon^{\alpha} + u\,\mathbb{D}^{2}M\varepsilon^{\alpha} = \nu\,\mathbb{D}M\varepsilon^{\alpha}.$$

De là

$$\varepsilon^{-\alpha} + \mathbb{D}u + u(l + \lambda i) = \nu,$$

et par conséquent

$$u = \frac{\sin\alpha}{\lambda}.$$

Substituant dans la valeur de MS,

$$(18) \qquad MS = \frac{\sin\alpha\,MR\,\varepsilon^{\alpha}}{i}.$$

S est donc la projection du centre de courbure sur la direction MS.

### Courbes parallèles.

158. Soit proposé de trouver une courbe *parallèle* à une courbe donnée, c'est-à-dire qui ait avec celle-ci toutes ses normales communes.

L'équipollence de la courbe donnée (M) étant supposée écrite sous la forme (4) du n° 155, nous aurons

$$\mathbb{D}M = \varepsilon^{\theta}\,\mathbb{D}s.$$

Or soient MP la normale commune, et P le point correspondant de la courbe cherchée. Nous avons

$$MP = ip\,\varepsilon^{\theta},$$

$p$ étant la longueur de MP; puis

$$\mathbb{D}P = \mathbb{D}M + i\,\mathbb{D}p\,\varepsilon^{\theta} - p\,\varepsilon^{\theta}\,\mathbb{D}\theta$$
$$= \varepsilon^{\theta}\,\mathbb{D}s + i\,\mathbb{D}p\,\varepsilon^{\theta} - p\,\varepsilon^{\theta}\,\mathbb{D}\theta.$$

$\mathbb{D}P$ devant être parallèle à $\mathbb{D}M$ ou à $\varepsilon^{\theta}$, il s'ensuit qu'on a $\mathbb{D}p = o$, c'est-à-dire que MP a une longueur constante.

159. Supposons, plus généralement, que la droite MP (*fig.* 53) forme avec la tangente en M un angle constant $\alpha$, et cherchons le lieu du point P, de telle sorte que les tangentes en M et en P soient parallèles.

Nous aurons

$$MP = p\,\varepsilon^{\alpha+\theta},$$
$$\textcircled{D}P = \textcircled{D}M + \textcircled{D}p\,\varepsilon^{\alpha+\theta} + ip\,\textcircled{D}\theta\,\varepsilon^{\alpha+\theta}.$$

Exprimant que cette droite a pour direction celle de $\textcircled{D}M$, c'est-à-dire de $\varepsilon^{\theta}$, on obtient

$$\textcircled{D}p \sin\alpha + p \cos\alpha\,\textcircled{D}\theta = 0,$$

et de là, par intégration,

$$p = e^{c-\theta\cot\alpha} = ab^{-\theta},$$

si nous posons $e^{c} = a$, $e^{\cot\alpha} = b$.

Donc

$$(19) \qquad MP = ab^{-\theta}\varepsilon^{\alpha+\theta}.$$

Toutes ces droites MP, qui coupent les deux courbes sous un même angle constant donné, sont équipollentes

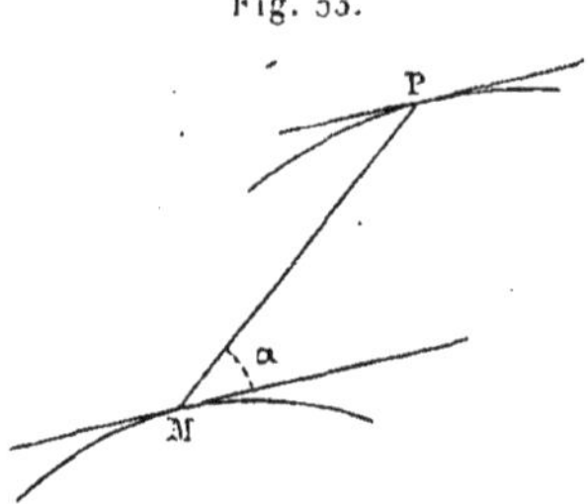

Fig. 53.



(38) aux rayons vecteurs d'une spirale logarithmique, courbe sur l'étude sommaire de laquelle nous reviendrons bientôt.

### Développantes.

**160.** Nous définissons la développante d'une courbe donnée comme la trajectoire orthogonale de ses tangentes. Si donc M est un point de la courbe donnée, N le point correspondant de la développante considérée, $\bigcirc_N$ devra être perpendiculaire à $\bigcirc_M$. Mais nous avons

$$N - M = q \bigcirc_M,$$
$$\bigcirc_N = \bigcirc_M + \bigcirc q \, \bigcirc_M + q \, \bigcirc^2 M.$$

Il faut donc, en posant, comme précédemment,

$$\frac{\bigcirc^2 M}{\bigcirc_M} = l + i\lambda,$$

qu'on ait

$$1 + \bigcirc q + q l = 0.$$

Pour intégrer cette équation différentielle, écrivons tout d'abord

$$u = \int l \, dt, \qquad \text{d'où} \qquad du = l \, dt,$$

puis

$$e^u = y, \qquad \text{d'où} \qquad du = \frac{dy}{y}.$$

L'équation deviendra

$$y \, dt + y \, dq + q \, dy = 0$$

ou

$$y \, dt + d(qy) = 0.$$

De là

$$q y = - \int y \, dt,$$
$$(20) \qquad q = - y^{-1} \int y \, dt = - e^{-\int l \, dt} \int e^{\int l \, dt},$$

et l'équipollence de la développante est

$$(21) \qquad N = M + q \bigcirc_M,$$

**161.** Si l'équipollence de la courbe est donnée sous

la forme (4) du n° 152, le calcul devient beaucoup plus simple. On a, en effet,

$$\oplus M = \oplus s\,\varepsilon^\theta, \qquad \dot{MN} = u\,\varepsilon^\theta,$$

et

$$\oplus N = \oplus M + \oplus u\,\varepsilon^\theta + iu\,\varepsilon^\theta\,\oplus\theta$$

doit être parallèle à $i\varepsilon^\theta$. Donc

$$\oplus s + \oplus u = 0, \qquad u = c - s$$

et

$$(22) \qquad\qquad N = M + (c - s)\,\varepsilon^\theta.$$

162. Appliquons ce qui précède à la développante du cercle de rayon égal à l'unité

$$OM = \varepsilon^t.$$

Ici, $\theta = t + \dfrac{\pi}{2}$, $s = t$, ce qui donne

$$(23) \qquad\qquad N = (1 - it)\,\varepsilon^t,$$

en annulant la constante $c$. Telle est l'équipollence de la développante. Elle peut s'écrire évidemment

$$N = \int t\,dt\,\varepsilon^t,$$

et cela permet d'avoir très aisément la seconde développante $(N_1)$; pour cela, nous poserons

$$\theta = t, \qquad ds = t\,dt,$$

d'où

$$s = \frac{t^2}{2} + \text{const.},$$

et la formule $(22)$ nous donnera

$$(24) \qquad\qquad NN_1 = \left(c - \frac{t^2}{2}\right)\varepsilon^t,$$

$$(25) \qquad\qquad N_1 = \left(i + c - \frac{t^2}{2} + it\right)\varepsilon^t.$$

Les rayons de courbure des trois courbes $(N_1)$, $(N)$.

(M) sont donc respectivement

$$c - \frac{t^2}{2}, \quad t \quad \text{et} \quad 1.$$

## Droites diamétrales.

**163.** Nous appelons *droite diamétrale* MW (*fig.* 54) d'une courbe, en un point M, la limite des droites joi-

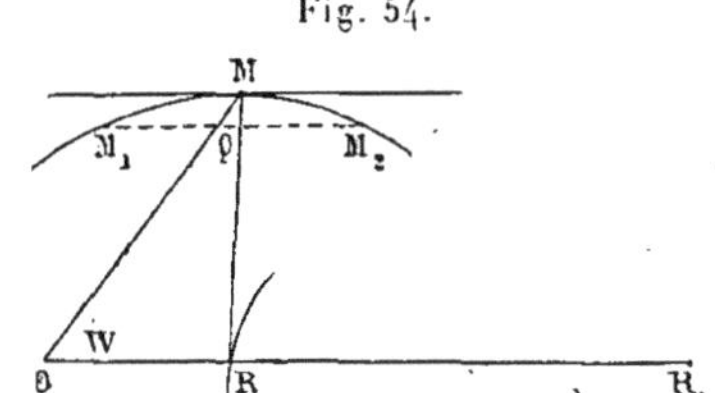

Fig. 54.

gnant ce point au milieu d'une corde voisine, parallèle à la tangente en M, lorsque cette tangente se rapproche indéfiniment.

L'équipollence de la courbe étant $OM = \varphi(t)$, soient $M_1$, $M_2$ deux points infiniment voisins de M de part et d'autre. Nous aurons

$$OM_1 = \varphi(t - k), \qquad OM_2 = \varphi(t + h),$$

$k$ et $h$ étant deux infiniment petits positifs; c'est-à-dire, en développant suivant la série de Taylor,

$$M_2 = M + h\odot M + \frac{h^2}{1 \cdot 2}\odot^2 M + \frac{h^3}{1 \cdot 2 \cdot 3}\odot^3 M + \dots,$$

$$M_1 = M - k\odot M + \frac{k^2}{1 \cdot 2}\odot^2 M - \frac{k^3}{1 \cdot 2 \cdot 3}\odot^3 M + \dots.$$

De là, en appelant Q le milieu de $M_1 M_2$,

$$M_1 M_2 = (h + k)\odot M + \frac{h^2 - k^2}{1 \cdot 2}\odot^2 M + \frac{h^3 + k^3}{1 \cdot 2 \cdot 3}\odot^3 M + \dots,$$

$$MQ = \frac{1}{2}\left[(h - k)\odot M + \frac{h^2 + k^2}{1 \cdot 2}\odot^2 M + \frac{h^3 - k^3}{1 \cdot 2 \cdot 3}\odot^3 M + \dots\right].$$

Il faut que $M_1 M_2$ soit parallèle à $\odot M$; donc, enlevant le terme $(h+k)\odot M$ et supprimant dans ce qui reste les termes d'ordre supérieur au troisième, ce qui est évidemment licite, il nous vient, en divisant par $\dfrac{h+k}{1.2.3}$,

$$3(h-k)\odot^2 M + (h^2 - hk + k^2)\odot^3 M \parallel \odot M.$$

Pour que cette relation de parallélisme soit satisfaite, les deux termes doivent être de même ordre. Il faut donc que $h - k$ soit du second ordre, ce que nous exprimerons en écrivant $h - k = u h^2$; et alors, divisant par $h^2$,

$$(26) \qquad 3 u \odot^2 M + \odot^3 M = v \odot M.$$

La valeur de la quantité finie $u$ étant déterminée par cette équipollence, la droite MW de même direction que MQ sera

$$(27) \qquad MW = u \odot M + \odot^2 M.$$

Telle est la direction de la droite diamétrale cherchée.

Si l'on suppose, comme plus haut, que $\dfrac{\odot^2 M}{\odot M}$ soit mis sous la forme $l + i\lambda$, on peut calculer la valeur de $u$. On a en effet tout d'abord

$$\frac{\odot^3 M}{\odot M} = \odot l + i\odot\lambda + (l + i\lambda)^2,$$

et l'équipollence (26) devient

$$3 u(l + i\lambda) + \odot l + i\odot\lambda + (l + i\lambda)^2 = v,$$

ce qui donne

$$3 u\lambda + \odot\lambda + 2 l\lambda = 0,$$

$$u = -\frac{\odot\lambda}{3\lambda} - \frac{2}{3}l.$$

En substituant dans la formule (27), on trouve

$$MW = \mathcal{D}M\left(\frac{l}{3} - \frac{\mathcal{D}\lambda}{3\lambda} + i\lambda\right) = \lambda^2\left[\frac{i}{\lambda}\mathcal{D}M + \frac{\mathcal{D}M}{3\lambda^2}\left(l - \frac{\mathcal{D}\lambda}{\lambda}\right)\right]$$

ou, en rapprochant de la formule qui donne $RR_1$ (155),

$$(28) \qquad MW = \lambda^2\left(MR - \frac{RR_1}{3}\right).$$

Si donc nous prolongeons le rayon de courbure $R_1R$ de la développée en RO du tiers de sa longueur, nous aurons

$$MW = \lambda^2\,MO;$$

MW et MO ont donc même direction.

Lorsqu'on connaît la droite diamétrale, comme pour les coniques, il résulte de là une construction très simple du rayon de courbure de la développée.

164. L'application aux coordonnées rectilignes (obliques ou rectangulaires) est des plus simples. En effet, si A, B sont deux droites égales à l'unité, suivant les axes, et $x$, $y$ les coordonnées de M, nous aurons, $x$ étant la variable indépendante,

$$M = x\mathrm{A} + y\mathrm{B}, \qquad \mathcal{D}M = \mathrm{A} + y\mathrm{B}\mathcal{D}y,$$
$$\mathcal{D}^2M = \mathrm{B}\mathcal{D}^2y, \qquad \mathcal{D}^3M = \mathrm{B}\mathcal{D}^3y.$$

L'application de la formule (26) donne alors

$$v = 0, \qquad u = -\frac{1}{3}\frac{\mathcal{D}^3y}{\mathcal{D}^2y},$$

et la valeur (27) de MW est

$$MW = -\frac{\mathcal{D}^3y}{3\mathcal{D}^2y}\mathrm{A} + \left(\mathcal{D}^2y - \frac{\mathcal{D}^3y\,\mathcal{D}y}{3\mathcal{D}^2y}\right)\mathrm{B}.$$

Le coefficient angulaire de la droite diamétrale est donc

$$\mathcal{D}y - \frac{3(\mathcal{D}^2y)^2}{\mathcal{D}^3y}.$$

## Osculation des courbes.

165. Soient deux courbes (M), (N) exprimées par les équipollences

$$\text{M} = \varphi(t), \qquad \text{N} = \Phi(u),$$

et supposons que $u$ soit une fonction indéterminée de $t$, $f(t)$, telle que, pour une valeur particulière de $t$, on ait $\text{M} = \text{N}$. Écrivant $\Phi[f(t)] = \text{F}(t)$, nous · désignerons par $\odot\text{N}$, $\odot^2\text{N}$, … les dérivées de $\text{N}$ prises par rapport à $t$.

Attribuons à $t$ un accroissement infiniment petit $h$. Il en résultera pour $\text{M}$ et $\text{N}$ des accroissements MM' et NN'. Si nous déterminons la fonction $u = f(t)$ de telle sorte que la droite M'N' soit la plus petite possible, elle prendra la forme $h^{n+1}\text{P}$, la droite P étant finie.

On dira alors que les deux courbes ont en M un contact de l'ordre $n$. S'il n'y a pas de singularité en M, l'ordre du contact sera entier. Toutes les fois que $n$ est supérieur à l'unité, on dit que les deux courbes sont osculatrices.

Les accroissements MM', MN', d'après la formule de Taylor, peuvent se développer ainsi

$$\text{MM'} = h\odot\text{M} + \frac{h^2}{1.2}\,\odot^2\text{M} + \ldots,$$

$$\text{MN'} = h\odot\text{N} + \frac{h^2}{1.2}\,\odot^2\text{N} + \ldots,$$

d'où

$$\text{M'N''} = h(\odot\text{N} - \odot\text{M}) + \frac{h^2}{1.2}(\odot^2\text{N} - \odot^2\text{M}) + \ldots.$$

Il faudra donc, pour avoir l'ordre de contact, satisfaire au plus grand nombre possible des équipollences

$$\text{M} = \text{N}, \qquad \odot\text{M} = \odot\text{N}, \qquad \odot^2\text{M} = \odot^2\text{N}, \qquad \ldots.$$

Cherchons, d'après cela, le cercle osculateur en un point M d'une courbe donnée. R étant le centre de ce cercle, nous pouvons écrire son équipollence

$$N = R + RM\,\varepsilon^u,$$

et les points M, N coïncident pour $u = 0$.

On a

$$\mathbb{D}N = i\,RM\,\varepsilon^u\,\mathbb{D}u,$$
$$\mathbb{D}^2 N = RM\,\varepsilon^u(i\,\mathbb{D}^2 u - \mathbb{D}u^2),$$

et pour que le contact soit du second ordre, il faudra, en faisant $u = 0$, écrire

$$\mathbb{D}M = i\,RM\,\mathbb{D}u,$$
$$\mathbb{D}^2 M = RM\,(i\,\mathbb{D}^2 u - \mathbb{D}u^2).$$

On ne peut évidemment aller plus loin.
Par division, il vient

$$\frac{\mathbb{D}^2 M}{\mathbb{D}M} = l + i\lambda = \frac{\mathbb{D}^2 u}{\mathbb{D}u} + i\,\mathbb{D}u.$$

Donc $\mathbb{D}u = \lambda$, et

$$(29) \qquad MR = \frac{i\,\mathbb{D}M}{\mathbb{D}u} = \frac{i\,\mathbb{D}M}{\lambda}.$$

Donc le point R est le même que nous avons déjà trouvé au n° 155, en sorte que le cercle osculateur a pour centre et pour rayon le centre et le rayon de courbure.

Nous trouverons plus loin quelques nouvelles applications de la théorie de l'osculation des courbes.

### Enveloppes.

166. Soit un système de courbes exprimées par l'équipollence

$$(30) \qquad M = \varphi(t, \tau),$$

$\tau$ étant un paramètre réel, constant pour chaque courbe, mais variant quand on passe d'une courbe à une autre.

Pour obtenir l'enveloppe de toutes ces courbes, nous remarquerons que tout point $X$ de cette enveloppe, étant situé sur l'une des courbes (30), satisfera à cette équipollence (30) pourvu qu'on donne à $t$ et $\tau$ des valeurs particulières convenables. En d'autres termes, l'équipollence (30) représente l'enveloppe cherchée, à condition qu'on y considère les paramètres $t$ et $\tau$ comme liés entre eux par une certaine relation.

La tangente à l'enveloppe est donc donnée par l'expression

$$\textcircled{D}_M = \frac{d\varphi}{dt} + \frac{d\varphi}{d\tau}\frac{d\tau}{dt} = \textcircled{D}_t M + \textcircled{D}_\tau M \frac{d\tau}{dt},$$

tandis que la tangente à la courbe individuelle considérée est simplement

$$\textcircled{D}_t M = \frac{d\varphi}{dt},$$

puisqu'on y regarde $\tau$ comme constant.

Mais ces deux tangentes devant avoir même direction, il faut qu'on ait

$$\textcircled{D}_\tau M + \textcircled{D}_t M \frac{d\tau}{dt} \parallel \textcircled{D}_t M,$$

c'est-à-dire

$$(31) \qquad \textcircled{D}_\tau M \parallel \textcircled{D}_t M.$$

Autrement dit, si $\dfrac{\textcircled{D}_\tau M}{\textcircled{D}_t M}$ est mis sous la forme $c + \gamma i$, l'équation

$$(32) \qquad \gamma = 0$$

nous donnera la relation cherchée entre $t$ et $\tau$.

Si dans l'équipollence (30) on regarde $t$ comme un paramètre variable de courbe à courbe, et $\tau$ comme variable de point à point sur la même courbe, cette équipollence représentera un second système de courbes tout à fait différent du premier. Si l'on cherche leur enveloppe, on retombera encore sur les relations $(31)$ et $(32)$. Donc les deux systèmes de courbes représentées par l'équipollence $(30)$ ont même enveloppe.

### Trajectoires orthogonales ou obliques.

**167.** Reprenons l'équipollence

$$(30) \qquad \mathrm{M} = \varphi(t, \tau),$$

où $\tau$ est le paramètre variable de courbe à courbe, et proposons-nous de trouver une courbe qui coupe toutes celles-là sous un angle $\alpha$ qui peut être constant ou bien fonction de $\tau$, c'est-à-dire variable d'une courbe à une autre.

Nous verrions, comme au numéro précédent, que l'équipollence $(30)$ représentera la trajectoire cherchée, pourvu que $t$ et $\tau$ soient liés par une relation convenable. C'est cette relation qu'il s'agit de trouver.

La tangente à la trajectoire sera

$$\bigodot_{\mathrm{M}} = \bigodot_{t}{\mathrm{M}} + \bigodot_{\tau}{\mathrm{M}}\, \frac{d\tau}{dt},$$

et la condition du problème est

$$\frac{\bigodot_{\mathrm{M}}}{\bigodot_{t}{\mathrm{M}}} \parallel \varepsilon^{\alpha}$$

c'est-à-dire

$$1 + \frac{\bigodot_{\tau}{\mathrm{M}}}{\bigodot_{t}{\mathrm{M}}} \frac{d\tau}{dt} \parallel \varepsilon^{\alpha}.$$

Écrivant comme ci-dessus $\dfrac{\bigodot_{\tau}{\mathrm{M}}}{\bigodot_{t}{\mathrm{M}}} = c + i\gamma$, cette relation devient

$$1 + (c + i\gamma)\frac{d\tau}{dt} \parallel \varepsilon^{\alpha}$$

ou

$$(33) \qquad \frac{\gamma \dfrac{d\tau}{dt}}{1 + c \dfrac{d\tau}{dt}} = \operatorname{tang} \alpha.$$

Telle est l'équation différentielle qui nous donnera la relation cherchée.

Si l'on fait $\alpha = 0$, on a le problème des enveloppes, étudié au numéro précédent, c'est-à-dire que la relation (33) se réduit à $\gamma = 0$, comme on l'a vu.

Si l'on fait $\alpha = \dfrac{\pi}{2}$, la trajectoire est *orthogonale* et la relation (33) se réduit à

$$(34) \qquad 1 + c \frac{d\tau}{dt} = 0.$$

### Spirale logarithmique.

168. Nous passons maintenant à l'étude particulière de quelques courbes, et nous débutons par la spirale logarithmique, à cause de la simplicité avec laquelle elle se présente, et de l'importance qu'elle a dans cette méthode. Nous en avons déjà dit quelques mots au n° 59.

En prenant pour origine le pôle, et pour origine des inclinaisons le rayon vecteur égal à l'unité, l'équipollence de la courbe est

$$(1) \qquad M = e^{at}\varepsilon^t.$$

La tangente en M (*fig.* 55) est donnée par la dérivée

$$(2) \qquad \oplus_M = (a + i)e^{at}\varepsilon^t = (a + i)_M,$$

et la normale est

$$i\oplus_M = (ai - 1)_M.$$

On a

$$\frac{M}{\oplus_M} = \frac{1}{a + i} = \frac{a - i}{a^2 + 1}.$$

La podaire (153) est donc représentée par

$$(3) \qquad P = \frac{-i}{a^2+1} \, \text{®}_M = \frac{1-ai}{a^2+1} \, e^{at} \varepsilon^t,$$

la podaire de la développée par

$$(4) \qquad Q = \frac{a}{a^2+1} \, \text{®}_M = \frac{a(a+i)}{a^2+1} \, e^{at} \varepsilon^t.$$

$\dfrac{\text{®}^2 M}{\text{®}_M}$ a pour expression $a+i$; par conséquent (155) le

rayon de courbure est

$$(5) \qquad MR = i \, \text{®}_M = (ai-1)_M,$$

et l'on a, pour l'équipollence de la développée,

$$(6) \qquad R = ai_M = aie^{at} \varepsilon^t.$$

169. On reconnaît sans peine que les courbes (2),
(3), (4), (6) sont aussi des spirales logarithmiques, et

Fig. 55.

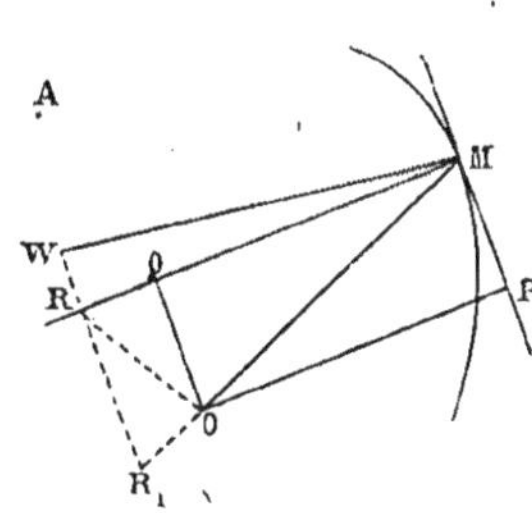


nous allons voir qu'elles sont toutes superposables avec
la spirale donnée (1) par une simple rotation autour du
pôle. En effet, toutes leurs équipollences sont de la
forme

$$M_1 = b \, \varepsilon^\beta \, e^{at} \varepsilon^t.$$

Si nous faisons tourner tout d'une pièce cette courbe

$(M_1)$ autour du pôle, d'un certain angle $\delta$, nous avons

$$M_2 = \varepsilon^\delta b\, \varepsilon^\beta e^{at}\varepsilon^t = b e^{at}\varepsilon^{t+\beta+\delta};$$

or le point de la spirale $(1)$ correspondant à $t + \beta + \delta$ est

$$M' = e^{a(t+\beta+\delta)}\varepsilon^{t+\beta+\delta}.$$

Pour que les deux courbes $(M_2)$ et $(M')$ coïncident, il suffit donc qu'on ait

$$b = e^{\beta+\delta} \qquad \text{ou} \qquad \delta = \log b - \beta.$$

Ainsi toutes les spirales obtenues sont superposables à la première.

170. Il est à peine utile de faire remarquer qu'en vertu de la relation $(2)$ l'angle de $\odot$M avec M est constant et que, par suite, la spirale logarithmique est la trajectoire oblique, d'angle constant, de toutes les droites issues d'un même point; $\alpha$ étant l'angle constant, on a

$$a = \cot\alpha.$$

171. La droite diamétrale en M $(163)$ s'obtient bien aisément; car on a, en général, $\odot$M $= (a+i)$M, si bien que l'équipollence $(26)$ du numéro précité devient

$$3u(a+i)+(a+i)^2 = v;$$

d'où

$$3u+2a = 0$$

et, en substituant dans l'équipollence $(27)$,

$$(7) \qquad MW = (a+i)\left(\frac{a}{3}+i\right)e^{at}\varepsilon^t,$$

$$RW = \frac{ia}{3}\,RM.$$

172. La remarque faite au n° 169 montre que l'équi-

pollence la plus générale d'une spirale logarithmique quelconque ayant son pôle à l'origine peut s'écrire

$$\mathrm{M} = e^{ct+b}\varepsilon^{ct+d}$$

ou, en posant $e^b\varepsilon^d = \mathrm{M}_0$, $e^a\varepsilon^c = \mathrm{K}$,

$$(8) \qquad \frac{\mathrm{M}}{\mathrm{M}_0} = \mathrm{K}^t.$$

Cette forme peut être parfois d'un emploi utile, en raison de sa simplicité et de sa généralité.

173. Nous terminerons cette étude sommaire de la spirale logarithmique par la recherche du centre de gravité d'un arc homogène $\mathrm{M}_0\mathrm{M}_1$ de la courbe.

D'une manière générale, on a le centre de gravité G d'un arc de courbe en supposant chacun de ses points affecté d'un coefficient proportionnel à l'arc élémentaire $ds$ et en prenant le point moyen de ce système de points en nombre infini, ce qui donne évidemment

$$(9) \qquad \mathrm{G} = \frac{1}{s}\int \mathrm{M}\,ds.$$

Or l'équipollence (2) donne

$$ds = \sqrt{a^2+1}\,e^{at}\,dt,$$

$$s = \frac{\sqrt{a^2+1}}{a}(e^{at_1} - e^{at_0}),$$

$$\mathrm{M}\,ds = \sqrt{a^2+1}\,e^{2at}\varepsilon^t\,dt,$$

$$\int_{s_0}^{s_1} \mathrm{M}\,ds = \frac{\sqrt{a^2+1}}{2a+i}(e^{2at_1}\varepsilon^{t_1} - e^{2at_0}\varepsilon^{t_0}).$$

Donc nous obtenons

$$(10) \qquad \mathrm{G} = \frac{a}{2a+i}\,\frac{e^{2at_1}\varepsilon^{t_1} - e^{2at_0}\varepsilon^{t_0}}{e^{at_1} - e^{at_0}} = \frac{a}{2a+i}\,\frac{e^{at_1}\mathrm{M}_1 - e^{at_0}\mathrm{M}_0}{e^{at_1} - e^{at_0}}.$$

Si nous écrivons

$$(11) \qquad \frac{UM_1}{UM_0} = \frac{e^{at_0}}{e^{at_1}} = \frac{\operatorname{gr} M_0}{\operatorname{gr} M_1},$$

il vient

$$(12) \qquad G = \frac{a}{2\,a + i}\, U = \frac{1}{1 + \sec \alpha \varepsilon^\alpha}\, U,$$

et les constructions des points U et G deviennent alors tout à fait élémentaires, au moyen des équipollences (11) et (12).

### Parabole.

174. *Équipollence.* — L'équation de la parabole, rapportée à un diamètre OA et à la tangente correspondante OB, étant $y^2 = 2px$, on voit que son équipollence peut s'écrire

$$M = \frac{y^2}{2p}\, A_1 + y\, B_1,$$

$A_1$ et $B_1$ étant deux droites égales à l'unité, suivant OA et OB. Soit $\frac{A_1}{2p} = A$, $B_1 = B$; l'équipollence de la courbe deviendra, en remplaçant $y$ par $t$,

$$(1) \qquad M = t^2 A + t B.$$

Au moyen de cette équipollence, en la discutant, on reconnaîtrait facilement la forme de la courbe.

En transportant l'origine en un autre point C (*fig.* 56) de la courbe, on peut amener les deux droites, coefficients de $t^2$ et de $t$, à être rectangulaires. En effet, on aura

$$C = c^2 A + c B$$

et, par soustraction,

$$CM = (t^2 - c^2) A + (t - c) B = (t - c)^2 A + (t - c)(B + 2c A).$$

On peut toujours choisir la valeur de $c$ de telle sorte

que $B + 2cA$ soit perpendiculaire à $A$. Dès lors, prenant C pour origine, remplaçant $t - c$ par $t$, et $B + 2cA$ par $B$, l'équipollence prend la forme (1), les deux droites $A$, $B$ étant rectangulaires.

Il est clair enfin qu'en changeant $t$ en $at$, on peut s'arranger pour que les longueurs de $A$ et de $B$ deviennent égales. Si l'on choisit cette longueur commune pour unité, l'équipollence devient

$$(2) \qquad\qquad M = t^2 + it.$$

Le calcul précédent donne de lui-même le sommet C de la courbe.

Sous cette dernière forme (2) on peut bien étudier les diverses propriétés de la courbe, mais on ne saurait comparer plusieurs paraboles différentes, puisque l'on suppose une ligne spéciale prise pour unité.

Soient deux paraboles, ayant même diamètre et même tangente à l'extrémité (ou bien rapportées toutes deux au sommet):

$$M = t^2 A + t B,$$
$$M' = t^2 A' + t B'.$$

Si dans la seconde équipollence nous remplaçons $t$ par $at$, il viendra

$$M' = t^2 a^2 A' + ta B'.$$

Posant $a = \dfrac{A}{A'} : \dfrac{B}{B'}$, on aura $\dfrac{a^2 A'}{A} = \dfrac{a B'}{B} = k$, et l'équipollence de la seconde parabole sera

$$M' = k(t^2 A + t B) = k M.$$

Donc les courbes considérées sont homothétiques, et par conséquent toutes les paraboles sont semblables.

On remarquera qu'en laissant en évidence le paramètre, l'équipollence de la parabole rapportée au sommet peut s'écrire

$$(2') \qquad \mathrm{M} = 2p(t^2 + it).$$

**175. *Tangente et normale. Foyer.*** — En prenant (150) la dérivée de l'équipollence (1), on a

$$(3) \qquad \odot\mathrm{M} = 2t\,\mathrm{A} + \mathrm{B},$$

ce qui donne la tangente en M (*fig.* 56).

Fig. 56.

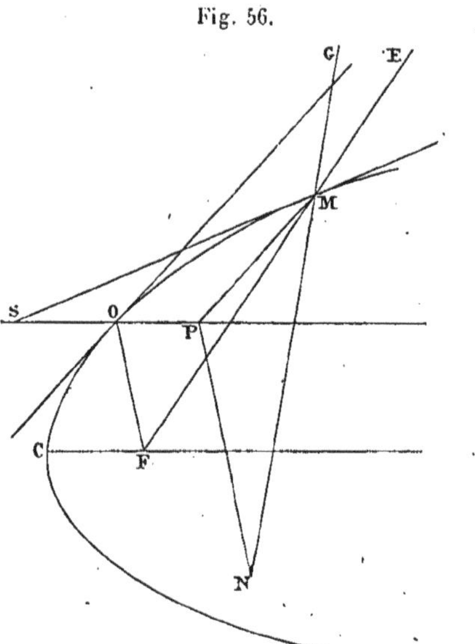

L'intersection S de cette tangente avec OA s'obtiendra en écrivant $\mathrm{M} + u\,\odot\mathrm{M} = v\,\mathrm{A}$ ou

$$t^2\mathrm{A} + t\mathrm{B} + u(2t\mathrm{A} + \mathrm{B}) = v\mathrm{A} = \mathrm{OS}.$$

De là

$$u = -t, \qquad v = -t^2$$

et

$$(4) \qquad \mathrm{OS} = -t^2\mathrm{A},$$

propriété bien connue, si l'on remarque que $t^2 A$ est l'abscisse du point M.

Menons une droite ME qui forme avec la tangente en M un angle égal à celui que forme cette tangente avec OA. Nous aurons

$$ME = \frac{(\textcircled{t}_M)^2}{A} = 4\,t^2 A + 4\,t B + \frac{B^2}{A}$$

et

$$(5) \qquad OM - \frac{ME}{4} = OF = M - t^2 A - t B - \frac{B^2}{4A} = -\frac{B^2}{4A}.$$

Cette valeur étant indépendante de $t$, on voit que toutes les droites telles que ME passent par un point fixe F; ce point est le *foyer*, dont on reconnaît ici la propriété caractéristique.

Soit à présent une droite MG (*fig.* 56) formant avec la tangente un angle égal à celui de B avec A; on aura

$$MG = \frac{B\,\textcircled{t}_M}{A} = 2\,t B + \frac{B^2}{A}.$$

Si actuellement OM est décomposé en son abscisse OP et son ordonnée PM, on a

$$PM = t B.$$

De là

$$(6) \qquad PM - \frac{MG}{2} = PN = -\frac{B^2}{2A} = 2\,OF.$$

Lorsque l'angle AOB est droit, on reconnaît dans l'équipollence (6) la propriété de la sous-normale.

Si l'on adopte, pour représenter la courbe, la forme simplifiée (2), la tangente est alors donnée par

$$\textcircled{t}_M = 2\,t + i,$$

la normale par

$$i\,\textcircled{t}_M = 2\,t i - 1,$$

et le foyer par

$$F = \tfrac{1}{4}.$$

**176.** *Podaires.* — Rapportons la courbe au foyer comme origine. D'après l'équipollence (5) on aura

$$FM = t^2 A + t B + \frac{B^2}{4 A} = \frac{(2 t A + B)^2}{4 A}.$$

De là, divisant par (3),

$$\frac{FM}{\textcircled{O}M} = \frac{2 t A + B}{4 A} = \frac{t}{2} + \frac{4 A}{B}.$$

Par suite (**153**), $\mu$ sera constant et la podaire s'exprimera par

$$(7) \qquad FP = i\mu\,\textcircled{O}M = i\mu(2 t A + B).$$

C'est évidemment une droite, dans laquelle il est aisé de reconnaître la tangente au sommet.

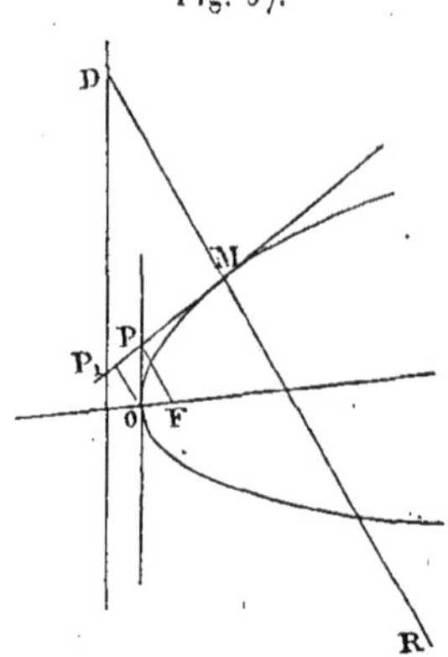

Fig. 57.

Cherchons maintenant la podaire par rapport au sommet, et reprenons pour cela l'équipollence (2′)

$$(2') \qquad M = 2p(t^2 + it).$$

Formant $\dfrac{M}{\textcircled{O}M} = m + i\mu$, on trouve tout de suite

$$\mu = \frac{t^2}{4\,t^2 + 1} \quad \text{et, par suite,}$$

$$P_1 - i\mu\,\odot M = 2p\,\frac{t^2}{4\,t^2 + 1}\,(2\,ti - 1)$$

est l'équipollence de la podaire.

En changeant $t$ en $\frac{t}{2}$ on lui donne la forme plus simple

$$(8) \qquad P_1 = \frac{p}{2}\,\frac{t^2}{t^2 + 1}\,(ti - 1)$$

et, en posant $-t = \mathrm{tang}\,\tau$, on obtient encore

$$(8') \qquad P_1 = -\frac{p}{2}\,\frac{\sin^2\tau}{\cos\tau}\,\varepsilon^\tau,$$

équipollence facile pour la discussion de la courbe en coordonnées polaires.

**177.** *Développée; rayon de courbure.* — Prenons toujours l'équipollence de la courbe sous la forme $(2')$. Alors $\odot^2 M = 4p$, et, en formant $\dfrac{\odot^2 M}{\odot M} = l + i\lambda$, on trouve

$$\lambda = -\frac{2}{4\,t^2 + 1}\,.$$

Donc (155) le rayon de courbure MR est

$$(9) \qquad MR = p(4\,t^2 + 1)(1 - 2\,it),$$

et l'équipollence de la développée devient

$$(10) \qquad R = M + MR = p(6\,t^2 + 1 - 8\,it^3).$$

En prolongeant RM en MD de la moitié de sa longueur, on a

$$D = M - \tfrac{1}{2}MR = p\left[-\tfrac{1}{2} + i(3\,t + 4\,t^3)\right],$$

Le point D appartient donc évidemment à une droite, qui n'est autre que la directrice; de là une construction des plus simples du rayon de courbure.

**178.** *Parabole osculatrice à une courbe donnée.*
— Soit $\text{\tiny M} = \varphi(t)$ l'équipollence d'une courbe donnée,
et $\odot\text{\tiny M} = \text{MV}$ sa tangente en un certain point M. Cherchons à construire une parabole qui ait en M, avec la
courbe, un contact d'ordre aussi élevé que possible.
L'équipollence de cette parabole sera (174), en appelant
MU son diamètre en M, et N un point quelconque de
la courbe,

$$(11) \qquad \text{MN} = z^2\,\text{MU} + z\,\text{MV}.$$

Pour $z = 0$, les points N, M coïncident. Il faut donc
(165) rendre égales, pour cette valeur $z = 0$, le plus
grand nombre possible des dérivées $\odot\text{\tiny N}$, $\odot^2\text{\tiny N}$, ... avec
les dérivées correspondantes $\odot\text{\tiny M}$, $\odot^2\text{\tiny M}$, ....

Or l'équation (11) nous donne, par dérivations successives,

$$\odot\text{\tiny N} = 2z\,\odot z\,\text{MU} + \odot z\,\text{MV},$$
$$\odot^2\text{\tiny N} = 2(\odot z^2 + z\,\odot^2 z)\,\text{MU} + \odot^2 z\,\text{MV},$$
$$\odot^3\text{\tiny N} = 2(3\,\odot z\,\odot^2 z + z\,\odot^3 z)\,\text{MU} + \odot^3 z\,\text{MV}.$$

Faisant $z = 0$ et remarquant que la première condi-
tion, $\odot\text{\tiny M} = \odot\text{\tiny N}$, entraîne $\odot z = 1$, $\text{MV} = \odot\text{\tiny M}$, on voit
que les deux conditions suivantes seront exprimées par
les équipollences

$$\odot^2\text{\tiny M} = \qquad 2\,\text{MU} + \odot^2 z\,\odot\text{\tiny M},$$
$$\odot^3\text{\tiny M} = 6\,\odot^2 z\,\text{MU} + \odot^3 z\,\odot\text{\tiny M}.$$

De là,

$$3\,\odot^2 z\,\odot^2\text{\tiny M} - \odot^3\text{\tiny M} = [3(\odot^2 z)^2 - \odot^3 z]\,\odot\text{\tiny M},$$

ce qui suffit à déterminer le coefficient $3\,\odot^2 z$ ; puis

$$2\,\text{MU} = -\,\odot^2 z\,\odot\text{\tiny M} + \odot^2\text{\tiny M}.$$

Si l'on pose $\odot^2 z = -u$ et si l'on rapproche ce qui
précède du n° **163**, on reconnaît que MU n'est autre

que la droite diamétrale correspondant au point M, c'est-à-dire que les droites MU, MW coïncident.

Il est visible d'ailleurs qu'on ne peut pas pousser plus loin l'osculation, la parabole étant dès lors déterminée. Le contact est donc du troisième ordre, d'une manière générale.

### Ellipse.

**179. *Équipollence; diamètres conjugués.*** — L'équation de l'ellipse rapportée à ses axes étant

$$\frac{x^2}{a^2} + \frac{y^2}{b^2} = 1,$$

on peut poser

$$\frac{x}{a} = \cos t, \qquad \frac{y}{b} = \sin t,$$

et alors, en prenant le centre pour origine et le grand axe pour origine des inclinaisons, l'équipollence de la courbe prend la forme

$$(1) \qquad \textsc{m} = a \cos t + ib \sin t.$$

Si nous donnons à $t$ deux valeurs $\alpha$, $\alpha + \dfrac{\pi}{2}$, nous aurons deux points particuliers A, B de la courbe (*fig.* 58) et

$$(2) \qquad \left\{ \begin{aligned} \textsc{a} &= \phantom{-}a \cos\alpha + ib \sin\alpha, \\ \textsc{b} &= -a \sin\alpha + ib \cos\alpha. \end{aligned} \right.$$

De là,

$$\textsc{a} \cos t + \textsc{b} \sin t = a \cos(t + \alpha) + ib \sin(t + \alpha),$$

et, comme le second membre n'est autre que le second membre de (1), où $t$ est remplacé par $t + \alpha$, il s'ensuit que l'équipollence peut encore s'écrire

$$(3) \qquad \textsc{m} = \textsc{a} \cos t + \textsc{b} \sin t.$$

On reconnaît dans les droites A, B deux demi-diamètres conjugués de la courbe.

Des relations (2) on déduit

$$\text{A cj A} + \text{B cj B} = a^2 + b^2,$$
$$\text{A cj B} - \text{B cj A} = - 2iab,$$

ce qui démontre immédiatement les deux théorèmes

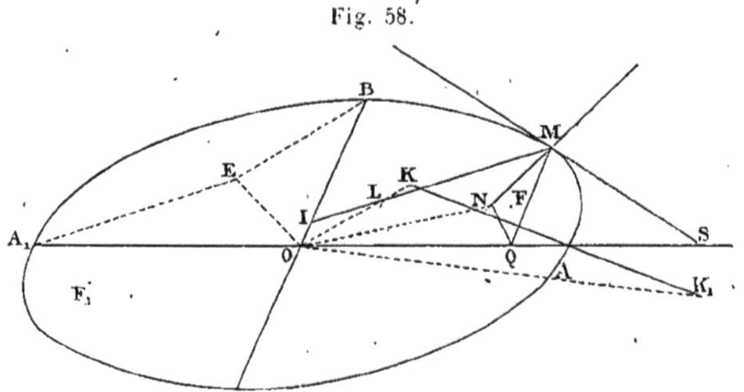



d'Apollonius, les seconds membres étant constants.

**180.** *Foyer.* — Les équipollences (2) donnent encore la relation presque évidente

$$(4) \qquad \text{A}^2 + \text{B}^2 = a^2 - b^2 = \text{F}^2.$$

On détermine donc ainsi deux points $F$, $F_1$, symétriques par rapport au centre, situés sur le grand axe. Ce sont les foyers de la courbe.

La relation (4) peut s'écrire

$$(5) \quad \text{A}^2 = (\text{F} + \text{B})(\text{F} - \text{B}) = (\text{B} - \text{F}_1)(\text{F} - \text{B}) = - \text{BF}_1\,\text{BF}.$$

On en déduit que le produit de deux rayons vecteurs aboutissant à un point B est égal au carré du demi-diamètre conjugué à OB, et que ces rayons vecteurs forment des angles égaux avec ce demi-diamètre conjugué.

Connaissant deux demi-diamètres conjugués A, B, on

peut obtenir les foyers en écrivant

$$\mathrm{F}^2 = \mathrm{A}\left(\mathrm{A} + \frac{\mathrm{B}^2}{\mathrm{A}}\right),$$

car, si nous prenons le triangle BOE directement semblable à AOB, il vient $\mathrm{OE} = \frac{\mathrm{B}^2}{\mathrm{A}}$ ; et tout est ramené à une construction de moyenne proportionnelle.

Plus aisément encore peut-être, écrivons

$$\mathrm{F}^2 = (\mathrm{A} + i\mathrm{B})(\mathrm{A} - i\mathrm{B}).$$

En abaissant de A une perpendiculaire sur OB, et portant AK, $\mathrm{AK}_1$ de longueurs égales à OB, sur cette perpendiculaire, on a

$$\mathrm{F}^2 = \mathrm{KK}_1,$$

et tout est ramené encore à la construction d'une moyenne proportionnelle.

Sur la droite OK, portons $\mathrm{OL} = \mathrm{L} = \mathrm{OK}\cos t$. Alors on aura

$$\mathrm{L} = (\mathrm{A} + i\mathrm{B})\cos t,$$
$$\mathrm{M} = \mathrm{A}\cos t + \mathrm{B}\sin t$$

et

$$\mathrm{LM} = -i\mathrm{B}(\cos t + i\sin t).$$

Donc la grandeur de cette droite LM est égale à celle du demi-diamètre B.

Prolongeons maintenant cette droite LM jusqu'à sa rencontre en I avec la direction OB. Nous aurons

$$\mathrm{OL} + u\mathrm{LM} = v\mathrm{OB}$$

et

$$u\mathrm{LM} = \mathrm{LI},$$

c'est-à-dire, en écrivant $\frac{\mathrm{K}}{\mathrm{B}} = h + i\eta$ et divisant par B,

$$(h + i\eta)\cos t - iu(\cos t + i\sin t) = v,$$

ce qui donne immédiatement

$$u = \eta.$$

Par suite $LI = \eta\, LM$, en sorte que la droite $LI$ a une longueur constante. Donc l'ellipse est décrite par le point $M$ de la droite $IL$ de longueur constante, qui se meut en s'appuyant sur les droites fixes OB, OK.

**181.** *Tangente; podaire.* — Si nous reprenons l'équipollence

$$(3) \qquad \mathrm{M} = \mathrm{A} \cos t + \mathrm{B} \sin t,$$

elle nous donne, par dérivation,

$$(6) \qquad \textcircled{D}\mathrm{M} = -\, \mathrm{A}'\sin t + \mathrm{B} \cos t.$$

Rapprochant ces expressions (3) et (6) des valeurs (2), il s'ensuit que $\mathrm{M}$ et $\textcircled{D}\mathrm{M}$ représentent deux demi-diamètres conjugués.

Soit $OQ = \mathrm{A} \cos t$ l'abscisse de M ; cherchons le point S où la tangente en M rencontre la direction OA. Nous aurons

$$\mathrm{M} + u\, \textcircled{D}\mathrm{M} = v\mathrm{A},$$

ou

$$\mathrm{A}(\cos t - u \sin t) + \mathrm{B}(\sin t + u \cos t) = v\mathrm{A};$$

d'où

$$u = -\tan t, \qquad v\mathrm{A} = OS = \mathrm{A}\,\frac{1}{\cos t},$$

et

$$OQ.OS = \mathrm{A}^2.$$

Menons une droite MN qui forme avec la tangente l'angle constant AOB,

$$MN = \frac{\mathrm{B}\,\textcircled{D}\mathrm{M}}{\mathrm{A}} = -\,\mathrm{B} \sin t + \frac{\mathrm{B}^2}{\mathrm{A}} \cos t.$$

Alors

$$\mathrm{N} = \mathrm{M} + \mathrm{MN} = \left( \mathrm{A} + \frac{\mathrm{B}^2}{\mathrm{A}} \right) \cos t.$$

Construisant (180) $\mathrm{E} = \frac{\mathrm{B}^2}{\mathrm{A}}$, et appelant $\mathrm{A}_1$ le point diamétralement opposé à $\mathrm{A}$

$$\mathrm{ON} = \mathrm{A}_1 \mathrm{E} \cos t.$$

On a aussi

$$\mathrm{QN} = \mathrm{N} - \mathrm{Q} = \mathrm{N} - \mathrm{A} \cos t = \mathrm{OE} \cos t;$$

par conséquent les deux triangles $\mathrm{A}_1 \mathrm{OE}$, $\mathrm{OPN}$ sont homothétiques.

Si OA, OB sont les demi-axes, MN est la normale, et elle coupe l'abscisse OQ dans un rapport constant.

L'équipollence (5) du numéro précédent démontre, d'après la valeur de $\odot$M, que la normale est bissectrice de l'angle des rayons vecteurs.

Si, au moyen des valeurs (3) et (6), on calcule (153) le rapport $\frac{\mathrm{M}}{\odot \mathrm{M}} = m + i\mu$, on trouve

$$\mu = - \frac{ab}{a^2 \sin^2 t + b^2 \cos^2 t}.$$

Par conséquent, la podaire par rapport au centre a pour équipollence

$$\mathrm{P} = i\mu \odot \mathrm{M} = \frac{ab(b \cos t + ia \sin t)}{a^2 \sin^2 t + b^2 \cos^2 t}$$

ou

$$(7) \qquad \mathrm{P} = \frac{ab}{b \cos t - ia \sin t}.$$

**182.** *Rayon de courbure; développée.* — La construction du rayon de courbure de l'ellipse s'effectuera, ainsi qu'on l'a vu au n° 155, de la manière la plus facile. Quant à l'équipollence de la développée, nous l'obtiendrons en remarquant tout d'abord qu'on a

$$\circledcirc^2 M = - a \cos t - ib \sin t = - M.$$

Donc

$$\frac{\circledcirc^2 M}{\circledcirc M} = - \frac{M}{\circledcirc M},$$

et la valeur $\lambda$ (155) est égale à $- \mu$ (181) ou

$$\frac{ab}{a^2 \sin^2 t + b^2 \cos^2 t}.$$

On trouve alors pour l'équipollence cherchée

$$(8) \qquad R = M + \frac{\iota}{\lambda} \circledcirc M = \frac{a^2 - b^2}{ab} (b \cos^3 t - ia \sin^3 t);$$

on remarquera que $OP . MR = \circledcirc M^2$.

183. *Enveloppe des droites joignant les pieds des coordonnées.* — L'ellipse étant rapportée à deux diamètres conjugués OA, OB, soient MP, MQ (*fig.* 59) les

Fig. 59.

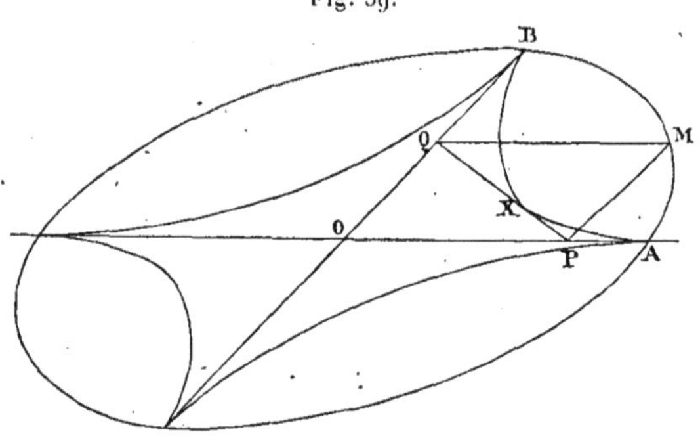

deux coordonnées d'un point de la courbe, et proposons-nous de trouver l'enveloppe des droites PQ. Nous aurons

$$OP = A \cos t, \qquad OQ = B \sin t,$$

et un point quelconque de PQ s'exprimera par

$$OX = \tau.OP + (1 - \tau)OQ,$$

De là

$$X = \tau A \cos t + (1 - \tau) B \sin t.$$

Cette équipollence représente le système des droites PQ, si l'on regarde $\tau$ comme variant de point à point, et $t$ de ligne à ligne. Dans le cas inverse, l'équipollence représente évidemment un système d'ellipses. On sait que les deux enveloppes sont les mêmes et qu'on les obtient (166) par la condition $\mathfrak{D}_t x \parallel \mathfrak{D}_\tau x$. Or

$$\mathfrak{D}_t x = - \tau A \sin t + (1 - \tau) B \cos t,$$
$$\mathfrak{D}_\tau x = A \cos t - B \sin t.$$

La condition est donc

$$\frac{(1 - \tau)\cos t}{\tau \sin t} = \frac{\sin t}{\cos t}, \qquad \text{d'où} \qquad \tau = \cos^2 t.$$

L'enveloppe cherchée a alors pour équipollence

$$(9) \qquad\qquad X = A \cos^3 t + B \sin^3 t.$$

Il est facile d'en discuter la forme, d'après cette relation (9).

**184.** *Trajectoires obliques d'un système d'ellipses homofocales.* — L'équipollence

$$(1) \qquad\qquad M = a \cos t + ib \sin t$$

nous représente le système de toutes les ellipses homofocales si $a$ et $b$ sont variables et liées par la relation

$$a^2 - b^2 = f^2,$$

$f$ étant constante. Nous pouvons donc poser

$$\frac{a}{f} = \text{Ch}\,\tau, \qquad \frac{b}{f} = \text{Sh}\,\tau,$$

et l'équipollence (1) devient alors

$$(10) \qquad \mathrm{M} = f(\mathrm{Ch}\,\tau\cos t + i\,\mathrm{Sh}\,\tau\sin t).$$

De là

$$\frac{1}{f}\,\textcircled{\scriptsize D}_\tau\mathrm{M} = \mathrm{Sh}\,\tau\cos t + i\,\mathrm{Ch}\,\tau\sin t,$$

$$\frac{1}{f}\,\textcircled{\scriptsize D}_t\mathrm{M} = -\,\mathrm{Ch}\,\tau\sin t + i\,\mathrm{Sh}\,\tau\cos t,$$

$$\frac{\textcircled{\scriptsize D}_\tau\mathrm{M}}{\textcircled{\scriptsize D}_t\mathrm{M}} = -\,i.$$

En nous reportant aux notations du n° **167**, nous voyons donc qu'on a $c = 0$, $\gamma = -1$, et l'équation de condition (33) devient

$$\frac{d\tau}{dt} = -\,\mathrm{tang}\,\alpha, \qquad \text{d'où} \qquad \tau = k - t\,\mathrm{tang}\,\alpha;$$

nous supposons constant l'angle $\alpha$.

Substituant dans l'équipollence (10) et posant

$$e^k = g, \qquad e^{\cot\alpha} = h,$$

il vient

$$(11) \qquad \mathrm{M} = \frac{f}{2}\left(g h^t \varepsilon^t + \frac{1}{g h^t \varepsilon^t}\right)$$

pour l'équipollence de la trajectoire demandée.

### Hyperbole.

**185.** *Équipollence; diamètres conjugués; foyers.* — Les analogies avec les propriétés de l'ellipse nous permettront d'abréger beaucoup, en nous reportant aux n°ˢ **179** et suivants.

L'équipollence de la courbe peut évidemment s'écrire (*fig.* 60)

$$(1) \qquad \mathrm{M} = a\,\mathrm{Ch}\,t + ib\,\mathrm{Sh}\,t,$$

en posant $\dfrac{x}{a} = \mathrm{Ch}\,t$, $\dfrac{y}{b} = \mathrm{Sh}\,t$.

Les droites

$$(2) \qquad \left\{ \begin{array}{l} \mathrm{A} = a\,\mathrm{Ch}\,\alpha + ib\,\mathrm{Sh}\,\alpha, \\ \mathrm{B} = a\,\mathrm{Sh}\,\alpha + ib\,\mathrm{Ch}\,\alpha \end{array} \right.$$

sont deux demi-diamètres conjugués. L'équipollence de la courbe peut s'écrire encore

$$(3) \qquad \mathrm{M} = \mathrm{A}\,\mathrm{Ch}\,t + \mathrm{B}\,\mathrm{Sh}\,t.$$

Il est à remarquer que les équipollences (1) et (3) ne donnent que la moitié de la courbe quand on fait varier $t$ de $-\infty$ à $+\infty$; c'est sans inconvénient.

Sur les expressions (2) on vérifie immédiatement les théorèmes d'Apollonius. De plus

$$(4) \qquad \mathrm{A}^2 - \mathrm{B}^2 = a^2 + b^2 = \mathrm{F}^2,$$

et cela donne les deux foyers $\mathrm{F}, \mathrm{F}_1$.

De la relation (4) on tire

$$(5) \qquad \mathrm{B}^2 = \mathrm{AF}.\mathrm{AF}_1,$$

résultat d'une interprétation évidente.

Pour avoir les foyers, connaissant deux diamètres conjugués, il n'y a, d'après la relation (4), qu'à construire la moyenne proportionnelle entre $\mathrm{A} + \mathrm{B}$ et $\mathrm{A} - \mathrm{B}$.

**186.** *Tangente; normale; podaire.* — La dérivée de l'équipollence (3)

$$(6) \qquad \mathcal{D}\mathrm{M} = \mathrm{A}\,\mathrm{Sh}\,t + \mathrm{B}\,\mathrm{Ch}\,t$$

donne la tangente en M; les droites M et $\mathcal{D}$M représentent deux demi-diamètres conjugués.

Si l'on cherche l'intersection S de la tangente avec la droite OA, on trouve

$$\mathrm{OS}.\mathrm{OQ} = \mathrm{A}^2,$$

Q étant le pied de l'ordonnée du point M.

La relation (5) nous montre que la tangente est bissectrice de l'angle des deux rayons vecteurs.

Soit $MN = \dfrac{B \, \text{⊙} M}{A} = B\,\text{Sh}\,t + \dfrac{B^2}{A}\,\text{Ch}\,t$. Cette droite forme avec la tangente un angle égal à AOB. Con-

Fig. 60.

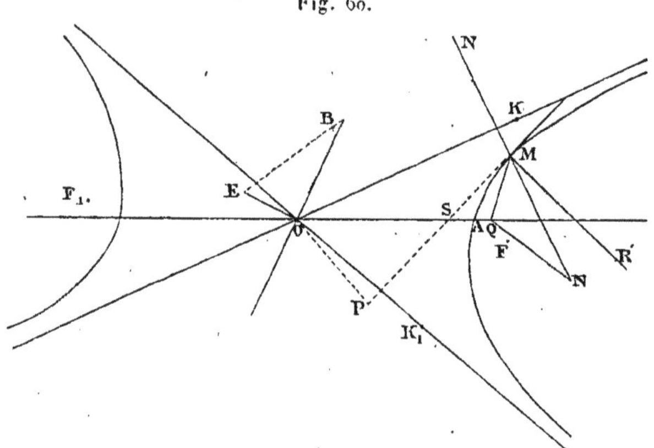

struisons $MN' = - MN$; nous obtiendrons

$$ON' = EA\,\text{Ch}\,t,$$

les triangles OAB, OBE étant directement semblables. On aurait aussi

$$QN' = EO\,\text{Ch}\,t,$$

si bien que les triangles OQN', AOE sont homothétiques.

Quand OA, OB sont les demi-axes de la courbe, la droite MN n'est autre que la normale.

L'équipollence de la podaire par rapport au centre se trouverait comme pour l'ellipse ; c'est

$$(7) \qquad \rho = \dfrac{ab}{b\,\text{Ch}\,t + ia\,\text{Sh}\,t}.$$

**187.** *Rayon de courbure; développée.* — On a

$$\bigodot^2 M = M;$$

de là, si $\dfrac{\bigodot^2 M}{\bigodot M} = \dfrac{M}{\bigodot M} = l + i\lambda$, on tire

$$\lambda = - \frac{ab}{a^2 \operatorname{Sh}^2 t + b^2 \operatorname{Ch}^2 t},$$

puis

$$MR = \frac{i}{\lambda}\,\bigodot M$$

et

$$(8) \qquad R = \frac{a^2 - b^2}{ab}\,(b\operatorname{Ch}^3 t - ia\operatorname{Sh}^3 t)$$

pour l'équipollence de la développée.

Ici, on a $OP.MR = -\bigodot M^2$, ce qui fournit une construction des plus faciles pour le rayon de courbure.

**188.** *Asymptotes.* — Reprenons la relation (4); si nous posons $A + B = K$, $A - B = K$, nous pouvons l'écrire

$$F^2 = KK_1,$$

et il est visible que les droites $K$, $K_1$, de directions constantes, sont les asymptotes de la courbe. En cherchant les limites de $\bigodot M$, pour $t = \pm\infty$, on vérifie tout de suite que les asymptotes sont les limites des tangentes.

Si l'on pose (*fig.* 61)

$$L = K\operatorname{Sh} t, \qquad L_1 = K_1\operatorname{Sh} t, \qquad L' = K\operatorname{Ch} t, \qquad L'_1 = K_1\operatorname{Ch} t,$$

on voit que ML est une parallèle à un diamètre transverse terminée à une asymptote, $LL_1$ et $L'M L'_1$ des parallèles au diamètre conjugué limitées aux deux asymptotes. En appelant Q le milieu de ML, on a

$$2Q.LM = A^2, \qquad ML'.ML'_1 = -B^2, \qquad 2Q.ML' = ML.ML'_1 = AB,$$

$$\frac{LM}{ML'} = \frac{A}{B}, \qquad \frac{2Q}{L'_1 M} = \frac{A}{B},$$

résultats d'une vérification immédiate et qui donnent autant de propriétés géométriques.

L'équipollence (3) de la courbe peut s'écrire aussi

$$(9) \qquad \mathrm{M} = \tfrac{1}{2}(\kappa e^t + \kappa_1 e^{-t}),$$

équipollence qui répond à l'équation de l'hyperbole rapportée à ses asymptotes.

Fig. 61.

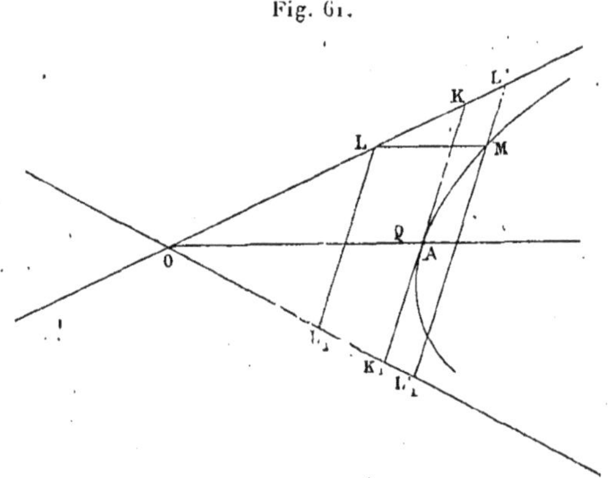

Nous ne pousserons pas ici plus loin l'étude particulière de l'hyperbole, et nous nous bornerons à faire remarquer que, dans le n° 184, l'équipollence (10) représente le système des hyperboles homofocales, lorsqu'on y regarde $t$ comme variable de courbe à courbe et $\tau$ comme variable de point à point sur la même courbe.

Il est intéressant de remarquer que cette équipollence (10) peut encore s'écrire

$$(10) \qquad \mathrm{M} = f\,\mathrm{Ch}(\tau + it).$$

Sous cette forme concise, l'équipollence représente une

ellipse, lorsque $\tau$ est constant et $t$ variable; une hyperbole, lorsque $\tau$ est variable et $t$ constant; un système soit d'ellipses, soit d'hyperboles homofocales, lorsque $\tau$ et $t$ varient simultanément, ainsi que nous l'avons dit. plus haut.

### Osculation d'une conique avec une courbe.

189. Soit (*fig.* 62) une courbe donnée, M l'un de ses points, MV la direction de sa tangente en M; l'équi-

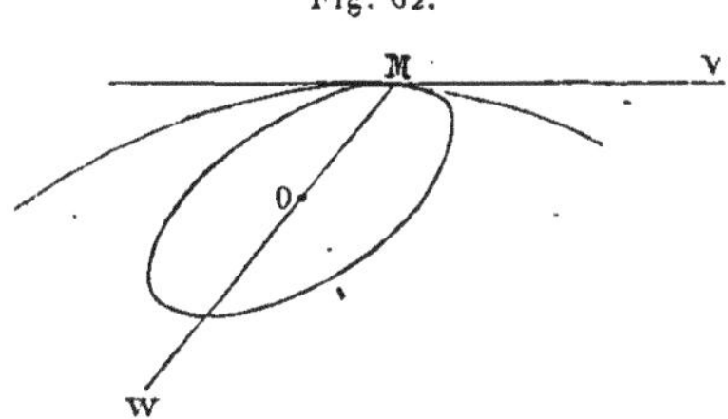

Fig. 62.

pollence d'une ellipse de centre O tangente à la courbe en M sera, si nous appelons N un quelconque de ses points,

$$MN = (1 - \cos t)\,MO + \sin t\,MV.$$

L'équipollence d'une hyperbole de centre $O'$ sera, en écrivant $O'M = MO$,

$$MN = (\operatorname{Ch} t - 1)\,MO + \operatorname{Sh} t\,MV.$$

Proposons-nous de donner à cette conique, ellipse ou hyperbole, un contact du quatrième ordre avec la courbe. Pour cela, calculons les dérivées successives, dans l'hypothèse de l'ellipse, en considérant $t$ non pas comme variable indépendante, mais comme une certaine fonction de la variable indépendante figurant dans l'équipollence de la courbe. Nous aurons

$$Ⓓ\text{N} = (\sin t\,\text{MO} + \cos t\,\text{MV})\,Ⓓt,$$

$$Ⓓ^2\text{N} = (\cos t\,\text{MO} - \sin t\,\text{MV})\,Ⓓt^2,$$
$$+ (\sin t\,\text{MO} + \cos t\,\text{MV})\,Ⓓ^2 t,$$

$$Ⓓ^3\text{N} = (-\sin t\,\text{MO} - \cos t\,\text{MV})\,Ⓓt^3$$
$$+ 3(\cos t\,\text{MO} - \sin t\,\text{MV})\,Ⓓt\,Ⓓ^2 t$$
$$+ (\sin t\,\text{MO} + \cos t\,\text{MV})\,Ⓓ^3 t,$$

$$Ⓓ^4\text{N} = (-\cos t\,\text{MO} + \sin t\,\text{MV})\,Ⓓt^4$$
$$+ 6(-\sin t\,\text{MO} - \cos t\,\text{MV})\,Ⓓt^2\,Ⓓ^2 t$$
$$+ 3(\cos t\,\text{MO} - \sin t\,\text{MV})\,Ⓓ^2 t^2$$
$$+ 4(\cos t\,\text{MO} - \sin t\,\text{MV})\,Ⓓt\,Ⓓ^3 t$$
$$+ (\sin t\,\text{MO} + \cos t\,\text{MV})\,Ⓓ^4 t.$$

Pour l'hyperbole, il faudrait évidemment remplacer sin et cos par Sh et Ch et substituer des signes $+$ à tous les signes $-$.

Si maintenant, faisant $t = 0$, nous exprimons (**165**) que les dérivées $Ⓓ\text{M}$, $Ⓓ^2\text{M}$, ... sont identiques aux expressions que nous venons de trouver, nous aurons, pour les conditions du problème, en réunissant le cas des deux coniques,

$$Ⓓ\text{M} = Ⓓt\,\text{MV},$$
$$Ⓓ^2\text{M} = Ⓓt^2\,\overset{\circ}{\text{M}}\text{O} + Ⓓ^2 t\,\text{MV},$$
$$Ⓓ^3\text{M} = 3\,Ⓓt\,Ⓓ^2 t\,\text{MO} + (Ⓓ^3 t \mp Ⓓt^3)\,\text{MV},$$
$$Ⓓ^4\text{M} = (\mp Ⓓt^4 + 3\,Ⓓ^2 t^2 + 4\,Ⓓt\,Ⓓ^3 t)\,\text{MO}$$
$$+ (\mp 6\,Ⓓt^2\,Ⓓ^2 t + Ⓓ^4 t)\,\text{MV}.$$

Posons maintenant

$$Ⓓt = p, \qquad Ⓓ^2 t = -pq, \qquad Ⓓ^3 t = p(3q^2 \pm p^2 + r).$$

et les équipollences ci-dessus deviendront

(1) $$Ⓓ\text{M} = p\,\text{MV},$$

(2) $$Ⓓ^2\text{M} + q\,Ⓓ\text{M} = p^2\,\text{MO},$$

(3) $$Ⓓ^3\text{M} + 3q\,Ⓓ^2\text{M} = r\,Ⓓ\text{M},$$

(4) $$Ⓓ^4\text{M} - (15q^2 + 4r \pm 3p^2)\,Ⓓ^2\text{M} = s\,Ⓓ\text{M},$$

$s$ représentant une quantité algébrique qui est égale à

$$\pm 9p^2 q + 15 q^2 + 4rq + \frac{\unicode{x2460}^4 t}{p}.$$ Le signe supérieur répond au cas de l'ellipse et le signe inférieur à l'hyperbole.

Si l'on rapproche les relations (2) et (3) des équipollences (27) et (26) du n° 163, nous voyons tout d'abord que MO n'est autre que la droite diamétrale MW.

L'équipollence (3) donnera les valeurs de $q$ et de $r$; l'équipollence (4) permettra d'en déduire la valeur de $\pm 3p^2$; si cette valeur est positive, on pourra dire que la courbe est à *courbure elliptique*; et à *courbure hyperbolique* si la valeur est négative; si elle était nulle, on aurait, au point considéré, une *courbure parabolique*.

190. Supposons, comme nous l'avons déjà fait (164), que la courbe donnée soit rapportée à des coordonnées rectilignes, et que $x$ soit la variable indépendante.

Alors, d'après ce que nous avons vu, les relations (3) et (4) se réduiront à

$$\unicode{x2460}^3 y + 3q\,\unicode{x2460}^2 y = 0,$$
$$\unicode{x2460}^4 y - (15 q^2 \pm 3p^2)\,\unicode{x2460}^2 y = 0,$$

et, par suite, il viendra

$$(5) \qquad \pm 3p^2 = \frac{\unicode{x2460}^4 y}{\unicode{x2460}^2 y} - \frac{5}{3}\left(\frac{\unicode{x2460}^3 y}{\unicode{x2460}^2 y}\right)^2.$$

Le signe du second membre indiquera donc de quelle espèce est la courbure.

191. Appliquons ceci à la développante de cercle (162) dont l'équipollence est

$$\mathrm{M} = (1 - it)\,\varepsilon^t.$$

On a

$$\text{\textcircled{o}}_M = t\,\varepsilon^t, \qquad \text{\textcircled{o}}^2_M = (1 + it)\varepsilon^t,$$
$$\text{\textcircled{o}}^3_M = (2i - t)\,\varepsilon^t, \qquad \text{\textcircled{o}}^4_M = -(3 + it)\,\varepsilon^t.$$

La relation (3) se réduit à

$$3q - t + (3qt + 2)i = rt,$$

ce qui donne

$$q = -\frac{2}{3t}, \qquad r = -1 - \frac{2}{t^2}.$$

L'équipollence (4) donne alors

$$-3 - it - \left(15\,\frac{4}{9\,t^2} - 4 - \frac{8}{t^2} \pm 3p^2\right)(1 + it) = st,$$

et, en annulant le coefficient de $i$,

$$-\frac{4}{3\,t^2} - 3 \pm 3p^2 = 0,$$
$$(6) \qquad \pm 3p^2 = 3 + \frac{4}{3\,t^2}.$$

Cette valeur étant essentiellement positive, la développante de cercle a une courbure elliptique en chacun de ses points. Les relations (1) et (2) serviront à déterminer les deux diamètres conjugués MV, MO de l'ellipse osculatrice.

La spirale logarithmique (168) ayant pour équipollence

$$M = e^{a i}\,\varepsilon^t,$$

la relation (3) donne

$$(a + i)^2 + 3q\,(a + i) = r;$$

d'où

$$q = -\frac{2a}{3}, \qquad r = -(a^2 + 1).$$

La relation (4) se réduit alors à

$$(a + i)^3 - \left(\frac{20a^2}{3} - 4a^2 - 4 \pm 3p^2\right)(a + i) = s,$$

et, en annulant le coefficient de $i$, on trouve

$$(7) \qquad \pm 3p^2 = 3 + \frac{a^2}{3}.$$

La spirale logarithmique est donc aussi à courbure elliptique en chacun de ses points.

### Cycloïde.

**192.** *Équipollence; tangente; normale.* — Si nous définissons la cycloïde par sa génération géométrique, il est bien aisé de voir qu'en prenant pour origine des inclinaisons la droite décrite par le centre de la circonférence et pour unité de longueur le rayon, nous aurons pour l'équipollence de la courbe

$$(1) \qquad \text{M} = t - i\varepsilon^t.$$

La dérivée qui nous donne la tangente est

$$(2) \qquad \text{Ⓓ}\text{M} = 1 + \varepsilon^t.$$

La normale sera donc (*fig.* 63)

$$(3) \qquad \text{MN} = i\text{Ⓓ}\text{M} = i + i\varepsilon^t.$$

Ajoutant (1) et (3),

$$(4) \qquad \text{N} \doteq t + i,$$

ce qui montre que la normale passe par le point de contact du cercle générateur avec la base. La tangente passe donc par l'extrémité opposée du diamètre.

**193.** *Rayon de courbure; développée; courbes parallèles.* — La dérivée seconde est

$$(5) \qquad \text{Ⓓ}^2\text{M} = i\varepsilon^t.$$

De là

$$\frac{\bigcirc^2 M}{\bigcirc M} - \frac{i\,\varepsilon^t}{1 + \varepsilon^t} = \frac{i\,\varepsilon^{\frac{t}{2}}}{\varepsilon^{\frac{t}{2}} + \varepsilon^{-\frac{t}{2}}} = -\frac{1}{2}\,\mathrm{tang}\,\frac{t}{2} + \frac{1}{2}\,i.$$

Ainsi (155) $\lambda = \frac{1}{2}$, et le rayon de courbure

$$(6) \qquad MR = \frac{i}{\lambda}\,\bigcirc M = 2\,i\,\bigcirc M = 2\,MN$$

s'obtient en prolongeant la normale MN d'une longueur égale à elle-même.

La développée a pour équipollence

$$(7) \qquad R = M + 2\,i\,\bigcirc M = 2\,i + t + i\varepsilon^t;$$

c'est évidemment une cycloïde égale à la première.

Fig. 63.

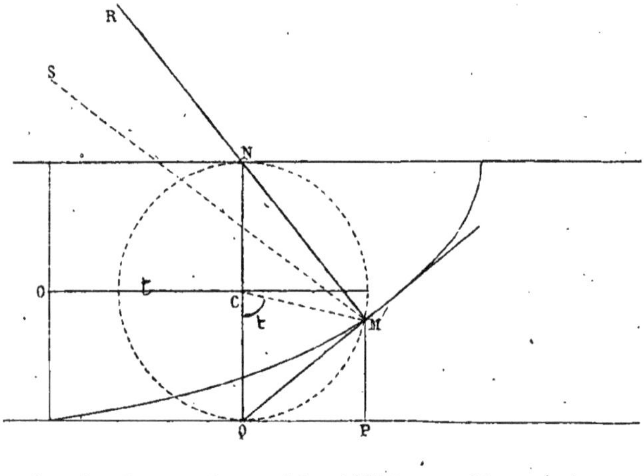

La développée imparfaite (157) sera déterminée par la valeur

$$MS = \frac{\sin \alpha\,MR\,\varepsilon^\alpha}{i} = 2\sin\alpha\,(1 + \varepsilon')\,\varepsilon^\alpha,$$

d'où

$$s = t - i\varepsilon^t + 2\varepsilon^\alpha \sin\alpha\,(1 + \varepsilon^t),$$
$$(8) \qquad s = 2\varepsilon^\alpha \sin\alpha + t + \varepsilon^t(\sin 2\alpha - i\cos 2\alpha).$$

On voit encore que c'est une cycloïde ordinaire, le coefficient de $\varepsilon^t$ ayant une grandeur égale à l'unité.

L'inclinaison de la tangente est $\dfrac{t}{2}$, car $\circledcirc$m peut s'écrire

$$1 + \varepsilon^t = \varepsilon^{\frac{t}{2}}\left(\varepsilon^{\frac{t}{2}} + \varepsilon^{-\frac{t}{2}}\right) = 2\cos\frac{t}{2}\,\varepsilon^{\frac{t}{2}}.$$

Par suite, l'équipollence des courbes parallèles (158) à la cycloïde est

$$(9) \qquad \mathrm{p} = t - i\varepsilon^t + ip\,\varepsilon^{\frac{t}{2}}.$$

**194.** *Trajectoires orthogonales d'un système de cycloïdes.* — Supposons qu'une cycloïde se déplace parallèlement à sa base. Le système de toutes les cycloïdes ainsi obtenues sera représenté par

$$(10) \qquad \mathrm{M} = \tau + t - i\varepsilon^t.$$

Pour avoir (167) la trajectoire orthogonale de toutes ces courbes, nous écrirons

$$\circledcirc_\tau \mathrm{M} = 1, \qquad \circledcirc_t \mathrm{M} = 1 + \varepsilon^t,$$
$$\frac{\circledcirc_\tau \mathrm{M}}{\circledcirc_t \mathrm{M}} = \frac{1}{2}\left(1 - i\,\mathrm{tang}\frac{t}{2}\right)\cdot$$

Donc, dans l'équipollence (34) du numéro précité, $c = \frac{1}{2}$, ce qui donne $\dfrac{d\tau}{dt} = -2$, $\tau = k - 2t$, et la trajectoire cherchée aura pour équipollence

$$(11) \qquad \mathrm{M} = k - t - i\varepsilon^t.$$

C'est encore une cycloïde égale à la première.

**195.** *Conique osculatrice.* — Les dérivées successives jusqu'à la quatrième sont

$$\bigcirc M = 1 + \varepsilon^t, \qquad \bigcirc^2 M = i\varepsilon^t, \qquad \bigcirc^3 M = -\varepsilon^t, \qquad \bigcirc^4 M = -i\varepsilon^t.$$

L'équipollence (3) du n° **189** donnera donc

$$-\varepsilon^t + 3\,iq\,\varepsilon^t = r\,(1 + \varepsilon^t),$$

et l'on en déduit aisément

$$(12) \qquad q = \frac{1}{3}\tang\frac{t}{2}, \qquad r = -\frac{1}{2\cos^2\frac{t}{2}}.$$

L'équipollence (4) devient alors

$$-i\varepsilon^t - i\varepsilon^t\left(\frac{5}{3}\tang^2\frac{t}{2} - \frac{2}{\cos^2\frac{t}{2}} \pm 3p^2\right) = s\,(1 + \varepsilon^t),$$

et, en multipliant par $i\varepsilon^{-t}$,

$$1 + \frac{5}{3}\tang^2\frac{t}{2} - \frac{2}{\cos^2\frac{t}{2}} \pm 3p^2 = is\,(1 + \varepsilon^{-t})$$

$$= is\,(1 + \cos t - i\sin t).$$

De là on tire $s = 0$, et

$$\pm 3p^2 = \frac{2}{\cos^2\frac{t}{2}} - \frac{5}{3}\tang^2\frac{t}{2} - 1,$$

$$(13) \qquad \pm 3p^2 = \frac{1}{3}\left(2 + \séc^2\frac{t}{2}\right).$$

La courbure de la cycloïde est donc *elliptique* en tous ses points.

Les deux diamètres conjugués déterminant l'ellipse osculatrice seront donnés (**189**) par

$$MO = \frac{1}{p^2}\left[i\varepsilon^t + q\,(1 + \varepsilon^t)\right], \qquad MV = \frac{1}{p}\,(1 + \varepsilon^t),$$

en remplaçant $p$ et $q$, bien entendu, par leurs valeurs précédentes (12).

**196.** *Rectification et quadrature.* — De l'expression

$$OM = 1 + \varepsilon^t = 2 \cos \frac{t}{2} \varepsilon^{\frac{t}{2}},$$

on déduit

$$dM = 2 \cos \frac{t}{2} \varepsilon^{\frac{t}{2}} dt$$

et

$$ds = \operatorname{gr} dM = 2 \cos \frac{t}{2} dt.$$

Intégrant depuis $t = 0$,

$$(14) \qquad s = 4 \sin \frac{t}{2}.$$

Telle est l'expression connue d'un arc de cycloïde.

L'aire $\sigma$ du secteur ayant l'origine pour sommet se trouvera au moyen de sa différentielle, qui est évidemment l'aire élémentair

$$d\sigma = \frac{i}{4} \left( M \operatorname{cj} dM - dM \operatorname{cj} M \right)$$

ou, en remplaçant $M$ et $dM$ par leurs valeurs $(1)$ et $(2)$,

$$(15) \qquad d\sigma = \tfrac{1}{2} \left( 1 + \cos t + t \sin t \right).$$

De là, par intégration,

$$\sigma = \tfrac{1}{2} \left( t + 2 \sin t - t \cos t \right),$$

$$(16) \qquad \sigma = \sin t + t \sin^2 \frac{t}{2}.$$

en faisant $\sigma = 0$ pour $t = 0$.

## EXERCICES SUR LE CHAPITRE VII.

1. Une parabole se déplace parallèlement à elle-même, de manière que son sommet décrive la courbe dans sa position initiale. Chercher le lieu des pôles d'une droite fixe.

L'équipollence de la parabole, en prenant le paramètre pour unité de longueur, peut s'écrire : $\mathrm{м} = t^2 + ti$. Le point C, où la tangente est parallèle à la droite fixe, est donné par $\alpha^2 + \alpha i$, si $2\alpha$ est la cotangente de l'inclinaison de cette droite. La parabole étant venue dans une position quelconque, on n'aura qu'à voir ce qu'est devenu le point C, à mener une parallèle à l'axe jusqu'à la rencontre de la droite et à prendre le symétrique de l'intersection par rapport à C; c'est-à-dire qu'on aura

$$t^2 + ti + \alpha^2 + \alpha i + u = k + v(2\alpha + i),$$
$$u = k + 2\alpha t + \alpha^2 - t^2,$$
$$\mathrm{x} = 2t^2 - 2\alpha t - k + (t + \alpha)i.$$

On voit sans peine que le lieu est une parabole.

Si le sommet, au lieu de décrire la parabole, décrivait une courbe $f(t) + i\varphi(t)$, l'équipollence du lieu serait

$$\mathrm{x} = 2f(t) - 2\alpha\varphi(t) - k + i[\varphi(t) + \alpha].$$

2. Lieu des foyers des paraboles passant par deux points fixes et dont l'axe a une direction donnée.

Soient P, Q les deux points, O le milieu de PQ et OX le diamètre commun passant par O et que nous prenons pour origine des inclinaisons. Une parabole quelconque coupant OX en C, on a (174)

$$CP = t^2 CA + t CB,$$

CA et CB étant dirigées suivant OX et OP. Donc

$$t^2 CA = CO, \qquad t CB = OP$$

et (175)

$$CF = -\frac{CB^2}{4\,CA} = \frac{OP^2}{4\,OC}, \qquad OF = OC + \frac{OP^2}{4\,OC} = x + \frac{OP^2}{4x}.$$

Le lieu est évidemment une hyperbole, et l'on reconnaît sans peine qu'elle a pour foyers P, Q et pour l'une de ses asymptotes OX.

3. On donne deux circonférences et un rayon fixe AA′, BB′ dans chacune d'elles. Ces rayons tournent d'angles égaux, soit

dans le même sens, soit en sens contraires, et viennent en AX, BY. Trouver; dans l'un et l'autre cas, le lieu du milieu Z de la corde XY.

On prend pour origine le milieu O de la ligne des centres.
1° Rotations dans le même sens :

$$AX = AA'\varepsilon^\theta, \qquad BY = BB'\varepsilon^\theta,$$
$$OZ = \tfrac{1}{2}(AX + BY) = \tfrac{1}{2}(AA' + BB')\varepsilon^\theta.$$

Le lieu est une circonférence de centre O.
2° Rotations en sens contraires :

$$AX = AA'\varepsilon^\theta, \qquad BY = BB'\varepsilon^{-\theta},$$
$$OZ = \tfrac{1}{2}(AX + BY)$$
$$= \tfrac{1}{2}[(AA' + BB')\cos\theta + i(AA' - BB')\sin\theta].$$

Le lieu est une ellipse ayant pour demi-diamètres conjugués

$$OP = \tfrac{1}{2}(AA' + BB'), \qquad OQ = \tfrac{1}{2}(AA' - BB').$$

Si $AA' = BB'$, il se réduit à une droite.

4. Soient O le centre d'une ellipse; PM, PM' deux tangentes en M et M'; MN et M'N' les normales terminées au grand axe :
1° Les triangles OMP, OM'P sont équivalents ;
2° Les triangles NMP, N'M'P sont semblables.

(Dostor.)

Écrivant $\text{M} + u \, \textcircled{\tiny 1}\text{M} = \text{M}' + u' \, \textcircled{\tiny 1}\text{M}' = \text{P}$, on trouve

$$u = -u';$$

puis

$$\text{N} = \frac{a^2 - b^2}{a}\cos t, \qquad \text{N}' = \frac{a^2 - b^2}{a}\cos t'.$$

1° Si $MT = \textcircled{\tiny 1}\text{M}$, $M'T' = \textcircled{\tiny 1}\text{M}'$, on a pour les aires

$$OMP = u.OMT, \qquad OM'P = -u.OM'T'.$$

Or OMT, OM'T' sont équivalents (théorème d'Apollonius).
2° La vérification de l'équipollence

$$\frac{NP}{MP} = \frac{c_j \, N'P}{c_j \, M'P}$$

résulte d'un calcul des plus simples au moyen des valeurs précédentes.

5. Une ellipse tourne autour de son centre. Trouver le lieu des points de contact des tangentes parallèles à une direction donnée.

Prenant la direction donnée pour origine des inclinaisons, on a, pour un point M de l'ellipse variable,

$$\textsc{m} = (a\cos t + ib\sin t)\,\varepsilon^\alpha,$$

et l'on exprime que la tangente

$$\textcircled{o}\textsc{m} = (-a\sin t + ib\cos t)\,\varepsilon^\alpha$$

a une inclinaison nulle, ce qui donne

$$\frac{b\cos t}{a\sin t} = \tang\alpha.$$

On trouve alors, par substitution, pour l'équipollence du lieu cherché,

$$\textsc{m} = \frac{1}{\sqrt{a^2\sin^2\alpha + b^2\cos^2\alpha}}\,[(a^2 - b^2)\sin\alpha\cos\alpha + i(a^2 + b^2)].$$

6. Une ellipse donnée de forme et de grandeur se déplace de telle sorte que ses deux foyers restent respectivement sur deux droites OA, OB. Trouver le lieu des points de contact des tangentes parallèles à OA.

On prend OA pour origine des inclinaisons. C étant le centre de la courbe, $\theta$ l'angle dont elle a tourné, un de ses points est donné par $\textsc{cm} = (a\cos t + ib\sin t)\,\varepsilon^\theta$, et, pour que la tangente en M soit parallèle à OA, on trouve

$$\frac{b\cos t}{a\sin t} = \tang\alpha.$$

Or $\mathrm{CF_1} = -\,\mathrm{CF} = c\varepsilon^\theta$, et de plus $\mathrm{OF} = x$, $\mathrm{OF_1} = y\varepsilon^\beta$, en appelant $\beta$ l'angle AOB. De là, on tire

$$y = \frac{2c\sin\theta}{\sin\beta}, \qquad x = \frac{2c\sin(\theta - \beta)}{\sin\beta},$$

$$(1) \qquad \mathrm{OC} = \frac{c}{\sin\beta}\,[\sin(\theta - \beta) + \sin\theta\,.\,\varepsilon^\beta],$$

$$(2) \qquad \left\{ \begin{aligned} \mathrm{OM} = \mathrm{OC} + \mathrm{CM} &= \frac{c}{\sin\beta}[\sin(\theta - \beta) + \sin\theta\,.\,\varepsilon^\beta]\\ &\quad + \frac{1}{\sqrt{a^2\sin^2\theta + b^2\cos^2\theta}}\left[\frac{c^2}{2}\sin 2\theta + i(a^2 + b^2)\right], \end{aligned} \right.$$

équipollence du lieu demandé.

L'équipollence (1) donne le lieu du centre C.

7. Lieu décrit par le centre d'une ellipse qui se déplace parallèlement à elle-même en touchant constamment une ellipse fixe égale à la première et dont les axes sont perpendiculaires à ceux de la première.

Il est visible que, M étant le point de contact et M' celui où une droite perpendiculaire à la tangente commune touche l'ellipse fixe, on a, pour le centre X,

$$\mathrm{x} = \mathrm{m} \pm i\mathrm{m}'.$$

Un calcul assez simple donne

$$\mathrm{x} = \left( a \mp \frac{b^3}{\sqrt{a^4 \sin^2 t + b^4 \cos^2 t}} \right) \cos t$$
$$+ i \left( b \mp \frac{a^3}{\sqrt{a^4 \sin^2 t + b^4 \cos^2 t}} \right) \sin t.$$

Il est évident que la tangente en X est parallèle à la tangente commune.

8. On considère deux points donnés P, Q comme les extrémités de l'un des diamètres conjugués égaux d'une ellipse. Trouver le lieu des sommets et celui des foyers de cette courbe variable. Trouver le lieu des centres de courbure en P et Q.

Le centre commun O des ellipses est le milieu de PQ. Prenons OP pour origine des inclinaisons et posons $OP = p$. Si OX, OY sont les deux demi-axes, on a

$$\mathrm{x} + \mathrm{y} = p\sqrt{2}, \qquad \frac{\mathrm{y}}{\mathrm{x}} = zi,$$

$$\mathrm{x} = \frac{p\sqrt{2}}{1 + zi} \text{ (lieu des sommets : circonférence)},$$

$$\mathrm{f} = \sqrt{\mathrm{x}^2 + \mathrm{y}^2} = \frac{p\sqrt{2}\sqrt{1 - z^2}}{1 + z^2}(1 - zi) \text{ (lieu des foyers)}$$

L'équation en coordonnées rectangulaires est

$$(x^2 + y^2)^2 = 2p^2(x^2 - y^2).$$

Le centre de courbure R en P est donné par

$$PR = \frac{i}{\lambda\sqrt{2}}(\mathrm{f} - \mathrm{x})$$

avec

$$\lambda = \frac{2z}{1 + z^2};$$

ou
$$PR = -- p \left[ 1 + \frac{i(1 - z^2)}{2z} \right],$$
$$R = - pi \frac{1 - z^2}{2z}.$$

Le point R a donc pour lieu la droite perpendiculaire en O à OP.

9. A et B sont les extrémités de deux diamètres conjugués d'une ellipse variable dont le centre C parcourt une courbe donnée. Trouver le lieu des foyers.

On a
$$CA^2 + CB^2 = {}^cCF^2$$
ou
$$F^2 - 2CF + C^2 = 2C^2 - 2C(A + B) + A^2 + B^2.$$

Prenant pour origine le milieu de AB,
$$F^2 - 2CF - C^2 - A^2 - B^2 = 0,$$
$$F = c \pm \sqrt{2(c^2 + l^2)},$$

en appelant $2l$ la longueur de AB.

C'est l'équipollence du lieu demandé.

Il y a lieu de remarquer la relation
$$\frac{\textcircled{b}F}{\textcircled{b}c} = \frac{F + c}{F - c}$$

qui permet d'obtenir la tangente en F.

Appliquer au cas où A, B sont deux sommets non opposés. Le lieu décrit par C est alors la circonférence de diamètre AB.

10. A et B sont les extrémités de deux diamètres conjugués d'une hyperbole variable (le point A appartenant à la courbe) dont le centre C parcourt une ligne donnée. Trouver le lieu des foyers.

Question analogue à la précédente. La relation est
$$CA^2 - CB^2 = CF^2,$$
$$F^2 - 2FC + C^2 + 2C(A - B) = 0,$$
$$F = c \pm \sqrt{-2cl},$$

équipollence du lieu demandé.

11. Une hyperbole variable a, avec une ellipse donnée, un système de diamètres conjugués communs en grandeur et en position. Trouver le lieu des foyers de l'hyperbole.

Les deux demi-diamètres conjugués étant

$$OA' = a \cos t + ib \sin t, \qquad OB' = -a \sin t + ib \cos t,$$

on calcule

$$OF^2 = OA'^2 - OB'^2,$$

ce qui donne

$$OF = \pm \sqrt{(a^2 + b^2)\cos 2t + abi \sin 2t}.$$

C'est l'équipollence du lieu demandé; elle donne une construction fort simple. L'équation en coordonnées rectangulaires est

$$\left(\frac{x^2 - y^2}{a^2 + b^2}\right)^2 + \left(\frac{2xy}{ab}\right)^2 = 1.$$

12. Trouver le lieu géométrique d'un point tel que le produit de ses distances à deux points fixes soit constant.

F et $F_1$ étant les deux points fixes, et X un point du lieu, l'expression $FX.F_1X$ ou $x^2 - (F + F_1)x + FF_1$ a une grandeur constante $k^2$. Choisissant pour origine le milieu de $FF_1$, on a donc

$$x^2 - F^2 = k^2 \varepsilon^\theta, \qquad x = \sqrt{F^2 + k^2 \varepsilon^\theta}.$$

C'est l'équipollence du lieu. Il en résulte une construction très simple de la courbe par points, la quantité sous le radical exprimant une droite qui aboutit à une circonférence.

On construira sans peine la tangente et le rayon de courbure en un point X de la courbe.

13. On donne une courbe C et un point fixe O. La circonférence décrite de O comme centre et passant par un point M de C rencontre la tangente et la normale menées en M aux points T et N. Construire les tangentes aux lieux décrits par T et N.

On prend O pour origine, l'arc pour variable indépendante, et l'on a alors $- \tau = \nu = cj_M \varepsilon^{2\theta}$. Différentiant et multipliant par $i\,\dfrac{ds}{d\theta}$, on obtient alors la direction de la normale à l'une ou à l'autre des deux courbes

$$i\,\frac{ds}{d\theta}\, \text{(1)}_N = MR - 2\nu = UN + NT = UT,$$

en construisant $NU = MR$.

Cette droite UT est donc la normale à la courbe (T) et conséquemment parallèle à la normale à (N).

On doit se rappeler que, dans ce qui précède, R représente le centre de courbure.

**14.** Une courbe variable de position seulement touche une droite donnée en un point fixe O. Trouver :

1° Le lieu décrit par un point invariablement lié à la courbe mobile ;

2° L'enveloppe d'une droite invariablement liée à la courbe mobile.

1° Soit $CM = \varphi(t)$ l'équipollence de la courbe mobile dans une position initiale; $MT = \dfrac{ds}{dt}\varepsilon^{\theta}$ est la tangente en M. Prenons le point O pour origine et pour origine des inclinaisons la droite donnée. Si X est la position du point C rapporté à ces nouvelles origines et qu'on porte OH sur l'origine des inclinaisons, de longueur MT, les deux triangles CMT, XOH sont égaux, et $\dfrac{OX}{MC} = \dfrac{OH}{MT} = \varepsilon^{-\theta}$ ou $x = -\,M\varepsilon^{-\theta}$.

Telle est l'équipollence du lieu décrit par le point C.

2° Dans la première équipollence de M, choisissons la droite dont on cherche l'enveloppe comme origine des inclinaisons. Alors la droite mobile est parallèle à $\varepsilon^{-\theta}$. Le point de l'enveloppe est donné par $z = x + u\varepsilon^{-\theta}$; et, en exprimant qu'on a $\textcircled{1}z \parallel \varepsilon^{-\theta}$, on trouve

$$z = \left(\frac{dy}{d\theta} - 2x - yi\right)\varepsilon^{\theta}$$

pour l'enveloppe; $x + yi$ représente M.

Applications faciles à un grand nombre de courbes connues, notamment aux coniques.

**15. Équipollence d'une roulette à base rectiligne.**

Si C est le point de contact, $C_0$ le point de contact initial sur la courbe roulante, A le point de contact initial sur la base, X le point dont on cherche le lieu, $M = \int\varepsilon^{\theta}ds$ l'équipollence de la courbe roulante dans une position fixe quelconque en prenant la position de X pour origine, on voit que l'équipollence du lieu de X sera

$$AX = s - M\varepsilon^{-\theta}.$$

Chercher la tangente en X, le rayon de courbure de la roulette, le lieu des centres de courbure de la courbe roulante au point de contact.

Prendre pour courbe roulante une épicycloïde, à titre d'exemple.

**16. Équipollence d'une roulette à base curviligne.**

On verrait, par une méthode analogue à celle exposée dans l'exercice précédent, que l'équipollence est

$$x = \int ds\, \varepsilon^{\theta_1} - \mathrm{M}\varepsilon^{\theta_1 - \theta},$$

$\theta_1$ représentant l'inclinaison de la tangente à la base au point de contact.

On peut se proposer les mêmes questions que dans l'exercice précédent.

17. Trouver la courbe dont la tangente en un point quelconque M a une inclinaison égale aux $\frac{2}{3}$ de celle du rayon vecteur OM.

La condition du problème est $\dfrac{d\mathrm{M}}{dt} \parallel \mathrm{M}^{\frac{2}{3}}$ et nous pouvons, en disposant de la variable, écrire

$$\frac{d\mathrm{M}}{dt} = 3\,\mathrm{M}^{\frac{2}{3}} \qquad \text{ou} \qquad \tfrac{1}{3}\,\mathrm{M}^{-\frac{2}{3}}\, d\mathrm{M} = dt.$$

Intégrant,

$$\mathrm{M} = (c + t)^3.$$

Si la constante $c$ est réelle, nous avons l'origine des inclinaisons. Si, au contraire, $c = a + bi$ et si nous posons $t + \dfrac{a}{b} = u$, l'équipollence du lieu sera

$$\mathrm{M} = b^3\,(u + i)^3 = (u^3 - 3u)\,b^3 + (3u^2 - 1)\,b^3 i.$$

C'est une cubique dont nous laissons au lecteur le soin de discuter la forme.

# CHAPITRE VIII.

## DES TRANSFORMATIONS.

### Interprétation de l'équipollence $\mathrm{Y} = \varphi(\mathrm{x})$.

197. Dans l'équipollence (1) du n° 149,

$$\mathrm{M} = \varphi(t),$$

nous avons expressément supposé que la variable indépendante $t$ était réelle.

Si nous supposons au contraire qu'elle ait une valeur géométrique, c'est-à-dire que l'équipollence soit de la forme

$$(1) \qquad \mathrm{Y} = \varphi(\mathrm{x}),$$

l'extrémité de $\mathrm{Y}$ pourra, en général, parcourir toute l'étendue du plan lorsque nous donnerons à $\mathrm{x}$ toutes les valeurs possibles. Mais, dans le cas où nous faisons varier x de telle sorte que son extrémité suive une ligne déterminée (X) (*fig.* 64), l'extrémité de $\mathrm{Y}$ parcourra elle-même une ligne déterminée (Y) qu'on pourra appeler la *transformée* de la courbe (X).

Nous pouvons donc dire que l'équipollence (1) représente un certain mode de transformation d'une courbe en une autre, et, plus généralement, d'une figure en une autre.

A ce point de vue, on doit considérer une courbe quelconque, définie ainsi que nous l'avons fait au Chapitre précédent, comme la transformée de la droite origine des inclinaisons, puisque toutes les valeurs réelles de la variable $t$ ont leurs extrémités sur cette droite origine.

Fig. 64.

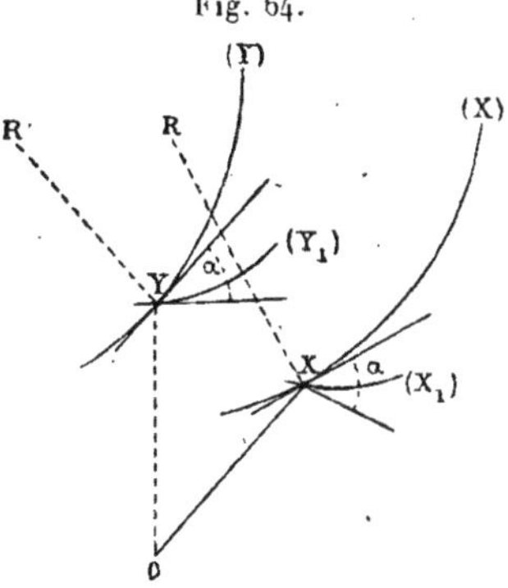


Il peut arriver même que la transformation de l'origine des inclinaisons tout entière ne donne qu'une fraction de la courbe considérée, ainsi que nous l'avons fait remarquer déjà dans l'étude de l'hyperbole, où nous avons vu que l'équipollence

$$\mathrm{M} = \mathrm{A}\,\mathrm{Ch}\,t + \mathrm{B}\,\mathrm{Sh}\,t$$

donne seulement une branche de la courbe, lorsqu'on fait varier $t$ de $-\infty$ à $+\infty$, tandis que l'équipollence

$$\mathrm{M} = \mathrm{A}\,u + \mathrm{B}\,\sqrt{u^2 - 1}$$

aurait donné la courbe tout entière, en faisant varier $u$ dans les mêmes limites. Cette possibilité d'*isoler* ainsi en quelque sorte une branche de courbe, suivant la manière d'écrire son équipollence, n'est même pas l'un des moindres avantages de la méthode des équipollences.

Par contre, il importe de remarquer qu'inversement la transformation totale de l'origine des inclinaisons peut donner au delà de la ligne qu'on cherche. Ainsi la dernière équipollence de l'hyperbole que nous venons d'écrire suffit à donner la courbe tout entière quand on fait varier $u$ de $-\infty$ à $-1$, puis de $+1$ à $+\infty$. Dans l'intervalle entre $-1$ et $+1$, la transformation de l'origine des inclinaisons donne en outre une ellipse, car l'équipollence peut s'écrire

$$\text{M} = \text{A}\,u + \text{C}\sqrt{1 - u^2}$$

en posant $\text{B}\,i = \text{C}$.

198. L'expression $\text{M} = \varphi(t)$, lorsqu'on y remplace ainsi $t$ par une droite, détermine ce que Bellavitis appelle les *points fictifs* de la courbe (M). Il a ainsi étudié les propriétés des points fictifs conjugués, résultant de deux valeurs conjuguées données à $t$. Dans cet ordre d'idées, il est clair que tous les points du plan peuvent devenir points fictifs d'une courbe. Ici, nous ne voulons pas nous livrer à l'étude de ces points fictifs, si intéressante qu'elle puisse être, mais faire remarquer seulement qu'elle se rattache directement aux transformations générales dont nous venons de parler.

On verra seulement dans cette indication une preuve nouvelle de la réalité des faits géométriques, réalité si complètement mise en lumière par la méthode des équipollences.

### Propriété isogonale des transformations monogènes.

199. Nous dirons que la transformation $\text{Y} = \varphi(\text{x})$ est monogène lorsque la fonction $\varphi$ est elle-même monogène, c'est-à-dire lorsqu'elle admet, pour chaque valeur de $\text{x}$, une dérivée unique $\varphi'(\text{x})$.

Cela étant, supposons que nous donnions à x un accroissement infiniment petit quelconque $dx$; il en résultera pour y un accroissement correspondant $d\mathrm{y}$, et nous aurons

$$(2) \qquad \frac{d\mathrm{y}}{d\mathrm{x}} = \varphi'(\mathrm{x}).$$

Donnons maintenant à x un autre accroissement infiniment petit $\partial\mathrm{x}$, de direction différente; $\partial\mathrm{y}$ étant l'accroissement correspondant de y, il viendra

$$(3) \qquad \frac{\partial\mathrm{y}}{\partial\mathrm{x}} = \varphi'(\mathrm{x}).$$

De là

$$\frac{d\mathrm{y}}{d\mathrm{x}} = \frac{\partial\mathrm{y}}{\partial\mathrm{x}},$$

ou, ce qui revient au même,

$$(4) \qquad \frac{d\mathrm{y}}{\partial\mathrm{y}} = \frac{d\mathrm{x}}{\partial\mathrm{x}}.$$

L'angle des éléments $d\mathrm{y}$ et $\partial\mathrm{y}$ est donc égal à l'angle des éléments $d\mathrm{x}$ et $\partial\mathrm{y}$. Autrement dit :

*Dans toute transformation monogène, les angles se conservent en chaque point sans altération.*

Cette propriété fondamentale est d'une extrême importance au point de vue des applications soit analytiques, soit géométriques. Elle conduit parfois à donner aux transformations dont il s'agit la dénomination de *transformations isogonales*.

Il est à peine utile de faire remarquer que, si le point X se déplace suivant deux courbes différentes, les éléments $d\mathrm{x}$ et $\partial\mathrm{x}$ sont dirigés suivant les tangentes à ces courbes; $d\mathrm{y}$ et $\partial\mathrm{y}$ seront dirigés suivant les tangentes aux courbes transformées (*fig.* 64).

**200.** La dérivée $\dfrac{d\mathrm{y}}{d\mathrm{x}} = \varphi'(\mathrm{x})$, dans une transformation, représente le rapport géométrique des accroissements de y et de x, c'est-à-dire des déplacements des points Y et X. Si, par exemple, il s'agit de la transformation d'une courbe (X), et si cette courbe est déterminée par l'équipollence

$$\mathrm{x} = f(t)$$

comme au Chapitre précédent, $t$ étant ici un paramètre réel, il en résultera

$$\mathrm{y} = \varphi[f(t)] = \mathrm{F}(t),$$

et le rapport $\dfrac{d\mathrm{y}}{d\mathrm{x}}$ sera égal à $\dfrac{d\mathrm{y}}{dt} : \dfrac{d\mathrm{x}}{dt} = \dfrac{\mathrm{\textcircled{D}y}}{\mathrm{\textcircled{D}x}}$.

La dérivée est donc le quotient géométrique des dérivées correspondantes des deux courbes, en les supposant exprimées au moyen d'un même paramètre réel. Ceci est d'ailleurs une conséquence immédiate et évidente de la dérivée d'une fonction de fonction.

### Relation entre les rayons de courbure.

**201.** Soit $\mathrm{y} = \varphi(\mathrm{x})$ une transformation monogène, la dérivée $\varphi'(\mathrm{x})$ étant aussi monogène, en sorte que la dérivée seconde $\varphi''(\mathrm{x})$ est déterminée pour chaque point. Imaginons que x et par suite y soient évalués en fonction d'un paramètre réel quelconque, pris pour variable indépendante, c'est-à-dire que le point X soit assujetti à parcourir une certaine courbe, dont la courbe (Y) sera la transformée. Prenant les dérivées par rapport à ce paramètre, nous aurons

$$(5) \qquad \mathrm{\textcircled{D}y} = \varphi'(\mathrm{x})\mathrm{\textcircled{D}x},$$

puis

$$(6) \qquad \mathrm{\textcircled{D}^2 y} = \varphi'(\mathrm{x})\,\mathrm{\textcircled{D}^2 x} + \varphi''(\mathrm{x})\,\mathrm{\textcircled{D}x^2}.$$

De là, par division,

$$(7) \qquad \frac{\varpi^2 Y}{\varpi Y} = \frac{\varpi^2 X}{\varpi X} + \frac{\varphi''(x)}{\varphi'(x)} \varpi x.$$

Actuellement posons, pour la situation particulière du point X considéré,

$$\varphi'(x) = a\,\varepsilon^\alpha, \qquad \frac{\varphi''(x)}{\varphi'(x)} = b\,\varepsilon^\beta,$$

et désignons par XR, YR' (*fig.* 64) les rayons de courbure des courbes (X) et (Y), par $\rho$ et $\rho'$ leurs grandeurs respectives, par $l + i\lambda$ et $l' + i\lambda'$ les valeurs des quotients $\dfrac{\varpi^2 X}{\varpi X}$ et $\dfrac{\varpi^2 Y}{\varpi Y}$. Supposons enfin qu'on ait pris pour paramètre indépendant l'arc même de la courbe (X), ce qui donne évidemment, en appelant $\theta$ l'inclinaison de la tangente en X,

$$\varpi x = \varepsilon^\theta$$

et, par conséquent,

$$\varpi Y = a\,\varepsilon^{\alpha+\theta}.$$

L'équipollence (7) devient alors

$$l' + i\lambda' = l + i\lambda + b\,\varepsilon^{\beta+\theta}$$

et, en égalant les coefficients de $i$,

$$(8) \qquad \lambda' = \lambda + b \sin(\beta + \theta).$$

Or nous savons qu'on a

$$YR' = \frac{i}{\lambda'}\,\varpi Y = \frac{i}{\lambda'}\,a\,\varepsilon^{\alpha+\theta},$$

$$XR = \frac{i}{\lambda}\,\varpi x = \frac{i}{\lambda}\,\varepsilon^\theta.$$

Donc

$$\rho' = \frac{a}{\lambda'}, \qquad \rho = \frac{1}{\lambda},$$

et l'équation (8) prend la forme

$$(9) \qquad \frac{a}{\rho'} = \frac{1}{\rho} + b \sin(\beta + \theta).$$

Telle est la relation remarquable qui lie les rayons de courbure des deux courbes correspondantes $(X)$ et $(Y)$, ces rayons ayant d'ailleurs des directions marquées respectivement par les inclinaisons $\theta + \frac{\pi}{2}$ et $\alpha + \theta + \frac{\pi}{2}$.

202. On déduit de la formule (9) un théorème qui ne nous paraît pas avoir été signalé jusqu'à présent dans sa généralité. L'équation générale d'une conique en coordonnées polaires peut s'écrire

$$(10) \quad \frac{1}{\rho} = p \cos\theta + q \sin\theta \pm \sqrt{f \cos^2\theta + g \cos\theta \sin\theta + h \sin^2\theta},$$

$\theta$ représentant l'angle polaire rapporté à un axe quelconque. Si cet axe est précisément perpendiculaire à l'origine des inclinaisons, l'angle $\theta$ sera le même que ci-dessus, et par conséquent nous pourrons remplacer $\frac{1}{\rho}$ par sa valeur (10) dans la formule (9); $\frac{1}{\rho'}$ prendra alors une forme pareille, en fonction de $\theta$. Mais cet angle $\theta$ est précisément l'angle polaire qui correspond à $\rho'$, si nous prenons pour axe une droite formant avec l'origine des inclinaisons l'angle $\frac{\pi}{2} + \alpha$. Donc :

THÉORÈME. — *Si les centres de courbure* R *d'une série de courbes passant par un point* X *sont distribués sur une conique, les centres de courbure* R' *des courbes transformées, passant par le point* Y, *seront aussi distribués sur une conique.*

Dans le cas où $\frac{1}{\rho} = 0$, $\frac{1}{\rho'}$ prend la forme $c \sin(\beta + \theta)$; et l'on en tire immédiatement cette proposition :

Corollaire I. — *Toutes les transformées de droites passant par un même point ont leurs centres de courbure situés sur une même droite.*

Si les centres de courbure R sont sur une conique ayant pour foyer le point X, on a

$$\frac{1}{\rho} = k + p \cos\theta + q \cos\theta,$$

et la formule (9) nous montre que $\frac{1}{\rho'}$ prendra la forme $k' + p' \cos\theta + q' \cos\theta.$ De là cette nouvelle conséquence :

Corollaire II. — *Si les centres de courbure de courbes passant par un point X sont distribués sur une conique ayant pour foyer X, les centres de courbure des transformées, passant par le point Y, seront distribués sur une conique ayant pour foyer Y.*

De là encore, comme cas plus particulier, lorsque la conique de foyer X se réduit à une circonférence :

Corollaire III. — *Si les rayons de courbure des courbes passant par X sont égaux, les centres de courbure des transformées seront distribués sur une conique de foyer Y.*

Les corollaires I et III ont été établis par Transon, dans un article fort remarquable publié dans les *Nouvelles Annales* (1869, p. 114); mais le corollaire II, et surtout le théorème général qui précède, semblent avoir échappé à ses recherches.

## Égalité.

**203.** Si une figure (X) est transportée parallèlement à elle-même, la transformation s'exprimera par

$$Y = A + X.$$

Si cette figure, sans changer de grandeur, tourne d'un certain angle $\alpha$ autour d'un point C, on aura

$$CY = \varepsilon^\alpha CX$$

ou

$$Y = C(1 - \varepsilon^\alpha) + X\varepsilon^\alpha = B + X\varepsilon^\alpha.$$

Si ces deux circonstances se produisent à la fois, il vient

$$Y = A + B + X\varepsilon^\alpha = B' + X\varepsilon^\alpha,$$

si bien que la forme reste la même.

Posant $c = \dfrac{B'}{1 - \varepsilon^\alpha}$, on voit que tout déplacement quelconque d'une figure équivaut à une rotation autour d'un certain point.

## Homothétie. — Similitude.

**204.** L'équipollence $Y = kx$, $k$ étant réel, représente la transformation d'une figure (X) en une figure homothétique, le centre d'homothétie étant à l'origine.

Si cette figure se transporte parallèlement à elle-même, la nouvelle transformation s'exprimera par

$$Y = A + kX,$$

équipollence qui prend la forme

$$CY = kCX,$$

si l'on pose

$$c = \frac{A}{1 - k}.$$

**205.** Si $\mu$ représente un rapport géométrique, la transformation par similitude de la figure (X) s'exprimera, de la manière la plus générale, par

$$Y = A + \mu X \qquad \text{ou} \qquad CY = \mu\, CX,$$

en posant $c = \dfrac{A}{1 - \mu}$.

Ainsi, deux figures semblables quelconques ont toujours un centre de similitude, facile à construire, et l'on voit qu'on peut rendre ces figures homothétiques en les faisant tourner autour de ce centre.

Il s'agit, bien entendu, ici de la similitude directe. La transformation par similitude inverse conduirait à l'équipollence

$$Y = A + \mu\, cj X.$$

### Transformation $Y = X^n$.

**206.** Les transformations qui rentrent dans l'équipollence générale

$$Y = X^n$$

présentent des propriétés communes assez simples et intéressantes à signaler. On a tout d'abord, en prenant la dérivée,

$$\textcircled{\tiny D} Y = n X^{n-1} \textcircled{\tiny D} X,$$

et de là

$$\frac{\textcircled{\tiny D} Y}{Y} = n \frac{\textcircled{\tiny D} X}{X}.$$

Donc l'angle $v$ que forme la tangente avec le rayon vecteur issu de l'origine est le même dans la courbe (X) et dans sa transformée (Y).

Si maintenant, comme au n° **201**, nous faisons $\textcircled{\tiny D} X = \varepsilon^\theta$, et si nous écrivons en outre $\operatorname{gr} X = r$, $\operatorname{gr} Y = r'$, on reconnaît qu'il vient

$$\mathrm{a'} = nr^{n-1} = \frac{nr'}{r}, \qquad \mathrm{b} = \frac{n-\mathrm{i}}{r},$$

et que la formule (9) du numéro précité se réduit à

$$n\frac{r'}{\rho'} = \frac{r}{\rho} + (n-\mathrm{i})\sin\varrho.$$

En désignant par XN, YN′ les normales aux deux courbes, telles qu'on les définit en coordonnées polaires, c'est-à-dire limitées à la perpendiculaire au rayon vecteur menée par l'origine, on a

$$\mathrm{gr\,XN} = \frac{r}{\sin\varrho}, \qquad \mathrm{gr\,YN'} = \frac{r'}{\sin\varrho};$$

d'ailleurs $\rho$, $\rho'$ sont les grandeurs des rayons de courbure XR, YR′ dirigés suivant les normales. La relation peut donc s'écrire

$$n\frac{\mathrm{YN'}}{\mathrm{YR'}} = \frac{\mathrm{XN}}{\mathrm{XR}} + n - \mathrm{i},$$

et elle fournit, pour le centre de courbure R′, une construction des plus simples.

Lorsqu'il s'agit de la transformée d'une droite, le centre R passant à l'infini, l'équation se réduit à

$$\frac{\mathrm{YR'}}{\mathrm{YN'}} = \frac{n}{n-\mathrm{i}}.$$

### Transformation exponentielle.

207. Nous appellerons *transformation exponentielle* celle qui est donnée par l'équipollence

$$\mathrm{Y} = e^{\mathrm{x}}.$$

Il est tout d'abord à remarquer que, si nous posons $\mathrm{x} = x + iy = r\,\varepsilon^{\omega}$ et $\mathrm{Y} = x' + iy' = r'\,\varepsilon^{\omega'}$, nous obtien-

drons
$$r' = e^x, \qquad \theta' = y.$$

La transformation est uniforme et elle est aussi évidemment monogène.

Si des points X se succèdent en progression par différence, leurs transformées Y formeront une progression

Fig. 65.

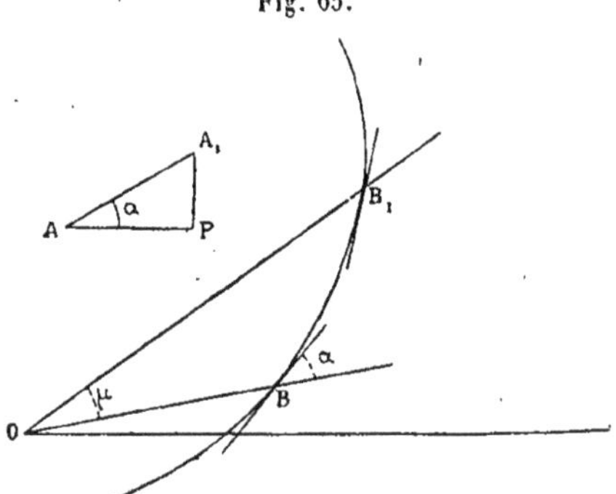


par quotient. Ceci nous montre que toute droite se transformera en une spirale logarithmique ayant pour pôle l'origine.

Deux points B, B₁ étant donnés, cherchons les points A, A₁ dont ils sont les transformés. On aura

$$B = e^A, \qquad B_1 = e^{A_1},$$

et par division

$$\frac{B_1}{B} = e^{A_1 - A} = e^{AA_1}.$$

Si donc $\frac{B_1}{B} = m\varepsilon^\mu$, il s'ensuit qu'on obtient

$$AA_1 = \log m + i\mu,$$

$$\operatorname{gr} AA_1 = \sqrt{(\log m)^2 + \mu^2}, \qquad \operatorname{inc} AA_1 = \operatorname{arc\,tang} \frac{\mu}{\log m}.$$

Cette dernière valeur sera précisément l'inclinaison de

l'arc de spirale $BB_1$ sur ses rayons vecteurs, à cause de la propriété isogonale ; et, quant à $gr AA_1$, c'est ce que nous pourrons appeler la *grandeur logarithmique* de l'arc de spirale $BB_1$.

B étant fixe, si la grandeur logarithmique varie seule, le point $B_1$ est assujetti à ne se déplacer que sur la même spirale. Si, au contraire, la grandeur logarithmique restant fixe, l'inclinaison seule varie, le point $B_1$ décrit une trajectoire orthogonale de toutes les spirales issues du point B. On pourrait désigner cette trajectoire orthogonale sous le nom de *circonférence exponentielle*.

De ce qui précède, on conclut immédiatement, de toute proposition s'appliquant à des points et des droites sur un plan, une proposition analogue s'appliquant à des points et à des arcs de spirales logarithmiques de même pôle.

La notion précédente, de la grandeur logarithmique, permettra de formuler les propriétés qui correspondent aux propriétés métriques.

Nous laissons au lecteur le soin de faire ces applications.

**208.** Dans la transformation dont il s'agit,

$$\varphi(x) = \varphi'(x) = \varphi''(x) = e^x = y.$$

Par suite, dans le calcul du n° **201**, on a

$$a = gr\, y, \qquad b = 1, \qquad \beta = 0,$$

et la relation (9) entre les rayons de courbure devient

$$\frac{gr\, y}{\rho'} = \frac{1}{\rho} + \sin\theta.$$

### Extension de la formule $y = \varphi(x)$ des coordonnées cartésiennes.

**209.** En coordonnées rectilignes, soit rectangulaires, soit obliques, on sait que l'équation $y = \varphi(x)$ représente une courbe, tant que $x$ et $y$ sont réels. Il a été fait d'assez nombreuses tentatives pour interpréter cette relation dans l'hypothèse de valeurs imaginaires, tentatives qui, pour la plupart, présentent quelque chose d'un peu conventionnel et arbitraire.

Il nous semble cependant que le calcul des équipollences fournit un mode de généralisation absolument simple et naturel, et que nous allons nous efforcer d'indiquer le plus brièvement possible.

L'équation $y = \varphi(x)$ marquant une relation de grandeur entre les variables réelles $x$ et $y$, on est convenu de lui faire représenter une courbe (M) en portant, à la suite de la droite $OP = x$, la droite PM de grandeur $y$ dans la direction marquée par l'axe des $y$, et c'est ainsi qu'on obtient le point M.

En d'autres termes, $\alpha$ étant l'angle des coordonnées, nous avons

$$(1) \qquad \mathrm{M} = x + y\,\varepsilon^{\alpha} = x + \varepsilon^{\alpha}\,\varphi(x),$$

et nous pouvons considérer ainsi la courbe (M) comme une véritable transformée de l'axe des $x$, obtenue au moyen de la formule (1).

Pour le cas particulier des coordonnées rectangulaires, la formule est

$$\mathrm{M} = x + iy = x + i\varphi(x).$$

Si nous conservons *exactement* les mêmes conventions et les mêmes formules, pour le cas où $x$ et $y$ représentent des droites quelconques et non plus seule-

ment des quantités réelles, nous obtiendrons toujours
un point M (*fig*. 66) par la formule (1). Ce point par-

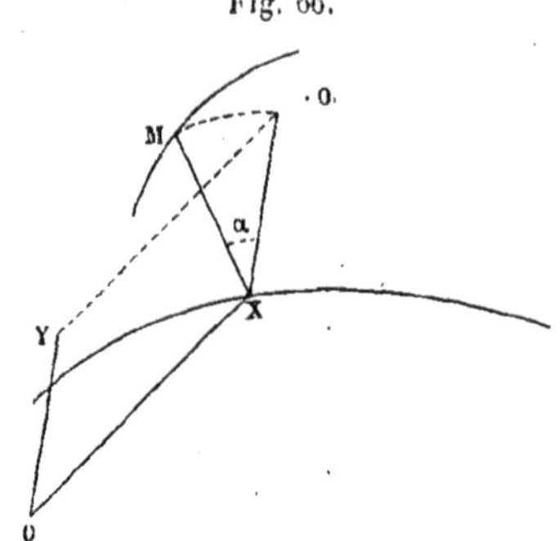

Fig. 66.

courra une courbe déterminée lorsque l'extrémité de $x$
parcourra elle-même une courbe donnée.

Si $x$ reste réel, les valeurs de $x$ qui pourraient conduire à des valeurs imaginaires de $y$ et qui ne s'inter-
prètent qu'artificiellement en Géométrie cartésienne
n'en donnent pas moins ici des points M parfaitement
réels et par conséquent des branches complémentaires
de la courbe.

210. A titre d'exemple et d'éclaircissement, prenons la
parabole rapportée à un diamètre et à la tangente correspondante, représentée par l'équation

$$(2) \qquad y^2 = 2px.$$

Nous avons, $\alpha$ étant l'angle de la tangente avec le
diamètre,

$$(3) \qquad \mathrm{M} = x \pm \varepsilon^\alpha \sqrt{2px},$$

et cette équipollence donne tous les points de la courbe
considérée quand $x$ varie de o à $+\infty$. Pour avoir les
points correspondant à des valeurs négatives de $x$, il

17

suffit de l'écrire

$$\mathrm{M} = x \pm \iota\varepsilon^{\alpha}\sqrt{-2px} = x \pm \varepsilon^{\alpha+\frac{\pi}{2}}\sqrt{-2px},$$

et il est évident alors qu'en faisant varier $x$ de o à $-\infty$, nous obtiendrons (*fig.* 67) une seconde parabole ouverte en sens contraire de la première, ayant aussi

Fig. 67.

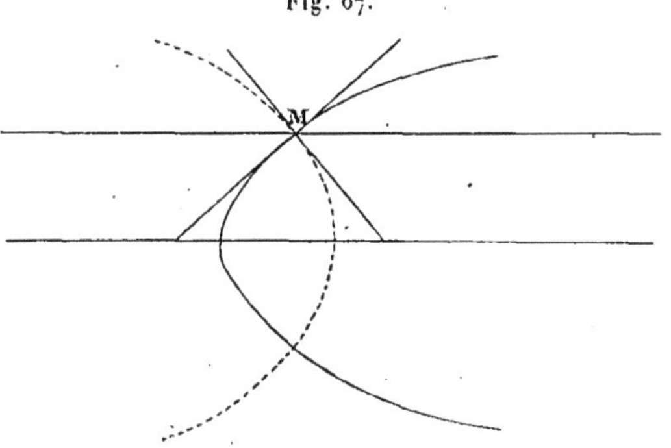

l'axe des $x$ pour diamètre et telle que la tangente à l'origine soit perpendiculaire à la tangente à la première courbe.

On peut aisément reconnaître, soit par la Géométrie analytique ordinaire, soit par les équipollences, que cette parabole adjointe a même axe de symétrie que la première et qu'en conséquence elle la coupe en un second point symétrique de l'origine par rapport à l'axe. En ce second point, les deux paraboles sont orthogonales comme à l'origine. Mais nous croyons, pour abréger, devoir nous borner à ces indications sommaires.

Lorsque la parabole principale est rapportée à son axe et à la tangente au sommet, la parabole adjointe se réduit à une partie de l'axe des $x$.

**211.** Il est très important de faire une distinction capitale entre ce qui se passe ici et la Géométrie analytique ordinaire. Dans cette dernière, la position d'un point donné entraîne la détermination des deux éléments coordonnés $x$ et $y$. Ici, au contraire, un point M étant donné, on peut prendre pour $x$ une droite quelconque OX ou x, et la valeur de $y$ qui en résulte est

$$\text{Y} = \text{XM}\,\varepsilon^{-\alpha} = (\text{M} - \text{X})\,\varepsilon^{-\alpha},$$

puisqu'on doit avoir toujours $\text{M} = \text{X} + \text{Y}\,\varepsilon^{\alpha}$.

Par conséquent, deux points M et M′ peuvent fort bien coïncider sans que leurs coordonnées X, Y et X′, Y′ soient les mêmes. Mais si, au contraire, deux points ont les mêmes coordonnées $\text{X} = \text{X}'$, $\text{Y} = \text{Y}'$, ils coïncident nécessairement.

Cette remarque est d'une très grande utilité pour que nous puissions nous rendre compte de ce que représentent les solutions communes de deux équations

$$(4) \qquad \text{F}(\text{X}, \text{Y}) = 0, \qquad f(\text{X}, \text{Y}) = 0,$$

solutions qui donnent en géométrie cartésienne les points d'intersection des deux courbes correspondantes.

Si $\text{X}_1$, $\text{Y}_1$ est une de ces solutions communes, le point $\text{M}_1$ donné par

$$\text{M}_1 = \text{X}_1 + \text{Y}_1\,\varepsilon^{\alpha}$$

appartiendra à la fois aux deux figures représentées par les deux équations données, lorsqu'on fait parcourir au point X une ligne passant par $\text{X}_1$; et toutes les solutions communes ainsi obtenues indiqueront les seuls points du plan $\text{M}_1$, $\text{M}_2$, ..., qui jouissent de cette propriété.

En d'autres termes, les solutions communes donnent les points ayant mêmes coordonnées et non pas tous les points communs.

Comme exemple, prenons les deux circonférences représentées par les équations

$$(x + b)^2 + y^2 = a^2, \qquad (x - b')^2 + y^2 = a'^2,$$

en coordonnées rectangulaires, avec la condition

$$a^2 - b^2 = a'^2 - b'^2.$$

On voit immédiatement que les solutions communes des deux équations sont données par

$$x = 0, \qquad y = \pm \sqrt{a^2 - b^2}.$$

Si $a^2 > b^2$, les circonférences se coupent, et l'on a ainsi les points d'intersection. Si au contraire $a^2 - b^2 = -c^2$, il vient $y = \pm ic$, et les points répondant aux solutions communes sont donnés par $\mathrm{M} = 0 + iy'$, c'est-à-dire par

$$\mathrm{M}_1 = c, \qquad \mathrm{M}_2 = -c.$$

En coordonnées obliques, les deux équations auraient représenté deux ellipses ayant leurs diamètres conjugués égaux dirigés suivant les axes, et les points à coordonnées communes auraient été donnés par

$$\mathrm{M} = \pm ic\varepsilon^\alpha.$$

Il est facile de reconnaître que ces deux points appartiennent en effet à la fois aux branches adjointes des deux courbes et correspondent à $x = 0$.


212. Nous ne voulons pas ici pousser plus avant ces considérations qui pourraient prêter à bien d'autres développements. Nous avons tenu simplement à signaler la possibilité de faire disparaître en Géométrie analytique cette notion un peu mystérieuse et confuse des imaginaires dans des questions où elle semble presque s'imposer. La notion des imaginaires, si féconde lors-

qu'on s'en sert comme d'une forme de langage, lorsqu'on l'emploie comme un instrument précieux, tendrait à jeter de l'obscurité dans l'enseignement des Mathématiques, si l'on cherchait à attribuer à ces quantités une existence propre, étrangère à leur origine géométrique et sortant du domaine de la réalité. C'est cette obscurité que la méthode des équipollences a le grand avantage de dissiper, par une interprétation rationnelle des symboles de l'Algèbre.

## EXERCICES SUR LE CHAPITRE VIII.

1. Si l'on transforme trois courbes tangentes entre elles en un même point, les différences de courbure dans les courbes transformées sont proportionnelles aux différences de courbure dans les courbes transformantes.

En effet, si nous appliquons aux trois courbes la formule (9) du n° 201, et si nous éliminons ensuite $a$ et $b \sin(\beta + \theta)$, il reste

$$\left(\frac{1}{\rho'_1} - \frac{1}{\rho'_2}\right) : \left(\frac{1}{\rho'_2} - \frac{1}{\rho'_3}\right) = \left(\frac{1}{\rho_1} - \frac{1}{\rho_2}\right) : \left(\frac{1}{\rho_2} - \frac{1}{\rho_3}\right).$$

Il est bien entendu que la transformation est supposée monogène.

2. Étudier les transformations $y = x^2$, $y_1 = \sqrt{x}$ en supposant que X se déplace : 1° sur une droite; 2° sur une circonférence.

Applications simples du n° 206.

Le deuxième cas (2°) doit être rapproché de l'exercice 12 de la page 240, et aussi d'une remarquable génération des ovales de Descartes, donnée par Chasles (*Aperçu historique*, 2ᵉ édition, p. 352).

De là résulte une relation intéressante entre les ovales de Descartes et celles de Cassini, laquelle s'exprime par la formule de transformation $y = y_1^4$ et dont nous laissons au lecteur le soin de chercher les conséquences.

3. Si l'on effectue la transformation $y = x^n$ d'une courbe (X),

et si R et R' sont les centres de courbure en X et Y, on a

$$\tang R'OY = n \tang ROX.$$

Conséquence des propriétés indiquées au n° 206. Si P, P' sont les pieds des perpendiculaires abaissées de R, R' sur OX, OY respectivement, il y a lieu de remarquer l'équipollence

$$n \frac{OP'}{YR'} = \frac{OP}{XR},$$

facile à établir, et qui exprime, en particulier, la propriété énoncée.

4. La somme des angles intérieurs d'un polygone convexe formé par des arcs de spirales logarithmiques de même pôle est égale à autant de fois deux angles droits que ce polygone a de côtés, moins deux.

Application directe de la transformation exponentielle (207). L'analogie avec la proposition correspondante de Géométrie élémentaire est évidente.

5. Soit ABC un triangle formé par trois arcs de spirales logarithmiques de même pôle O. Soit $OA_1$ la bissectrice de BOC, laquelle coupe l'arc BC en $A_1$; soient de même $B_1$, $C_1$ deux autres points obtenus d'une manière analogue.

Démontrer que les trois arcs de spirales $AA_1$, $BB_1$, $CC_1$ se rencontrent en un même point G, et que OG divise au tiers chacun des angles $A_1OA$, $B_1OB$, $C_1OC$.

Application directe de la transformation exponentielle (207) comme à l'exercice précédent. C'est l'analogue de la propriété des trois médianes d'un triangle rectiligne.

6. Transformations géométriques non monogènes.

Une construction géométrique bien définie peut ne pas conduire à une formule $y = \varphi(x)$. Mais on peut toujours exprimer la transformation par une relation de la forme $y = \varphi(x, \mathrm{cj}\,x)$.

Si l'on pose alors

$$\frac{d\varphi}{dx} = p, \qquad \frac{d\varphi}{d\,\mathrm{cj}\,x} = q,$$

$p$ et $q$ étant deux rapports géométriques, on aura

$$dy = p\,dx + q\,\mathrm{cj}\,dx.$$

Si l'on donne deux déplacements infiniment petits différents $XX_1$,

XX$_2$ au point X et que YY$_1$, YY$_2$ soient les déplacements correspondants de Y, cette formule nous conduit à la remarquable propriété

$$\frac{\text{aire } Y Y_1 Y_2}{\text{aire } X X_1 X_2} = p \text{ cj} p - {}'q \text{ cj} q,$$

commune à toutes les transformations dont il s'agit.

7. Interpréter l'équipollence $Y^2 = X^2 = 1$ par analogie avec
les coordonnées cartésiennes rectangulaires, et déterminer les
courbes représentées par cette relation :

1° Lorsque l'extrémité de X parcourt une droite issue de
l'origine ;

2° Lorsqu'elle parcourt une parallèle à l'axe des abscisses.

Les considérations développées au n° 209 permettent de construire
facilement le lieu cherché. On verra que la courbe, dans tous les cas,
se réduit à une circonférence traversée par son diamètre lorsque X
ne reçoit que des valeurs réelles.

8. Interpréter l'équipollence $Y^2 + X^2 = A^2$ par analogie avec
les coordonnées cartésiennes rectangulaires, A ayant une valeur
géométrique quelconque, et X recevant des valeurs réelles.

On reconnaîtra que la courbe est identique avec l'une de celles
obtenues à l'exercice précédent. C'est ce qu'on pourrait appeler une
circonférence de rayon imaginaire.

# CHAPITRE IX.

## APPLICATIONS CINÉMATIQUES ([1]).

### Mouvement d'un point. — Vitesses.

**213.** Les questions que nous nous proposons d'étudier ici sont exclusivement relatives aux mouvements qui s'accomplissent *sur un seul plan*. Le calcul des équipollences s'y applique de la manière la plus directe et la plus naturelle, ainsi que nous allons le voir.

Nous nous bornerons d'ailleurs à des applications de ce calcul, n'ayant pas, comme on le comprend, l'intention de présenter un Traité plus ou moins complet de Cinématique plane.

Si, dans tout ce que nous avons dit au Chapitre VII et spécialement dans l'équipollence (1) du n° **149**,

$$(1) \qquad \mathrm{M} = \varphi(t),$$

nous supposons que le paramètre réel $t$ exprime le *temps* compté à partir d'une certaine origine, il devient évident que cette équipollence représentera non plus seulement la *courbe* trajectoire du point mo-

---

([1]) Ce Chapitre, à quelques légères modifications près, est la reproduction résumée d'un Mémoire : *Réflexions sur la cinématique du plan,* publié par nous, en 1878, dans les *Nouvelles Annales de Mathématiques,* 2ᵉ série, t. XVII.

bile M ( *fig*. 68), mais en même temps la *loi* du mouvement de ce point mobile sur la courbe.

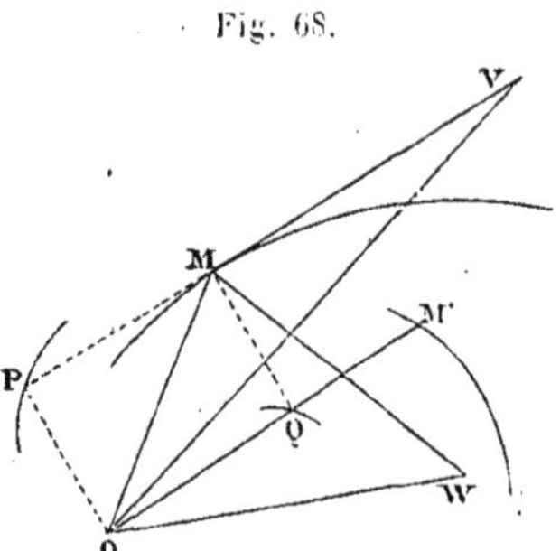

Fig. 68.

Il est à remarquer cependant que, si la fonction $\varphi(t)$ admet pour une valeur donnée de $t$ plus d'une détermination, l'équipollence ne représentera plus le mouvement d'un point unique, ce point ne pouvant évidemment occuper qu'une seule situation à un instant quelconque. Mais, même dans ce cas, chaque branche de la courbe est représentée par une équipollence répondant au mouvement d'un point, et l'équipollence entière répond à l'ensemble des mouvements des points en question.

**214.** La composition de plusieurs mouvements

$$\mathrm{M}_1 = \varphi_1(t), \qquad \mathrm{M}_2 = \varphi_2(t), \qquad \ldots$$

se fera immédiatement par une simple addition, c'est-à-dire que le mouvement résultant sera représenté par l'équipollence

$$\mathrm{M} = \varphi_1(t) + \varphi_2(t) + \ldots$$

Si nous prenons par exemple l'équipollence de l'ellipse sous la forme (3) du n° 179, nous voyons qu'elle peut s'écrire

$$M = \frac{A - iB}{2}\, \varepsilon^t + \frac{A + iB}{2}\, \varepsilon^{-t}$$

ou (180)

$$M = \frac{K_1}{2}\, \varepsilon^t + \frac{K}{2}\, \varepsilon^{-t}.$$

Or les deux mouvements représentés par

$$M_1 = \frac{K_1}{2}\, \varepsilon^t, \qquad M_2 = \frac{K}{2}\, \varepsilon^{-t}$$

sont évidemment uniformes et de mêmes vitesses angulaires, mais de sens contraires. L'ellipse peut donc être
décrite par la composition de deux mouvements circulaires.

De même (183) l'équipollence (9) dans le cas des
cercles peut s'écrire, en faisant gr A = gr B et supposant
les deux droites A et B rectangulaires,

$$M = \cos^3 t + i \sin^3 t$$

ou, par un calcul des plus simples,

$$M = \tfrac{3}{4}\, \varepsilon^t + \tfrac{1}{4}\, \varepsilon^{-3t}.$$

La courbe peut donc être engendrée par la composition de deux mouvements de rotation uniformes dans
lesquels le rapport des rayons est de 3 à 1 et le rapport
des vitesses de 1 à 3. On reconnaît très facilement,
d'après cela, que c'est une hypocycloïde ordinaire pro-
duite par le roulement, dans l'intérieur d'une circonférence, d'une autre circonférence de rayon moitié
moindre.

215. D'après tout ce que nous avons dit au Chapitre VII, il est évident ici que la dérivée

$$\odot M = \frac{dM}{dt} = \varphi'(t) = MV$$

représente la *vitesse* du point mobile (*fig.* 68).

Si nous posons

$$OM' = MV = \text{м}',$$

il viendra

$$(2) \qquad \text{м}' = \varphi'(t),$$

et le mouvement représenté par cette équipollence sera dit le *mouvement hodógraphique* du premier. La trajectoire de M' est appelée l'*hodographe* du mouvement de M.

L'aire infiniment petite décrite par OM pendant le temps $dt$ est représentée en grandeur et en signe par

$$\frac{i}{4}\,(\text{м}\,\text{cj}\,d\text{м} - \text{cj}\,\text{м}\,d\text{м}),$$

et, en la divisant par $dt$, on a la *vitesse aréolaire*

$$(3) \qquad u = \frac{i}{4}\,(\text{м}\,\text{cj}\,\text{м}' - \text{м}'\,\text{cj}\,\text{м}).$$

Si, comme au numéro précédent, un mouvement résulte de la composition de plusieurs autres, on a

$$\text{м} = \text{м}_1 + \text{м}_2 + \dots,$$

et par dérivation, pour les vitesses,

$$\text{м}' = \text{м}'_1 + \text{м}'_2 + \dots.$$

De là résulte immédiatement la méthode de Roberval pour le tracé des tangentes.

En faisant la décomposition indiquée au nº 153,

$$\frac{\text{м}}{\text{ΩМ}} = m + i\mu,$$

et en écrivant les deux équipollences (6) et (7) de ce numéro,

$$\text{P} = i\mu\,\text{м}', \qquad \text{Q} = m\,\text{м}',$$

nous aurons, $\mu$ et $m$ étant nécessairement des fonctions de $t$, les mouvements de la projection du point mobile sur la tangente et sur la normale à sa développée.

Les trajectoires, déjà étudiées, sont la podaire, et la podaire de la développée (153).

**216.** Comme exercice bien facile, cherchons à déterminer l'enveloppe de la droite qui joint deux points mobiles M, $M_1$. Si X est le point ~~cherché~~ *de contact* nous avons

$$\mathrm{x} = k\,\mathrm{M} + (\mathrm{1} - k)\,\mathrm{M_1};$$

d'où, par différentiation,

$$\textcircled{D}\mathrm{x} = k\,\textcircled{D}\mathrm{M} + (\mathrm{1} - k)\,\textcircled{D}\mathrm{M_1} + \textcircled{D}k\,(\mathrm{M} - \mathrm{M_1}).$$

La condition du problème étant

$$\textcircled{D}\mathrm{x} \parallel \mathrm{M} - \mathrm{M_1},$$

on peut supprimer le dernier terme, parallèle lui-même à $\mathrm{M} - \mathrm{M_1}$, et il reste

$$k\,\textcircled{D}\mathrm{M} + (\mathrm{1} - k)\,\textcircled{D}\mathrm{M_1} \parallel \mathrm{M} - \mathrm{M_1}$$

ou

$$k\,\mathrm{M}' + (\mathrm{1} - k)\,\mathrm{M_1}' \parallel \mathrm{M} - \mathrm{M_1}.$$

Donc, construisant les deux vitesses OM', $\mathrm{OM_1'}$, menant OK parallèle à $\mathrm{MM_1}$ et qui coupe en K la droite $\mathrm{M'M_1'}$, il nous suffira de partager $\mathrm{MM_1}$ en X comme $\mathrm{M'M_1'}$ l'est en K pour obtenir le point X de l'enveloppe.

On aurait, par le calcul, la valeur de K et, par suite, l'équipollence de l'enveloppe, en écrivant

$$k\,\mathrm{M}' + (\mathrm{1} - k)\,\mathrm{M_1}' = z\,(\mathrm{M} - \mathrm{M_1})$$

et en se servant de l'équipollence conjuguée. Nous laissons au lecteur le soin de cet exercice.

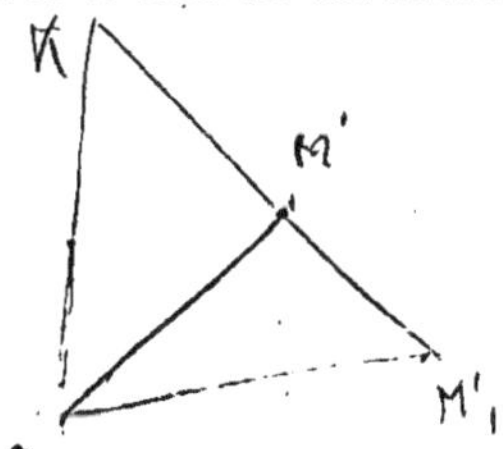

**217.** Le mouvement d'un point pesant (*fig.* 69),
lancé dans le vide suivant une direction quelconque,

Fig. 69.

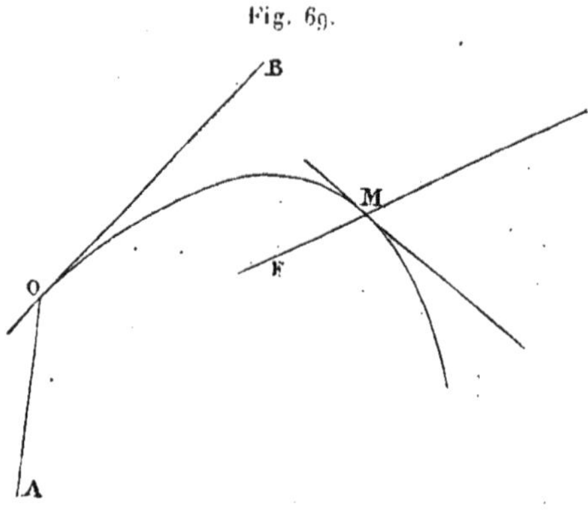

se trouve représenté par l'équipollence (1) du n° 174

$$\mathrm{M} = t^2 \mathrm{A} + t \mathrm{B},$$

et la vitesse est

$$\mathcal{D}\mathrm{M} = 2t\mathrm{A} + \mathrm{B}.$$

Or on a vu (175) que

$$\mathrm{ME} = 4\,\mathrm{FM} = \frac{(\mathcal{D}\mathrm{M})^2}{\mathrm{A}}.$$

Donc, en prenant les grandeurs, nous voyons que,
dans le mouvement parabolique d'un point pesant, le
carré de la vitesse est proportionnel à la distance du
point mobile au foyer.

## Accélérations.

**218.** L'accélération étant, aussi bien en grandeur
qu'en direction, la dérivée $\dfrac{d\mathrm{M}'}{dt}$ de la vitesse par rapport
au temps, on voit que c'est la dérivée seconde $\mathcal{D}^2\mathrm{M}$

de M, ou encore la vitesse (215) dans le mouvement hodographique. Cette accélération peut donc s'écrire

$$(4) \qquad M'' = \frac{dM'}{dt} = \frac{d^2M}{dt^2} = \bigcirc^2 M = \varphi''(t)$$

et elle s'obtient par un simple calcul de dérivées.

En mettant la vitesse sous la forme $M' = v\varepsilon^\theta$, il vient donc

$$(5) \qquad M'' = \frac{dv}{dt}\varepsilon^\theta + iv\frac{d\theta}{dt}\varepsilon^\theta = \varepsilon^\theta\left(\frac{dv}{dt} + i\frac{v^2}{\rho}\right)$$

si l'on appelle $\rho$ le rayon de courbure de la trajectoire, car $v = \dfrac{ds}{dt}$:

Cela nous donne donc la décomposition de l'accélération en accélération tangentielle $\dfrac{dv}{dt}$ et accélération normale $\dfrac{v^2}{\rho}$.

En décomposant, comme nous l'avons fait si souvent au Chapitre VII, le quotient

$$\frac{\bigcirc^2 M}{\bigcirc M} = \frac{M''}{M'} = l + i\lambda,$$

on voit que

$$l = \frac{1}{v}\frac{dv}{dt}, \qquad \lambda = \frac{v}{\rho},$$

et qu'on a aussi

$$v = ae^{\int_0^t l\,dt}.$$

Lorsqu'on rapporte le point mobile M à des coordonnées polaires, on a

$$M = r\varepsilon^\omega,$$

d'où

$$(6) \qquad M' = \frac{dr}{dt}\varepsilon^\omega + ir\frac{d\omega}{dt}\varepsilon^\omega,$$

$$(7) \qquad M'' = \left(\frac{d^2r}{dt^2} - r\frac{d\omega^2}{dt^2}\right)\varepsilon^\omega + i\frac{1}{r}\frac{d\left(r^2\frac{d\omega}{dt}\right)}{dt}\varepsilon^\omega.$$

$$M'' = \frac{d^2 r}{dt^2}\varepsilon^\omega + i\frac{dr}{dt}\frac{d\omega}{dt}\varepsilon^\omega + ir\,\varepsilon^\omega\frac{d^2\omega}{dt^2} - r\frac{d\omega^2}{dt^2}\varepsilon^\omega + i\frac{dr}{dt}\frac{d\omega}{dt}\varepsilon^\omega$$

$$\frac{d\left(r^2\frac{d\omega}{dt}\right)}{dt} = r^2\frac{d^2\omega}{dt^2} + 2r\frac{dr}{dt}\frac{d\omega}{dt}$$

ce qui donne les décompositions de la vitesse et de l'accélération, suivant le rayon vecteur et suivant une direction perpendiculaire.

219. Comme exemple, prenons (179) l'équipollence de l'ellipse sous la forme (3)

$$M = A \cos t + B \sin t.$$

On en tire

$$M' = - A \sin t + B \cos t,$$
$$M'' = - A \cos t - B \sin t \doteq -- M,$$

c'est-à-dire que l'accélération, dans ce mouvement, est précisément MO, en grandeur et en direction.

Pour l'équipollence de l'hyperbole (185),

$$M = A \operatorname{Ch} t + B \operatorname{Sh} t,$$

on obtiendrait

$$M'' = M = OM.$$

De l'équipollence de la cycloïde (192)

$$M = t - i \varepsilon^t,$$

on tire, comme nous l'avons vu (193),

$$M'' = i \varepsilon^t.$$

L'accélération est donc de grandeur constante et constamment dirigée vers le centre mobile du cercle générateur.

### Accélérations centrales.

220. Nous appelons *mouvement d'accélération centrale* celui dans lequel l'accélération passe toujours par un point fixe, que nous supposons pris pour origine.

Le mouvement (218) étant représenté par l'équipollence

$$\mathrm{M} = r\,\varepsilon^{\omega},$$

l'accélération, si nous appelons $w$ sa grandeur (prise positivement ou négativement), sera

$$(8) \qquad \mathrm{M}'' = w\,\varepsilon^{\omega},$$

c'est-à-dire, par comparaison avec la relation (7), que nous aurons

$$\frac{d\left(r^2\,\dfrac{d\omega}{dt}\right)}{dt} = 0,$$

$$(9) \qquad r^2\,\frac{d\omega}{dt} = c.$$

En d'autres termes, la vitesse aréolaire $\frac{1}{2}c$ est constante.

Étudions maintenant l'hodographe du mouvement, et cherchons-en le rayon de courbure. Ce sera, en grandeur et en direction,

$$\mathrm{M}'\mathrm{R}' = \frac{i}{\lambda'}\,\mathrm{M}'',$$

si nous avons

$$\frac{\mathrm{M}'''}{\mathrm{M}''} = l' + i\lambda'.$$

Or, d'après les relations (8) et (9),

$$\mathrm{M}''' = \frac{dw}{dt}\,\varepsilon^{\omega} + i\,\frac{cw}{r^2}\,\varepsilon^{\omega}$$

et, par conséquent,

$$(10) \qquad l' = \frac{1}{w}\,\frac{dw}{dt}, \qquad \lambda' = \frac{c}{r^2}.$$

Donc

$$\mathrm{M}'\mathrm{R}' = i\,\frac{r^2}{c}\,w\,\varepsilon^{\omega},$$

et, en prenant la grandeur $\rho'$ de ce rayon de courbure,

$$(11) \qquad \rho' = \frac{wr^2}{c}.$$

Ainsi, *le rayon de courbure de l'hodographe est proportionnel au produit de l'accélération par le carré du rayon vecteur.*

Si l'accélération, comme dans les mouvements planétaires, est en raison inverse du carré du rayon vecteur, il s'ensuit que l'hodographe est une circonférence.

En général, si $w$ est proportionnel à $r^n$, $\rho'$ est proportionnel à $r^{n+2}$.

**221.** Réciproquement, supposons l'hodographe circulaire, l'accélération étant toujours centrale. Alors la vitesse est de la forme

$$(12) \qquad \mathrm{M}' = a\,\varepsilon^\alpha + b\,\varepsilon^\theta,$$

$\theta$ étant seul variable. Donc

$$\mathrm{M}'' = ib\,\frac{d\theta}{dt}\,\varepsilon^\theta = b\,\frac{d\theta}{dt}\,\varepsilon^{\theta+\frac{\pi}{2}}.$$

Cette accélération étant dirigée suivant le rayon vecteur $r\,\varepsilon^\omega$, on a donc $\theta + \dfrac{\pi}{2} = \omega$, et

$$(13) \qquad \mathrm{M}' = a\,\varepsilon^\alpha - ib\,\varepsilon^\omega.$$

Identifiant avec la valeur (6) et divisant par $\varepsilon^\omega$,

$$\frac{dr}{dt} + ir\,\frac{d\omega}{dt} = a\,\varepsilon^{\alpha-\omega} - ib.$$

Si nous égalons les parties imaginaires, il vient, en

18.

vertu de la formule (9),

$$\frac{c}{r} = a \sin(\alpha - \omega) - b,$$

$$(14) \qquad r = \frac{c}{a \sin(\alpha - \omega) - b},$$

équation polaire d'une conique ayant son foyer à l'origine.

Ainsi, *dans un mouvement d'accélération centrale et d'hodographe circulaire, la trajectoire est une conique ayant un foyer au centre commun des accélérations.*

En outre, la grandeur de l'accélération étant

$$b \frac{d\theta}{dt} = b \frac{d\omega}{dt} = b \frac{c}{r^2},$$

cette accélération est en raison inverse du carré de la distance.

**222.** Voici encore une propriété commune à tous les mouvements d'accélération centrale, et qui a été signalée par Hamilton.

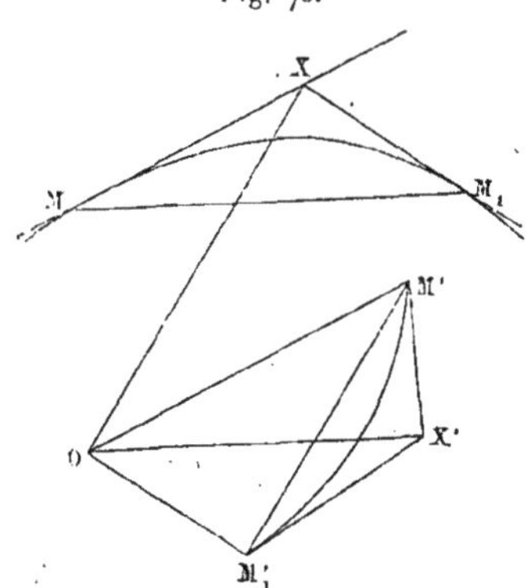

Fig. 70.

Si M et $M_i$ (*fig.* 70) sont deux points de la trajectoire, M′ et M′, les points correspondants de l'hodographe, MX et M,X les tangentes à la trajectoire, se coupant en X, et M′X′ et M′, X′ les tangentes à l'hodographe, se rencontrant en X′, alors OX sera parallèle à M′M′, et OX′ à MM,.

La propriété de la constance des aires montre, en effet, que le triangle OMM′ est d'aire invariable. Donc

$$\text{M cj M}' - \text{cj M.M}' = \text{M}_1 \text{ cj M}'_1 - \text{cj M}_1 \text{M}'_1.$$

Mais

$$\text{X} = \text{M} + x\,\text{M}' = \text{M}_1 + x_1\,\text{M}'_1,$$
$$\text{X}' = \text{M}' + x'\,\text{M} = \text{M}'_1 + x'_1\,\text{M}_1.$$

De là

$$\text{X cj M}' - \text{cj X.M}' = \text{X cj M}'_1 - \text{cj X.M}'_1,$$
$$\text{X cj}(\text{M}' - \text{M}'_1) = \text{cj X}(\text{M}' - \text{M}'_1)$$

et

$$\text{X} \parallel \text{M}' - \text{M}'_1 ;$$

on aurait de même

$$\text{X}' \parallel \text{M} - \text{M}_1.$$

Géométriquement, ce théorème se démontrerait aussi d'une manière très facile.

## Autres propriétés des accélérations:

223. Soient M (*fig.* 68) le point mobile, MV la vitesse, MW l'accélération, σ l'aire variable décrite par le rayon OM.

Nous avons (215) pour la vitesse aréolaire

$$\frac{d\sigma}{dt} = \text{aire OMV} = \frac{\iota}{4}(\text{M cj M}' - \text{M}' \text{cj M}).$$

De là, par dérivation,

$$(15) \qquad \frac{d^2\sigma}{dt^2} = \frac{\iota}{4}(\text{M cj M}'' - \text{M}'' \text{cj M}) = \text{aire OMW}.$$

L'accélération aréolaire est donc mesurée par l'aire OMW, qui est conséquemment la dérivée de OMV.

Pour une accélération centrale, aire $OMW = o$, et $\frac{d\sigma}{dt} = $ const., ainsi que nous l'avons vu.

Pour un mouvement où les aires croîtraient comme les carrés des temps, on aurait $\sigma = kt^2$ et $\frac{d^2\sigma}{dt} = 2k$; donc aire $OMW = $ const., c'est-à-dire que l'accélération serait en raison inverse de la perpendiculaire abaissée de l'origine sur sa direction.

**224.** Si $v$ est la grandeur de la vitesse, nous avons

$$v^2 = \mathrm{m}' \,\mathrm{cj}\, \mathrm{m}'$$

et, par conséquent,

$$d(v^2) = d\mathrm{m}'.\mathrm{cj}\,\mathrm{m}' + \mathrm{m}'\,\mathrm{cj}\,d\mathrm{m}'$$
$$= (\mathrm{m}''\,\mathrm{cj}\,\mathrm{m}' + \mathrm{m}'\,\mathrm{cj}\,\mathrm{m}'')dt$$
$$= \mathrm{m}''\,\mathrm{cj}\,d\mathrm{m} + d\mathrm{m}\,\mathrm{cj}\,\mathrm{m}''.$$

Donc, *l'accroissement élémentaire du carré de la vitesse est égal au double produit de l'accélération par la projection du chemin élémentaire sur l'accélération.*

### Accélérations des divers ordres.

**225.** Nous avons vu que la vitesse et l'accélération d'un point mobile sont les deux premières dérivées de la droite $OM = \mathrm{m}$ qui fixe la position de ce point. On appelle *accélérations des divers ordres* les dérivées successives au delà de la deuxième, c'est-à-dire $\mathrm{m}''' = \frac{d^3\mathrm{m}}{dt^3}$, $\mathrm{m}^{\mathrm{iv}} = \frac{d^4\mathrm{m}}{dt^4}$, ....

Cherchons à décomposer une accélération d'ordre quelconque $\mathrm{m}^{(p)}$ en une accélération tangentielle et une accélération normale, comme nous l'avons fait pour l'accélération ordinaire (218). La vitesse étant toujours mise sous la forme $v\varepsilon^0$, on aura

$$(16) \qquad \mathrm{M}^{(p)} = (w_{t,p} + i w_{n,p})\varepsilon^0$$

en appelant $w_{t,p}$ et $w_{n,p}$ les deux composantes. De là, par dérivation et en se rappelant toujours que $\dfrac{d0}{dt} = \dfrac{v}{\rho}$,

$$(17) \quad \mathrm{M}^{(p+1)} = \left[\left(\frac{dw_{t,p}}{dt} - w_{n,p}\frac{v}{\rho}\right) + i\left(\frac{dw_{n,p}}{dt} + w_{t,p}\frac{v}{\rho}\right)\right]\varepsilon^0.$$

Donc

$$(18) \qquad w_{t,p+1} = \frac{dw_{t,p}}{dt} - w_{n,p}\frac{v}{\rho},$$

$$(19) \qquad w_{n,p+1} = \frac{dw_{n,p}}{dt} + w_{t,p}\frac{v}{\rho},$$

ce qui fournit une méthode générale pour déterminer les composantes, puisqu'on en connaît les premières valeurs $\dfrac{dv}{dt}$ et $\dfrac{v^2}{\rho}$ répondant à $p = 2$.

Dans ces calculs se présenteront évidemment les dérivées successives de $\rho$. On peut leur donner une interprétation géométrique avantageuse; car on a tout d'abord

$$\frac{d\rho}{dt} = \frac{d\rho}{d0}\frac{d0}{dt} = \rho_1\frac{v}{\rho},$$

en appelant $\rho_1$ le rayon de courbure de la développée de la trajectoire.

D'une manière générale, si $\rho_p$ est le rayon de courbure de la $p^{\text{ième}}$ développée,

$$\frac{d\rho_p}{dt} = \rho_{p+1}\frac{v}{\rho}.$$

En faisant ces substitutions au fur et à mesure, on introduira donc les rayons de courbure des développées successives, au lieu d'expressions analytiques d'une interprétation concrète peu saisissable.

On trouve ainsi, pour les composantes de la *suraccélération* $M'''$,

$$w_{t,3} = \frac{d^2 v}{dt^2} - \frac{u^3}{\rho^2}, \qquad \dot{w}_{n,3} = 3\,\frac{v}{\rho}\,\frac{dv}{dt} - \frac{v^3}{\rho^3}\,\rho_1.$$

**226.** On peut avoir intérêt à décomposer une accélération d'ordre quelconque suivant le rayon vectéur OM, et perpendiculairement à cette direction. On aura ainsi

$$(20) \qquad M^{(p)} = (u_p + i z_p)\,\varepsilon^\omega;$$

d'où, par dérivation,

$$(21) \qquad M^{(p+1)} = \left[\left(\frac{du_p}{dt} - \omega' z_p\right) + i\left(\frac{dz_p}{dt} + \omega' u_p\right)\right]\varepsilon^\omega;$$

c'est-à-dire

$$(22) \qquad u_{p+1} = \frac{du_p}{dt} - \omega' z_p,$$

$$(23) \qquad z_{p+1} = \frac{dz_p}{dt} + \omega' u_p,$$

en appelant $\omega'$ la vitesse angulaire $\dfrac{d\omega}{dt}$. Ces formules donnent la solution du problème proposé.

**227.** Soient $MU_n$, $MU_p$ deux accélérations d'ordre quelconque. On a

$$\text{aire}\,(MU_n U_p) = \frac{i}{4}\,(M^{(n)}\,cj\,M^{(p)} - M^{(p)}\,cj\,M^{(n)}),$$

et, en prenant les dérivées,

$$(24)\quad \text{D}\,\text{aire}\,(MU_n U_p) = \text{aire}\,(MU_{n+1} U_p) + \text{aire}\,(MU_n U_{p+1}),$$

généralisation de la propriété du n° **223**.

Si les deux accélérations sont consécutives,

$$(25) \qquad \circledcirc \text{ aire } (\mathrm{MU}_n \mathrm{U}_{n+1}) = \text{ aire } (\mathrm{MU}_n \mathrm{U}_{n+2}).$$

### Mouvement d'une figure plane sur son plan.

**228.** Soit (*fig.* 71) une figure de forme invariable qui subit sur son plan un déplacement fini, de telle

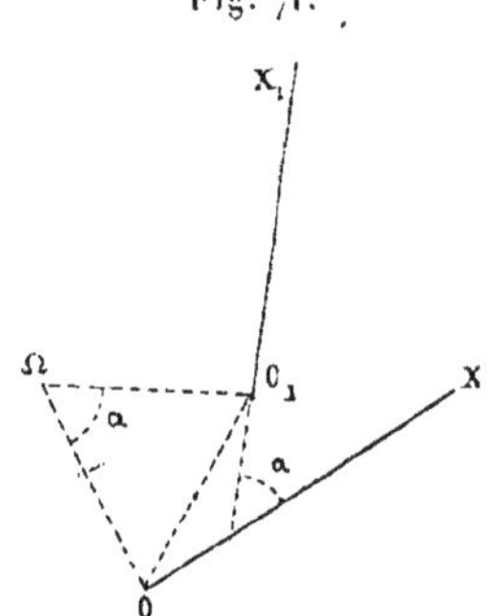
Fig. 71.

sorte qu'une droite primitivement en OX vient en $O_1 X_1$. Posons $OO_1 = \mathrm{A}$, et appelons $\alpha$ l'angle des deux directions $OX$, $O_1 X_1$. Nous aurons évidemment

$$(1) \qquad \mathrm{X}_1 = \mathrm{A} + \mathrm{X}\varepsilon^\alpha,$$

O étant l'origine.

Appliquons cette relation au point $\Omega$ défini par l'équipollence

$$(2) \qquad \Omega = \mathrm{A} + \Omega\varepsilon^\alpha \qquad \text{ou} \qquad \Omega = \frac{\mathrm{A}}{1 - \varepsilon^\alpha},$$

et nous reconnaîtrons que le point $\Omega$ sera resté immobile, c'est-à-dire que le mouvement considéré équivaut à une rotation autour de ce point.

La construction de $\Omega$ se fait de la manière la plus

simple, en traçant sur $OO_1$ comme base le triangle isoscèle $O\Omega O_1$ dont l'angle au sommet $\Omega$ est égal à $\alpha$.

S'il s'agit d'un mouvement infiniment petit, le point $\Omega$ prend le nom de *centre instantané de rotation*, et la formule (2) devient alors

$$(3) \qquad \Omega = i \frac{d\lambda}{d\alpha}.$$

**229.** Considérons maintenant le mouvement continu d'une figure plane. Soient M la position prise, à l'instant $t$, par le point qui coïncidait d'abord avec l'origine O, et $\lambda$ l'angle total dont a tourné la figure à cet instant $t$.

Nous voyons, d'après le numéro précédent, que si nous appelons $\Omega$ le centre instantané de rotation, nous aurons

$$M\Omega = i \frac{dM}{d\lambda},$$

$$(4) \qquad \Omega = M + i \frac{dM}{d\lambda}.$$

Cette équipollence, où M et $\lambda$ sont fonctions du temps, nous représente le lieu des centres instantanés sur le plan fixe.

Si nous ramenons la figure mobile à sa position initiale, en supposant qu'elle entraîne avec elle le point $\Omega$ et que celui-ci vienne ainsi en $\Lambda_0$, le lieu des points $\Lambda_0$ sera évidemment donné par l'équipollence

$$(5) \qquad \Lambda_0 = i\varepsilon^{-\lambda} \frac{dM}{d\lambda}.$$

Nous avons ainsi ramené à l'origine le lieu des centres instantanés liés à la figure mobile.

Le roulement de la courbe (5) sur la courbe (4) représente le mouvement.

Un point ayant $X_0$ pour position initiale et entraîné

par la figure mobile viendra, à l'instant $t$, en un point X
tel que

$$(6) \qquad x = \mathrm{M} + \varepsilon^\lambda x_0.$$

Quant à la courbe roulante, si nous la considérons
dans une position quelconque répondant à l'instant $t'$,
elle aura pour équipollence

$$(7) \qquad \Lambda = \mathrm{M}' + i\varepsilon^{-\lambda}\frac{d\mathrm{M}}{d\lambda}\varepsilon^{\lambda'} = \mathrm{M}' + i\varepsilon^{\lambda'-\lambda}\frac{d\mathrm{M}}{d\lambda}.$$

Ici nous devons considérer $t'$ comme fixe et $t$ comme
variable indépendante. Si l'on donne à $t$ la valeur $t'$,
on tombera évidemment sur l'expression (4), c'est-
à-dire que $\Lambda$ coïncidera avec $\Omega$.

Pour cette valeur particulière $t'$, la différentielle de $\Lambda$,
qui est

$$d\Lambda = \varepsilon^{\lambda'-\lambda}\left[d\mathrm{M} + i\,d\left(\frac{d\mathrm{M}}{d\lambda}\right)\right],$$

se réduit à

$$d\mathrm{M}' + i\,d\left(\frac{d\mathrm{M}'}{d\lambda'}\right) = d\Omega.$$

On reconnaît donc que les deux courbes $(\Omega)$ et $(\Lambda)$
sont tangentes au point considéré et que les vitesses
sont égales, ce qui montre bien que l'une de ces courbes
roule sur l'autre sans glissement.

D'après la relation (6), la vitesse d'un point quelconque X est

$$\frac{dx}{dt} = \frac{1}{dt}(d\mathrm{M} + i\varepsilon^\lambda x_0) = i\frac{d\lambda}{dt}\left(\varepsilon^\lambda x_0 - i\frac{d\mathrm{M}}{d\lambda}\right).$$

Or, en retranchant (4) de (6),

$$x - \Omega = \varepsilon^\lambda x_0 - i\frac{d\mathrm{M}}{d\lambda}.$$

Donc

$$(8) \qquad \frac{dx}{dt} = i\frac{d\lambda}{dt}(x - \Omega).$$

En différentiant cette relation (8), nous trouverons sans peine, pour l'accélération du point X,

$$(9) \qquad \frac{d^2x}{dt^2} = -(x - \Omega)\left(\frac{d\lambda}{dt}\right)^2 + i(x - \Omega)\frac{d^2\lambda}{dt^2} - i\frac{d\lambda}{dt}\frac{d\Omega}{dt}.$$

Ce résultat connu se prête à un énoncé facile en langage ordinaire.

En différentiant l'équipollence (6), on peut aussi mettre l'accélération sous la forme

$$(10) \qquad \frac{d^2x}{dt^2} = \frac{d^2M}{dt^2} - x_0 e^{i\lambda}\left(\frac{d\lambda}{dt}\right)^2 + i x_0 e^{i\lambda}\frac{d^2\lambda}{dt^2},$$

qui est également d'une interprétation aisée.

Cherchons, en partant de la formule (9) par exemple, la condition pour que l'accélération s'annule. En appelant U le point pour lequel il en est ainsi et désignant par $\omega$ la vitesse angulaire $\frac{d\lambda}{dt}$, nous aurons

$$(11) \qquad u = \Omega + \omega\frac{d\omega}{dt} : \left(\frac{d\omega}{dt} + i\omega^2\right),$$

c'est-à-dire que, pour chaque position de la figure, il y a un point (centre des accélérations) et un seul pour lequel l'accélération est nulle.

On peut écrire encore (*fig.* 72)

$$\Omega U\left(1 + i\omega^2 : \frac{d\omega}{dt}\right) = \omega\frac{d\Omega}{dt} : \frac{d\omega}{dt},$$

$$\Omega U\left(1 - i\frac{d\omega}{dt} : \omega^2\right) = -i\frac{d\Omega}{dt} : \omega.$$

Cela nous montre que la perpendiculaire élevée en U à la droite $\Omega$U coupe la direction de la tangente commune aux courbes roulantes en un point A, tel que

$$\Omega A = \omega \frac{d\Omega}{dt} : \frac{d\omega}{dt}, \qquad (12)$$

et la normale commune en un point B, tel que

$$\Omega B = - i \frac{d\Omega}{dt} : \omega. \qquad (13)$$

Si la vitesse angulaire $\omega$ est constante, le centre des

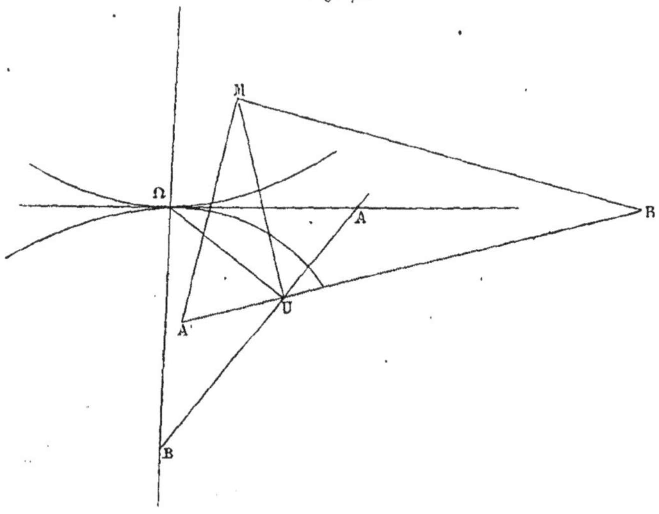

Fig. 72.

accélérations se réduit au point B, lequel est d'ailleurs indépendant du temps, puisque l'on peut écrire

$$\Omega B = - i \frac{d\Omega}{d\lambda}.$$

Pour cette raison, on donne souvent au point B la dénomination de *centre géométrique des accéléra-tions*.

En faisant les mêmes calculs sur la formule (10), on a

$$\mathrm{MU} = \frac{d^2 \mathrm{M}}{dt^2} : \left( \omega^2 - i\, \frac{d\omega}{dt} \right);$$

et l'on verrait que la perpendiculaire à MU coupe respectivement l'accélération du point M et une perpendiculaire à cette accélération en deux points A' et B', tels que

$$(14) \qquad\qquad \mathrm{MA'} = \frac{d^2 \mathrm{M}}{dt^2} : \omega^2,$$

$$(15) \qquad\qquad \mathrm{MB'} = i\, \frac{d^2 \mathrm{M}}{dt^2} : \frac{d\omega}{dt}.$$

Donc, si l'on joint le centre des accélérations à un point quelconque M et si l'on élève par ce centre une perpendiculaire à la droite ainsi menée, cette perpendiculaire coupera l'accélération du point M et une perpendiculaire en deux points A' et B' déterminés respectivement par les relations (14) et (15).

De plus, l'angle du rayon vecteur UM avec l'accélération de M a évidemment pour tangente

$$\frac{d\omega}{dt} : \omega^2 = - d\left( \frac{1}{\omega} \right) : dt.$$

230. En prenant les dérivées successives de l'équipollence (10), on reconnaît, sans même effectuer les calculs, qu'on pourra toujours égaler à zéro chacune de ces dérivées, et que cela donnera chaque fois une valeur et une seule, pour $x_0$. Il y a donc un *centre des accélérations* $U_n$ pour les accélérations $\frac{d^{n+1} x}{dt^{n+1}}$ d'un ordre $n$ quelconque.

Si nous reprenons la relation (6)

$$x = \mathrm{M} + \varepsilon^\lambda x_0$$

et si nous la différentions successivement, nous avons

$$\frac{dx}{dt} = \frac{d\mathrm{M}}{dt} + \frac{d}{dt}(\varepsilon^\lambda x_0),$$

$$\dots\dots\dots\dots\dots\dots\dots;$$

$$\frac{d^{n+1}x}{dt^{n+1}} = \frac{d^{n+1}\mathrm{M}}{dt^{n+1}} + \frac{d^{n+1}}{dt^{n+1}}(\varepsilon^\lambda x_0),$$

$$\dots\dots\dots\dots\dots\dots\dots\dots$$

Cela nous montre que *l'accélération d'ordre quelconque d'un point* X *de la figure se compose de l'accélération de même ordre d'un point* M *quelconque et de l'accélération que prendrait le point* X *si la figure tournait effectivement autour du point* M *avec les vitesses et accélérations angulaires successives du mouvement véritable.*

Si maintenant nous choisissons pour le point M le centre instantané $\Omega$ dans la première équipollence,. le centre des accélérations U dans la seconde,..., le centre $\mathrm{U}_n$ des accélérations d'ordre $n$ dans la $(n+1)^{\text{ième}}$ (ce qui, naturellement, déplace chaque fois l'origine), les premiers termes des seconds membres disparaîtront, en vertu de la définition même des centres $\mathrm{U}_n$.

Il ne nous restera plus que des relations de la forme

$$(16) \qquad \frac{d^n x}{dt^n} = \frac{d^n}{dt^n}(\varepsilon^\lambda x_0).$$

Donc *l'accélération d'ordre quelconque* $n$, *en chaque point de la figure, est la même que si, la vitesse et les accélérations successives restant identiques, le mouvement se produisait effectivement autour du centre des accélérations du* $n^{\text{ième}}$ *ordre.*

Ce théorème a été obtenu par M. Resal, dans son *Traité de Cinématique pure* (p. 314), par une méthode peut-être un peu moins simple que celle-ci.

## Mouvement d'une figure plane qui reste semblable
## à elle-même.

**231.** Supposons qu'une figure se déplace dans son plan en restant semblable à elle-même. Nous supposons qu'on détermine le mouvement de deux points quelconques X et Y (*fig.* 73) au moyen des équipollences

$$(1) \qquad x = \varphi(t), \qquad y = \psi(t).$$

Si Z est un point quelconque de la figure mobile, le rapport géométrique $\dfrac{XZ}{XY} = \mu$ devant être indépendant du temps, on déduira de là

$$(2) \qquad z = (1 - \mu)\, x + \mu y,$$

et cette équipollence sera celle du mouvement de Z.

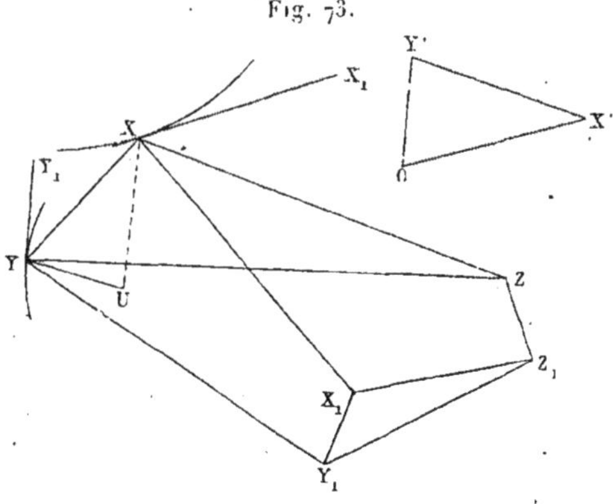

Fig. 73.



De cette équipollence (2), on peut tirer quelques propriétés intéressantes. Si nous en formons la dérivée, il vient

$$(3) \qquad Dz = (1 - \mu)\, Dx + \mu Dy.$$

Ajoutant (2) et (3),

$$z + \textcircled{d}z = (1 - \mu)(x + \textcircled{d}x) + \mu(y + \textcircled{d}y)$$

ou, si nous appelons $XX_1$, $YY_1$, $ZZ_1$ les vitesses des points considérés,

$$(4) \qquad z_1 = (1 - \mu)\, x_1 + \mu y_1.$$

Cette dernière équipollence exprime que le triangle $X_1 Y_1 Z_1$ est directement semblable à $XYZ$. *puisqu'elle écrit* $\dfrac{z_1 - x_1}{y_1 - x_1} = \mu = \dfrac{z - x}{y - x}$

Au lieu de prendre la première dérivée de l'équipollence (2), nous aurions pu prendre la dérivée d'ordre $n$ quelconque, et nous aurions eu ainsi

$$(5) \qquad z_n = (1 - \mu)\, x_n + \mu y_n,$$

relation qui exprime que le triangle $X_n Y_n Z_n$ est semblable à $XYZ$, en représentant par $XX_n$, $YY_n$, $ZZ_n$ les accélérations de même ordre quelconque.

De là ce théorème :

*Une figure plane qui reste semblable à elle-même étant mobile sur son plan, si l'on trace les vitesses (ou les accélérations de même ordre quelconque) des divers points qui la composent, les extrémités de ces droites formeront une figure semblable à la première.*

En particulier, et comme corollaire immédiat :

*Si les extrémités des vitesses (ou des accélérations) de deux points coïncident entre elles, ce point commun est en même temps l'extrémité des vitesses (ou des accélérations) de tous les points de la figure au même instant.*

**232.** L'équipollence (3) nous montre qu'il y a, à chaque instant, un certain point de la figure dont la vitesse est nulle. Il suffit, en effet, pour trouver ce point, d'écrire

$$(1 - \mu)\,\Phi x + \mu \Phi y = 0,$$

d'où

$$\mu = \frac{\Phi x}{\Phi x - \Phi y}.$$

Si $(X')$, $(Y')$ sont les hodographes (*fig.* 73) des mouvements de X et Y, on aura donc

$$\mu = \frac{X'O}{X'Y'},$$

si bien que, pour avoir le point cherché U, il n'y aura qu'à construire le triangle XYU directement semblable à $X'Y'O$.

Ce point, qui reste immobile dans le mouvement élémentaire, est ce qu'on pourrait appeler le *centre instantané de rotation et de similitude* ou, plus simplement, *centre des vitesses*.

Des relations précédentes, on déduit

$$\frac{\Phi x}{UX} = \frac{\Phi y}{UY},$$

et il s'ensuit qu'en joignant le centre des vitesses à tous les points de la figure mobile et en menant les vitesses de ces points, on forme des triangles $UXX_1$, $UYY_1$, ..., qui sont tous semblables entre eux.

On reconnaît qu'il existe de même un centre des accélérations pour les accélérations d'ordre quelconque, et que l'on obtient des propriétés analogues.

### Mouvement d'un point pesant dans un milieu résistant.

233. Soient (M) la trajectoire; $r$ l'accélération (fonction ou non du temps) que produirait la résistance du

milieu ; $g$ l'accélération due à la pesanteur, dirigée suivant la verticale, que nous prenons póur origine des inclinaisons.

Si nous appelons $\theta$ l'inclinaison de la vitesse en M et $ds$ l'élément de trajectoire correspondant, il est clair que l'équipollence du mouvement peut s'écrire

$$(1) \qquad \text{M} = \int \varepsilon^\theta \, ds.$$

D'un autre côté, l'accélération totale se compose de $g$, d'une part, et de $r$, dirigée suivant sa tangente, mais en sens contraire du mouvement. Donc

$$(2) \qquad \textcircled{D}^2 \text{M} = g - r \varepsilon^\theta.$$

Or, en prenant la seconde dérivée de (1), il vient

$$(3) \qquad \textcircled{D}^2 \text{M} = i \varepsilon^\theta \frac{d\theta}{dt} \frac{ds}{dt} + \varepsilon^\theta \frac{d^2 s}{dt^2}.$$

Identifiant les expressions (2) et (3) et divisant par $\varepsilon^\theta$, nous avons

$$\frac{d^2 s}{dt^2} + i \frac{d\theta}{dt} \frac{ds}{dt} = g \varepsilon^{-\theta} - r$$

et, en égalant les parties réelles et imaginaires,

$$(4) \qquad \begin{cases} \dfrac{d^2 s}{dt^2} = g \cos\theta - r, \\[2mm] \dfrac{ds}{dt} \dfrac{d\theta}{dt} = - g \sin\theta. \end{cases}$$

Telles sont les deux équations différentielles du mouvement cherché.

## EXERCICES SUR LE CHAPITRE IX.

1. Calculer l'accélération tangentielle et l'accélération normale du troisième ordre, dans un mouvement plan quelconque, au moyen de la vitesse et des rayons de courbure des développées successives.

Calcul de dérivation (225). On trouve

$$\frac{d^3 v}{dt^3} - 6\frac{v^2}{\rho^2}\frac{dv}{dt} + 3\frac{v^4}{\rho^4}\rho_1$$

pour l'accélération tangentielle et

$$4\frac{v}{\rho}\frac{d^2 v}{dt^2} + \frac{3}{\rho}\left(\frac{dv}{dt}\right)^2 - 6\frac{v^2}{\rho^3}\rho_1\frac{dv}{dt} + 3\frac{v^4}{\rho^3}\rho_1^2 - \frac{v^4}{\rho^4}\rho_2 - \frac{v^4}{\rho^3}$$

pour l'accélération normale.

2. Calculer les composantes de l'accélération du deuxième et du troisième ordre du mouvement d'un point sur un plan : 1° suivant le rayon vecteur issu d'un point fixe; 2° perpendiculairement à ce rayon vecteur.

Application du procédé indiqué au n° 226. On trouve, en appelant $r'$, $r''$, ... la vitesse et les accélérations suivant le rayon vecteur, et $\omega'$, $\omega''$, ... la vitesse et les accélérations angulaires,

$$u_2 = r''' - 3\omega'^2 r' - 3\omega'\omega'' r,$$
$$z_2 = 3\omega' r'' + 3\omega'' r' + \omega''' r - \omega'^3 r;$$
$$u_3 = r^{IV} - 6\omega'^2 r'' - 12\omega'\omega'' r' - (3\omega''^2 + 4\omega'\omega''') r + \omega'^4 r,$$
$$z_3 = 4\omega' r''' + 6\omega'' r'' + 4(\omega''' - \omega'^3) r' + (\omega^{IV} - 6\omega'^2\omega'') r.$$

3. Connaissant, à un instant quelconque, la position d'un point mobile X sur un plan, sa vitesse $XU_0$ et ses accélérations successives $XU_1$, $XU_2$, ..., déterminer les tangentes et les rayons de courbure des trajectoires décrites par les points $U_0$, $U_1$, $U_2$, ....

On a $v_n = x + w_n$, en appelant $w_n$ l'accélération d'ordre $n$. De là

$$\frac{dv_n}{dt} = \frac{dx}{dt} + \frac{dw_n}{dt} = \frac{dx}{dt} + w_{n+1} = XU_0 + XU_{n+1},$$

$$\frac{d^2 v_n}{dt} = \frac{d^2 x}{dt^2} + w_{n+2} = XU_1 + XU_{n+2}.$$

On a donc la vitesse et l'accélération du point $U_n$, ce qui donne la solution du problème.

4. On a, sur un plan, $n$ points mobiles $X_1, X_2, \ldots, X_n$ respectivement animés des vitesses $X_1 V_1, X_2 V_2, \ldots, X_n V_n$. Pour chacun d'eux, on construit le triangle OAY directement semblable à OXV, OA étant une droite fixe de longueur donnée. Pour un point $Z$, ayant la vitesse ZU, on construit aussi le triangle OAT, directement semblable à OZU. Comment le point Z doit-il être déduit des points $X_1, X_2, \ldots, X_n$ pour que T soit, à chaque instant, le barycentre des points $Y_1, Y_2, \ldots, Y_n$ ?

On voit sans peine que la condition demandée donne

$$\frac{n}{z}\frac{dz}{dt} = \frac{1}{x_1}\frac{dx_1}{dt} + \frac{1}{x_2}\frac{dx_2}{dt} + \cdots + \frac{1}{x_n}\frac{dx_n}{dt};$$

d'où, par intégration,

$$r\log\frac{z}{c} = \log x_1 + \log x_2 + \ldots + \log x_n,$$

$$z = c\sqrt[n]{x_1 x_2 \ldots x_n};$$

OZ est donc la moyenne géométrique de $OX_1, OX_2, \ldots, OX_n$, multipliée par une droite constante.

5. Un mobile parcourant une trajectoire plane $M_0 M$ suivant une loi quelconque, on suppose que le poids spécifique $p$ de cette courbe en chaque point varie aussi, et l'on détermine le barycentre X de l'arc quelconque $M_0 M$.

Montrer que le point mobile X *poursuit* à chaque instant le point M, si bien que la trajectoire de X est une *ligne de poursuite* de M.

Cette conception fort remarquable des lignes de poursuite, due à M. E. Cesaro, se démontre très simplement par les équipollences; car on a

$$x = \frac{\int_M p\,ds}{\int p\,ds}$$

et de là

$$dx \int p\,ds = (M - x)p\,ds,$$

ce qui démontre la propriété énoncée $dx \parallel M - x$. Le rapport des vitesses est

$$\frac{p\,\mathrm{gr}\,(\mathrm{M}-\mathrm{X})}{\int p\,ds}.$$

6. Une figure plane se meut dans un plan, de manière que deux de ces points A et B restent constamment sur deux droites rectangulaires fixes OX, OY; on sait que le point A est animé d'un mouvement uniforme. Déterminer, pour une époque quelconque, l'accélération d'un point M de la droite AB en grandeur et en direction.

(Licence, Paris, novembre 1879.)

Soient

$$\mathrm{OA}=\alpha=vt,\qquad \mathrm{OB}=i\beta=i\sqrt{a^2-v^2t^2},$$

$v$ étant constante et $a$ représentant gr AB. Appelons $l$ la longueur de AM. Alors

$$\mathrm{M}=\mathrm{A}+\frac{l}{a}(\mathrm{B}-\mathrm{A})=\frac{a-l}{a}\mathrm{A}+\frac{l}{a}\mathrm{B},$$

$$\frac{d\mathrm{M}}{dt}=\frac{a-l}{a}v+\frac{l}{a}\frac{d\mathrm{B}}{dt},$$

$$\frac{d^2\mathrm{M}}{dt^2}=\frac{l}{a}\frac{d^2\mathrm{B}}{dt^2}=-i\frac{alv^2}{(a^2-v^2t^2)^{\frac{3}{2}}}=-i\frac{alv^2}{\beta^3}.$$

L'accélération est constamment parallèle à OY.


7. On suppose qu'un plan P soit lié invariablement à un cercle C′ roulant sur un cercle fixe C de même rayon; de plus, le point de contact de C et C′ se meut uniformément sur C. Trouver, pour une position quelconque de P, le point de ce plan dont l'accélération est nulle.

(Licence, Paris, juillet 1882.)

Prenons la vitesse angulaire pour unité, et soit $a$ le rayon commun. On a

$$\mathrm{CC'}=2a\varepsilon^t.$$

Si M est le point cherché, $\mathrm{M}_0$ sa position initiale, et $\mathrm{C}'_0$ celle du centre de C′, il vient

$$\mathrm{CM}=\mathrm{CC'}+\mathrm{C'M}=2a\varepsilon^t+\mathrm{C}'_0\mathrm{M}_0\varepsilon^{2t}.$$

La dérivée seconde est

$$-2(a+2\varepsilon^t\mathrm{C}'_0\mathrm{M}_0)\varepsilon^t.$$

Il faut donc qu'on ait

$$C'_0 M_0 = -\frac{a}{2}\varepsilon^{-t},$$

$$C'M = -\frac{a}{2}\varepsilon^{t},$$

$$CM = \frac{3a}{2}\varepsilon^{t} = \frac{3}{4}CC'.$$

8. Plusieurs mobiles $M_1$, $M_2$, ..., $M_p$ se déplacent sur un plan suivant des hyperboles de centres $O_1$, $O_2$, ..., $O_p$, de telle sorte que les accélérations sont à chaque instant représentées par les droites $O_1 M_1$, $O_2 M_2$, ..., $O_p M_p$. Démontrer que leur barycentre M se déplace aussi suivant une hyperbole.

Les équipollences des divers mouvements peuvent être écrites :

$$O_1 M_1 = O_1 A_1 \operatorname{Ch} t + O_1 \dot{B}_1 \operatorname{Sh} t,$$
$$\dots\dots\dots\dots\dots\dots\dots\dots\dots\dots\dots,$$
$$O_p M_p = O_p A_p \operatorname{Ch} t + O_p B_p \operatorname{Sh} t,$$

en désignant par $A_1$, $A_2$, ..., $A_p$ les positions initiales des mobiles et par $O_1 A_1$, $O_2 A_2$, ..., $O_p A_p$ leurs vitesses initiales.

En les ajoutant et divisant ensuite par $p$, on a

$$OM = OA \operatorname{Ch} t + OB \operatorname{Sh} t,$$

ce qui démontre la proposition, O, A, B étant respectivement les barycentres de $O_1$, $O_2$, ..., $O_p$, de $A_1$, $A_2$, ..., $A_p$, et de $B_1$, $B_2$, ..., $B_p$.

Une propriété pareille s'applique à des mouvements s'exécutant dans des plans différents les uns des autres.

Il est facile d'établir des propriétés correspondantes pour les mouvements elliptiques ou paraboliques analogues et, en général, pour un ensemble de mouvements, même dans des plans différents, qui seraient représentés par des équipollences de la forme

$$OM = OA f(t) + OB \varphi(t).$$

Le mouvement du barycentre des mobiles est alors représenté par une équipollence de même forme, ce qui prouve, en particulier, que ce mouvement s'accomplit dans un plan.

FIN.

# TABLE DES MATIÈRES..



## PREMIÈRE PARTIE.

### THÉORIE DES ÉQUIPOLLENCES.

### CHAPITRE I. — ADDITION ET SOUSTRACTION DES DROITES.

CHAPITRE II. — MULTIPLICATION ET DIVISION DES DROITES.



# DEUXIÈME PARTIE.

## APPLICATIONS DES ÉQUIPOLLENCES.

### CHAPITRE I. — PROCÉDÉS GÉNÉRAUX.

## CHAPITRE II. — Exercices divers.



## CHAPITRE III. — Applications au triangle.



## CHAPITRE IV. — Applications aux polygones.



## CHAPITRE V. — Aires des figures planes.

CHAPITRE VI. — QUELQUES QUESTIONS DE GÉOMÉTRIE SUPÉRIEURE.



CHAPITRE VII. — APPLICATIONS A LA THÉORIE DES COURBES.



CHAPITRE VIII. — DES TRANSFORMATIONS.

## CHAPITRE IX. — Applications cinématiques.



FIN DE LA TABLE DES MATIÈRES.

9944    Paris. — Imprimerie de Gauthier-Villars, quai des Augustins, 55.

# INTRODUCTION

A LA

# MÉTHODE DES QUATERNIONS,

Par C.-A. LAISANT,

Député, Docteur ès sciences,
Ancien Élève de l'École Polytechniqüe.

Un volume in 8° de XXII-242 pages; 1881. — Prix : **6 fr.**

Les premiers essais d'application de la méthode des quaternions en
France remontent en 1862. Ils furent présentés par M'. Allégret, dans
une Thèse de doctorat. Prouhet, qui l'a signalée dans les *Nouvelles An-*
*nales* (2ᵉ série, t. II, 1863, p. 333), lui a consacré une courte analyse
bibliographique, entremêlée d'appréciations peu encourageantes pour
l'avenir des quaternions.

Douze ans après, en 1874, M. Hoüel publiait, dans la *Théorie élé-*
*mentaire des quantités complexes,* commencée en 1867, une exposi·
tion élémentaire du *Calcul des Quaternions.* Cet Ouvrage a été le pre
mier, édité en France, qui ait cherché à vulgariser l'étude des quaternions en la rendant accessible à tous les géomètres de notre pays.
Néanmoins, en dehors de ces deux tentatives, la méthode des quaternions
n'a pas trouvé en France de nombreux partisans; elle a surtout été en
faveur chez les géomètres étrangers, parmi lesquels nous devons signaler,
en Angleterre, W.-R. Hamilton, leur inventeur; en Italie, G. Bellavitis;
en Allemagne Unverzagt.

Depuis la publication de ce nouvel algorithme, il y a aujourd'hui près
de trente ans, très peu de géomètres français en ont propagé l'emploi;
mais nous croyons savoir que la méthode des quaternions commence à
pénétrer dans le public mathématique français, et nous n'hésitons pas
à en attribuer l'initiative aux efforts soutenus de M. Laisant pour la
vulgarisation de la méthode des équipollences, qui, on peut le dire, a
préparé l'avènement de la méthode des quaternions. C'est dans les
*Nouvelles Annales de Mathématiques* (2ᵉ série, t. XII et XIII, 1873-
1874) que M. Laisant a signalé les applications de la Géométrie ana-

lytique plane due à M. G. Bellavitis. Il eût été désirable que ce même Recueil renfermât aussi la généralisation des équipollences, ou leur extension à la Géométrie de l'espace; mais l'auteur a préféré publier directement l'Ouvrage.

Comme il le déclare lui-même, il a cru devoir adopter presque exclusivement les notations introduites par M. Hoüel; mais la rédaction de son Ouvrage est indépendante de tout autre traité, et peut-être contribuera-t-elle à lui attirer de nombreuses adhésions. Il n'a pas voulu non plus suivre l'Ouvrage d'Hamilton et en publier une sorte de traduction. Ce travail vient justement d'être entrepris par M. Plarr, pour l'Ouvrage classique de M. Tait, qui a vulgarisé depuis longtemps les quaternions en Angleterre.

Le Livre de M. Laisant se divise en onze Chapitres.

Le premier Chapitre est consacré à la définition des *vecteurs* et à leurs combinaisons les plus simples, par addition et par soustraction. Ces vecteurs sont les expressions de translations rectilignes, et toutes les règles de l'Algèbre ordinaire s'appliquent rigoureusement aux additions et soustractions de vecteurs ayant une direction unique, et aux multiplications de ces vecteurs par des nombres algébriques réels. Comme applications, signalons la démonstration des propriétés des diagonales d'un quadrilatère, des hauteurs et des médianes d'un triangle, etc.

Le Chapitre II traite des opérations analogues effectuées sur les *biradiales*, ou rapports géométriques de deux vecteurs.

Les règles du calcul algébrique ne s'appliquent plus à ces opérations. C'est ainsi que la multiplication est simplement associative, et cesse d'être commutative.

La représentation analytique des biradiales définit une expression de quatre termes dont l'ensemble a reçu pour ce fait la dénomination de *quaternion*. On reconnaît que ce symbole est égal au produit de son module par son quaternion unitaire ou *verseur*.

La propriété associative de la multiplication est essentielle dans la théorie des quaternions. C'est ainsi que $AB$ n'est pas égal à $BA$, que $A^2 B^2$ est très différent de $(AB)^2$.

L'algèbre des quaternions présente donc certaines difficultés spéciales, et, ajoute l'auteur, « on peut en profiter pour faire la critique de la méthode des quaternions, et déclarer qu'il y a là un inconvénient fondamental et grave.

» Mais cet inconvénient résulte de la nature même des choses. Il représente la traduction exacte, formelle, d'un fait précis.

» Je crois, pour mon compte, qu'il faut chercher dans ce procédé d'exposition trop exclusivement analytique l'une des causes principales de la défaveur dans laquelle les quaternions sont restés si longtemps en France, défaveur dont ils commencent à peine à se relever, alors qu'à l'étranger, en Angleterre et en Amérique surtout, on en fait tant d'usage dans toutes les branches des Mathématiques appliquées.

» On ne s'étonnera donc pas que nous ayons tenu à appuyer constamment le début de notre exposition sur des considérations géométriques, avec une insistance qui pourrait sembler excessive et presque puérile sans les considérations qui précèdent. »

Une fois arrivé à la définition et à la notation des quaternions, l'auteur croit devoir plus fréquemment livrer le lecteur à lui-même, pour parcourir successivement les sujets traités dans le reste de l'Ouvrage.

On y étudie la ligne droite et le plan, le cercle et la sphère, puis on définit dans le Chapitre IV la différentiation des quaternions pour l'intelligence des propriétés des tangentes aux coniques étudiées dans les Chapitres VI, VII et VIII.

Le Chapitre IX est consacré à l'étude de plusieurs formules relatives au produit de trois, quatre et plusieurs vecteurs, et à la rotation des vecteurs.

Le Chapitre X traite de la résolution des équations du premier degré, c'est-à-dire des équations qui contiennent un quaternion inconnu à la première puissance avec des quaternions connus. Ces notions peuvent avoir leur utilité pour l'étude des surfaces du second ordre, qui forme le sujet du Chapitre XI qui termine l'Ouvrage.

Chacun des Chapitres renferme des applications à divers problèmes et est suivi de douze à quinze énoncés d'exercices proposés. Plusieurs d'entre eux, relatifs aux propriétés des tétraèdres, ont été communiqués à l'auteur par M. Genty, à qui nous devons déjà plusieurs contributions à l'étude des quaternions, en Géométrie et en Mécanique.

L'examen de ces énoncés y fait reconnaître plusieurs propriétés nouvelles et dignes d'attention.

Toutes les dispositions adoptées par l'auteur font reconnaître en lui la préoccupation de faciliter la lecture de son Ouvrage et l'initiation aux nouvelles méthodes qu'il a pour but d'introduire dans notre pays. Cette préoccupation apparaît d'une manière frappante, et l'auteur lui-même croit devoir en avertir : « Je me suis, dit-il, constamment efforcé de rendre l'enchaînement des idées aussi clair que possible, à tel point qu'on pourrait peut-être me reprocher une minutie excessive et une trop grande insistance sur des choses presque évidentes; mais on ne saurait trop s'attacher à aplanir les difficultés lorsqu'il s'agit d'une étude nouvelle. »

Il est à souhaiter que, grâce à cette précieuse qualité de ce Livre, la méthode des quaternions finisse par triompher des préjugés qui ont, en France, retardé son développement.

H. Brocard.

(Extrait des Nouvelles Annales de Mathematiques, 3<sup>e</sup> série, tome I<sup>er</sup>, juillet 1882.)

## TABLE DES MATIÈRES.

---

# A LA MÊME LIBRAIRIE.

TAIT (P.-G.), Professeur de Sciences physiques à l'Université d'Édimbourg. — **Traité des Quaternions.** Traduit sur la seconde édition anglaise, avec *Additions de l'Auteur* et *Notes du Traducteur*, par GUSTAVE PLARR, Docteur ès sciences mathématiques. Deux beaux volumes grand in-8, avec figures dans le texte, se vendant séparément :

PREMIÈRE PARTIE : *Théorie. — Applications géométriques.* Grand in-8; 1882 ................................................................ 7 fr. 5o c.

SECONDE PARTIE : *Géométrie des courbes et des surfaces. — Cinématique. — Applications à la Physique.* Grand in-8 ............... (*Sous presse.*)

Paris. — Imprimerie de GAUTHIER-VILLARS, quai des Augustins, 55.

9 782013 589345